高等职业教育“十四五”BIM技术及应用系列教材

Navisworks 施工应用

主　编　袁明慧　魏　静
副主编　陈晶晶　张　文　武永峰
主　审　苗磊刚

南京大学出版社

内容简要

本书以 Autodesk Navisworks Manage 2020 软件为基础，以某学校实训基地实际项目为案例，包含基础篇和应用篇十个模块，模块一至四为基础篇，模块五至十为应用篇。模块一为 Navisworks 概述，讲解了软件的产品分类、功能模块；模块二为 Navisworks 操作界面，讲解用户界面各部分、选项设置及常见操作；模块三为视图浏览，讲解了模型浏览与检查、视点编辑与剖分、场景漫游、审阅批注等功能；模块四为图元与选择集管理，讲解了图元选择、集合创建；模块五为碰撞检测，讲解了使用 Clash Detective 工具进行多专业、多构件的冲突检测；模块六为渲染，讲解了材质、光源、环境的渲染设置及渲染图像导出；模块七为动画制作，讲解了录制动画、相机动画、剖面动画的创建，使用 Animator 工具创建图元动画，利用 Scripter 工具创建交互式动画；模块八为 TimeLiner 施工进度模拟，讲解了使用 TimeLiner 工具进行施工进度模拟应用；模块九为 Quantification 工程量计算，讲解了 Quantification 算量原理及使用工具进行工程量计算；模块十为数据整合与发布，讲解了外部数据的链接方式，图纸的整合方法，模型数据的发布和导出，批处理应用程序的使用。

本书可作为职业院校建筑类专业的 BIM 参考教材，也可供相关建筑从业人员、BIM 爱好者学习参考。

图书在版编目(CIP)数据

Navisworks 施工应用 / 袁明慧，魏静主编. -- 南京：南京大学出版社，2023.12

ISBN 978-7-305-26453-5

Ⅰ. ① N… Ⅱ. ① 袁… ② 魏… Ⅲ. ① 建筑工程－施工管理－应用软件－高等职业教育－教材 Ⅳ. ①TU71-39

中国国家版本馆 CIP 数据核字(2023)第 010158 号

出版发行 南京大学出版社
社　　址 南京市汉口路 22 号　　邮　编 210093

书　　名 Navisworks 施工应用
Navisworks SHIGONG YINGYONG
主　　编 袁明慧　魏　静
责任编辑 朱彦霖　　编辑热线 025-83592655

照　　排 南京南琳图文制作有限公司
印　　刷 常州市武进第三印刷有限公司
开　　本 787 mm×1092 mm　1/16　印张 17.5　字数 446 千
版　　次 2023 年 12 月第 1 版　2023 年 12 月第 1 次印刷
ISBN 978-7-305-26453-5
定　　价 48.00 元

网址：http://www.njupco.com
官方微博：http://weibo.com/njupco
官方微信号：njutumu
销售咨询热线：(025) 83594756

前　言

近年来，BIM技术已在全世界范围内得到了广泛的推广与应用。在我国，利用BIM技术推动建筑产业数字化转型已是必然趋势，BIM技术在建筑行业施工现场运用的广度和深度也有大幅提升，技术和管理方面的应用价值得以凸显。2022年10月16日，党的二十大报告指出：“优化基础设施布局、结构、功能和系统集成，构建现代化基础设施体系。”BIM技术正是构建现代化基础设施体系的有力工具。

Autodesk Navisworks作为BIM技术核心软件，是Autodesk公司出品的一款建筑工程管理软件产品，通过整合和审阅模型，实现各利益相关方的可视化管理，对模型中潜在冲突进行有效的辨别、检查与报告，完成构件工程量统计、施工模拟等工作，从而加强对项目成果的质量控制，缩短项目建设周期，提高经济效益。

Autodesk Navisworks软件在火神山医院建设项目中也大显身手，通过整合多专业模型进行综合分析、模拟，发现各专业构件之间的碰撞问题，实现该应急项目零变更、零返工的目标。

本书特色主要包括：

1. 注重实用性，可操作性强。本书以Autodesk Navisworks Manage 2020软件为基础，以某学校实训基地实际项目为案例，理论和实践结合。融“教、学、做”于一体；

2. 注重实践，完善评价。全书分为基础篇和应用篇两篇，共十个模块，以实际项目应用操作贯穿始终，特色案例辅助提升，融入课程思政，按照“目标分析一任务介绍一任务引入一任务实施一拓展演练一自我评价”过程，层层递进，由浅入深。

3. 融入丰富的立体化教学资源，符合“互联网＋”发展需求。全书以二维码的形式提供所需学习资料，包括微课视频、习题、练习文件等，并提供超星平台在线课程扫码进班，方便教学与学习。

本书模块二、四、六、八由袁明慧编写，模块一、三、十由魏静、武永峰编制，模块五、九由陈晶晶编写，模块七由张文、袁明慧编写。配套微课主要由陈晶晶、袁明慧等录制完成。练习文件、习题及其他资源由袁明慧整理，全书由袁明慧统稿。

在学习本书前，读者应确保已安装好Autodesk Navisworks Manage 2016或更高版本，Autodesk Revit需安装对应版本，方便进行练习和操作。

在编写过程中，参考了大量教材和实例、标准、规范，未在书中列明，在此对有关文献和资料的作者表示感谢。由于编者水平有限，书中难免有错误与不足之处，敬请读者批评指正并提出修改意见，以便修订完善。

超星学习通扫码

进班学习在线课程

本书练习文件

目 录

基础篇

应用篇

立体化资源索引

资源名称	页码	资源名称	页码	资源名称	页码
模块四　图元与选择集管理					
视频微课、知识拓展、微课资源		课后习题、练习文件		演示动画、文件	
在方寸屏幕中“建”高楼	108	图元及选择集	109	搜索集 XML	123
图元选项及外观	109	模块四/拓展练习文件 4	128		
图元可见性及外观配置	109				
集合的创建与管理	119				
模块五　碰撞检测					
视频微课、微课资源		课后习题、练习文件		演示动画、文件	
图元重复性检测	148	碰撞检测工具	132	碰撞检测报告	144
图元冲突检测	148	碰撞检测	145		
检测结果管理与导出	149	模块五/拓展练习文件 5	151		
模块六　渲染					
视频微课、知识拓展、微课资源		课后习题、练习文件		演示动画、文件	
智能建造让盖房子也有“科技范儿”	152	渲染	153	人工光源	165
材质渲染	154	模块六/拓展练习文件 6	176	渲染图片	175
光源渲染	164				
环境渲染	168				
照明效果比较	172				
渲染输出功能	174				
模块七　动画制作					
视频微课、微课资源		课后习题、练习文件		演示动画、文件	
视点动画	179	视点动画	179	模型自旋转	181
相机动画	181	图元缩放动画	190	模型飞行	183
室内/室外漫游	182	图元旋转动画	193	模型环绕漫游	183
剖面动画	185	图元缩放动画	196	建筑立面切换	184
图元移动及旋转动画	190	混合场景动画	197	立面切换优化	184
图元缩放动画	196	交互式动画	207	剖面生长	186
脚本介绍及创建脚本	203	模块七/拓展练习文件 7	221	开门动画	195
碰撞触发脚本动画	211			施工机械动画	200
热点触发脚本动画	212			施工工序场景	202
变量触发脚本动画	214				
动画输出	218				

资源名称	页码	资源名称	页码	资源名称	页码
模块八　TimeLiner 施工进度模拟					
视频微课、知识拓展、微课资源		课后习题、练习文件		演示动画、文件	
工程建造新技术	223	施工进度模拟	230	施工进度模拟动画	237
"任务"选项卡工具栏按钮功能	225	模块八/拓展练习文件 8	238		
准备图元	230				
定义任务动画	230				
定义任务类型及动画导出	236				
模块九　Quantification 工程量计算					
视频微课、知识拓展、微课资源		课后习题、练习文件		演示动画、文件	
恒心建工程　匠心敬时代	240	算量应用	243	算量报告	257
算量相关工具栏按钮功能	241	模块九/拓展练习文件 9	258		
定义资源	243				
房屋建筑与装饰工程工程量计算规范	245				
算量及结果导出	247				
模块十　数据整合与发布					
视频微课、知识拓展、微课资源		课后习题、练习文件		演示动画、文件	
"小砌匠"到大国工匠	259	数据整合链接	260		
外部数据链接	260	整合图纸	263		
整合图纸	263	模块十/拓展练习文件 10	269		
批处理应用程序	267				
常用快捷键	268				

基础篇

模块一

Navisworks 概述

【知识目标】

1. 掌握 Navisworks 产品分类及区别；
2. 了解 Navisworks 软件的常用导入、导出文件格式；
3. 掌握 Navisworks 软件原生文件格式类型；
4. 掌握 Navisworks 软件的功能模块。

知识拓展

建筑科技中的
“智能建造”

【能力目标】

1. 能够比较 Navisworks 系列下三种产品的功能差异；
2. 能够区分 Navisworks 软件原生文件格式 NWC/NWD/NWF 的区别及适用场景；
3. 能够说明 Navisworks 软件的基本功能及作用，并能够在软件中找到相应模块。

【素质目标】

通过分析 Navisworks 软件在 BIM 案例中的应用，激发学生科技报国的家国情怀和使命担当；培养学生科学严谨的职业素养、职业道德，塑造正确的价值观。

【任务介绍】

任务一　了解 Navisworks：Navisworks 产品分类；Navisworks 通用文件格式；

任务二　Navisworks 功能模块：Navisworks 各模块功能。

【任务引入】

在运用 BIM 技术的图纸设计中，Navisworks 软件一直是碰撞检查的不二之选。在火神山医院建设中，使用 Navisworks 整合各种专业模型进行综合分析、模拟，发现各专业构件之间的碰撞问题并在前期设计时予以解决，从而实现这个应急项目零变更、零返工。

思考：

1. 请搜集相关资料，说一说火神山、雷神山医院建设中 BIM 技术的应用价值有哪些？
2. Navisworks 软件实现了哪些功能？
3. 请阐述您对未来智能建筑技术趋势的看法。

任务一　了解 Navisworks

视频微课

课程简介

1.1　Navisworks 发展

1. Navisworks 的起源与发展

20 世纪 90 年代，为让用户能够浏览各种格式的三维模型，英国 Navisworks 公司研发原型产品 Jet Stream。该产品在 AEC(Architecture, Engineering & Construction)建设行业和工厂设计领域的三维协同校审领域占有绝对领先地位，解决了众多三维设计软件间的信息传递和数据交换整合问题。2007 年美国 Autodesk 公司收购 Navisworks 公司，并推出整合 Navisworks 和 Autodesk 技术的新款软件产品 Autodesk Navisworks。

Navisworks 软件是一款建筑业内广泛使用的项目审阅软件，针对项目的生命周期，可辅助建筑师、工程师和其他利益相关方更好地就设计意图和项目施工展开沟通，加强对项目成果的质量控制，整合和审阅详细设计模型，实现项目各利益相关方的可视化管理，缩短项目建设周期，提高经济效益。

Navisworks 软件支持市场上主流 CAD 制图软件所有的数据格式，可导入不同格式的模型和数据，并整合到一个综合的项目模型中，便于协调工作、施工模拟和进行综合性的项目审阅；通过红线批注、视点以及各种测量工具对模型进行修改和碰撞检测，提高各团队成员之间的项目协作能力；在施工之前发现潜在问题并采取相应的改正措施，最大限度地降低延误带来的高成本风险和避免返工的可能性。

2. Revit 与 Navisworks 的区别

随着国内建筑信息技术的推广应用，BIM(Building Information Modeling，建筑信息建模)以模型为基础，承载建设项目的各项信息数据，实现设计、建造、运营管理的数字化沟通和协同，为建设行业领域带来极大的经济效益和社会效益，BIM 实现了各类工程模型、信息的整合、集成，进行管理应用。

Autodesk Revit 软件专门针对 BIM 设计的，实现建筑信息化模型管理以及参数化变更设计，支持建筑全生命周期的信息模型建立和管理。

而 Autodesk Navisworks 软件是建筑信息模型检视、审阅平台，能够将 AutoCAD 和 Revit 创建的设计数据，与来自其他设计工具的数据相结合，整合到一个项目模型中；实现实时的可视化，通过实时审阅改进 BIM；通过三维漫游、碰撞检测、四维模拟等对整体项目进行分析与设计模拟，在施工前发现并解决碰撞和冲突问题，更好地实现项目协同目标，把控成果质量。

1.2　Navisworks 产品分类及文件格式

1. Navisworks 产品分类

Autodesk Navisworks 系列有三种产品，分别为 Navisworks Freedom、Navisworks Simulate 及 Navisworks Manage。

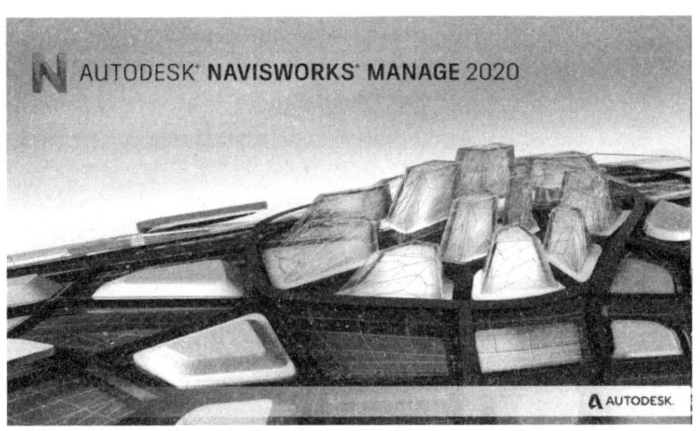

图 1－1　Navisworks Management 2020 启动界面

Navisworks Freedom 软件是唯一免费的版本，可进行基本模型观看操作、实时可视化，是 NWD 文件与三维 DWF 文件浏览器。

Navisworks Simulate 与 Navisworks Manage 的功能相近，Navisworks Manage 是功能最完整的版本，包括 Navisworks Simulate 提供的所有功能。其功能差异如下表 1－1。

表 1－1　Navisworks Simulate 与 Navisworks Manage 比较

	Navisworks Simulate	Navisworks Manage
概述	通过 5D 分析与模拟，审阅和沟通项目细节。 **设计模拟和项目审阅软件**	通过冲突检测和高级协作、5D 分析以及模拟工具控制项目结果。 **设计模拟和冲突检测软件**
针对用户	施工建设单位	设计单位或施工管理单位
适用场景	模拟与分析 量化 **模型审阅**	**协调和冲突检测** 模拟与分析 量化
功能	模型文件和数据集成 NWD 和 DWF 文件发布 5D 项目进度 真实照片级模型渲染 BIM 与 AutoCAD 协调使用 BIM360 集成 模型整合 集成模型算量 二维图纸算量	**冲突检测与干涉检查** **冲突和干涉管理** 模型文件和数据集成 NWD 和 DWF 文件发布 5D 项目进度 真实照片级模型渲染 BIM 与 AutoCAD 协调使用 BIM360 集成 模型整合 集成模型算量 二维图纸算量

2. Navisworks 可读取的文件格式

Navisworks 可读取分析 60 余种文件格式，如图 1－2，具体格式及应用程序可扫码查看。

图 1－2　Navisworks 支持的文件格式

Navisworks 在导入不同格式文件时，可通过全局选项中的文件读取器进行设置，如图 1－3 所示。

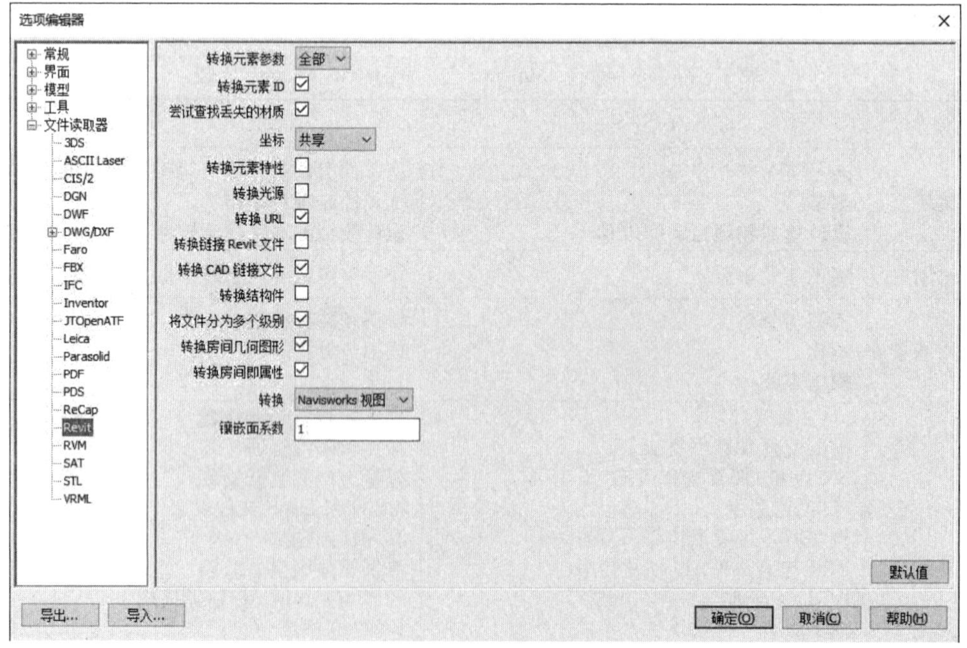

图 1－3　文件读取器菜单

3. Navisworks 原生文件格式 NWC、NWD、NWF

NWC、NWD、NWF 是 Navisworks 的原生文件格式。

(1) NWC 格式

NWC 格式是 Navisworks 的缓存文件，是由 Navisworks 自动生成的中间格式，不可以直接修改。

默认情况下，在 Navisworks 中打开或添加其他格式的模型文件时，会在原始文件所在的目录中创建一个与原始文件同名但文件扩展名为 nwc 的缓存文件。

NWC 文件比原始文件小，可以提高对常用文件的访问速度。Navisworks 打开文件或附加文件时，将从相应的 NWC 缓存文件中读取数据。

(2) NWF 格式

NWF 格式是 Navisworks 的工作文件，可理解为管理多个专业链接文件的管理文件，**NWF 格式里本身并不保存任何模型和数据**，只保存多个专业文件的链接关系及链接文件中的场景、标记、审阅及视点等信息，因此文件体积非常小，比下文介绍的 NWD 文件小很多。该格式可用于及时查看最新的场景模型状态。

由于 NWF 文件不包含任何模型数据，所以文件通常很小，但如果要完整打开项目所有模型，一定要确保 Navisworks 能打开 NWF 文件指向的所有 NWC 文件。

(3) NWD 格式

NWD 格式为 Navisworks 的核心格式。可直接把 NWC 文件保存为 NWD 文件。

NWD 文件包含所有模型几何图形以及 Navisworks 特定的数据(如审阅标记)，可以将 NWD 文件看作是模型当前状态的快照。

NWD 文件是 NWF 文件与 NWC 文件的集成，它把 NWF 文件和相关的 NWC 文件集成为一个 NWD 文件，便于整体模型的发布和共享，而且 Navisworks 发布 NWD 文件时，可以进行加密和设置文件的到期日期，以便项目数据不泄露。

注意：在进行完整模型分享和交付时，优先使用 NWD 格式。

总的来说，这三者之间的关系如下图 1-4 所示：

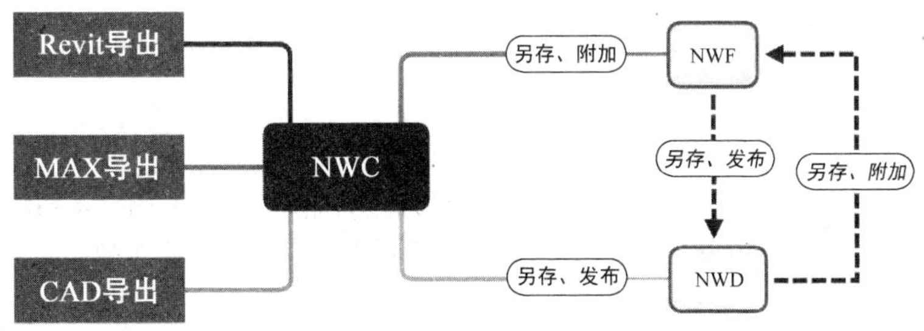

图 1-4 NWC、NWD、NWF 文件格式关系

4. Navisworks 可导出的文件格式

Navisworks 可导出一些数据格式，便于数据交互和信息的传递，其文件导出可从【应用程序】菜单的【导出】命令导出文件，如图 1-5 所示。

图 1－5　Navisworks 可导出文件菜单 1

也可从选项卡【输出】命令中导出场景，如图 1－6 所示。

图 1－6　Navisworks 可导出数据菜单 2

Navisworks 可导出文件格式具体如表 1－2。

表 1－2　Navisworks 可导出文件格式

序号	格式	扩展名
1	DWF/DWFx	Autodesk Design Review 电子校审软件格式
2	Google Earth KML	导出器会创建一个扩展名为 kmz 的压缩文件，此文件可把模型发布到 Google Earth 上。
3	FBX	Autodesk 影视娱乐行业通用格式，可在 3ds Max、Maya、SOFTIMAGE XSI 等软件间进行模型、材质、运作、相机信息的互导，是最好的互导方案。
4	XML	① XML 搜索集：具有可执行所处项目相关的复杂搜索条件(包括逻辑语句及判断)。Navisworks 使用率非常高的一种格式。 ② XML 视点文件：视点中包含所有的关联数据，其中包括相机位置、剖面、隐藏项目和材质替代、红线批注、注释、标记和碰撞检测设置。 ③ XML 碰撞报告文件：设定好碰撞检测规则，类似于碰撞集规则的设定文件。 ④ XML 工作空间：保存个人习惯的工具面板位置布局及使用习惯。

（续表）

序号	格式	扩展名
5	CSV	可导出 Timeliner 施工进度计划
6	HTML	视点报告
7	Tag	PDS 标记
8	NWP	可以用来多个 Navisworks 项目之间传递材质设置的文件，类似于材质库的集合。

演示动画

模型整合动画

任务二　Navisworks 功能模块

2.1　模型轻量化整合

Navisworks 可以将多个平台、多专业、多种格式的模型文件整合到一个模型中，如图1-8所示，并对整合的模型进行轻量化处理，极大地压缩、简化三维模型的数据量，方便浏览查看模型的整体效果和数据信息。

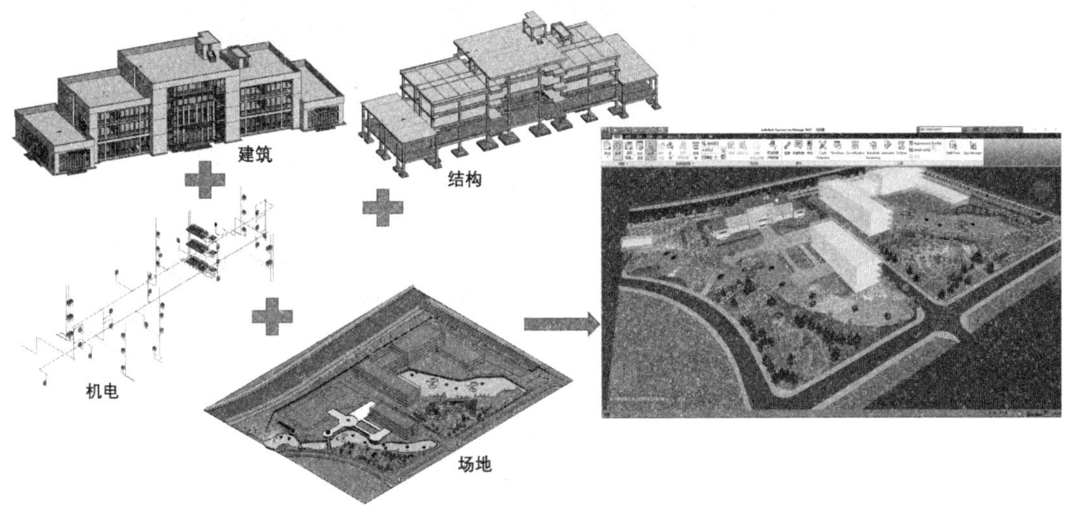

图 1-7　模型整合

演示动画

室外漫游动画

2.2　三维模型的实时漫游

在多专业模型整合的基础上，Navisworks 可通过漫游、飞行、环视、平移、缩放、动态观察等多种模型的浏览和查看工具流畅地进行实时漫游，如图1-8所示。

图 1-8　室外漫游

对于在浏览中遇到任何需要协调的问题，Navisworks 提供审阅模块，利用测量和红线批注工具对问题进行标记，如图 1-9 所示。

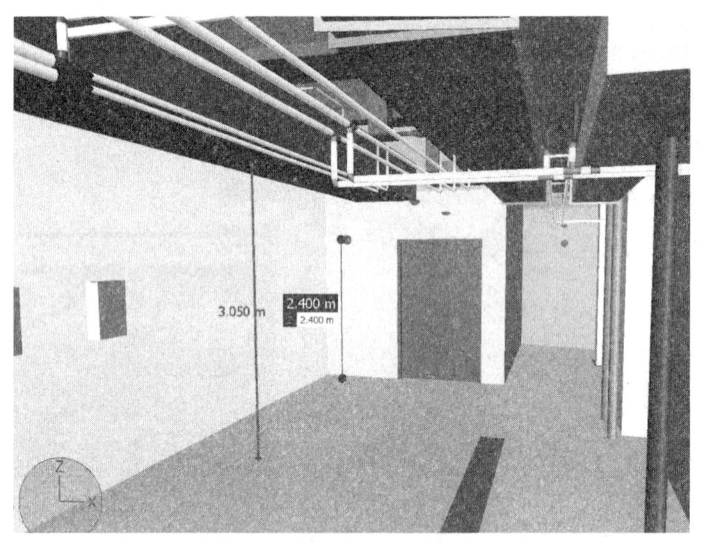

图 1-9　模型审阅标记

2.3　碰撞检测 Clash Detective

演示动画

碰撞检测

Navisworks 的碰撞检测 Clash Detective 模块，可快速有效地发现当前场景中不同三维模型之间的碰撞与冲突；可通过自定义设置碰撞检测的规则和选项，查看三维模型中的碰撞，支持硬碰撞检测（物理意义上的碰撞）和软碰撞检测（时间上的碰撞检测、间隙碰撞检测、空间碰撞检测等）结果，并对结果进行整理，生成碰撞报告，实现各专业之间的协同设计，减少人为错误，如图 1-10 所示。

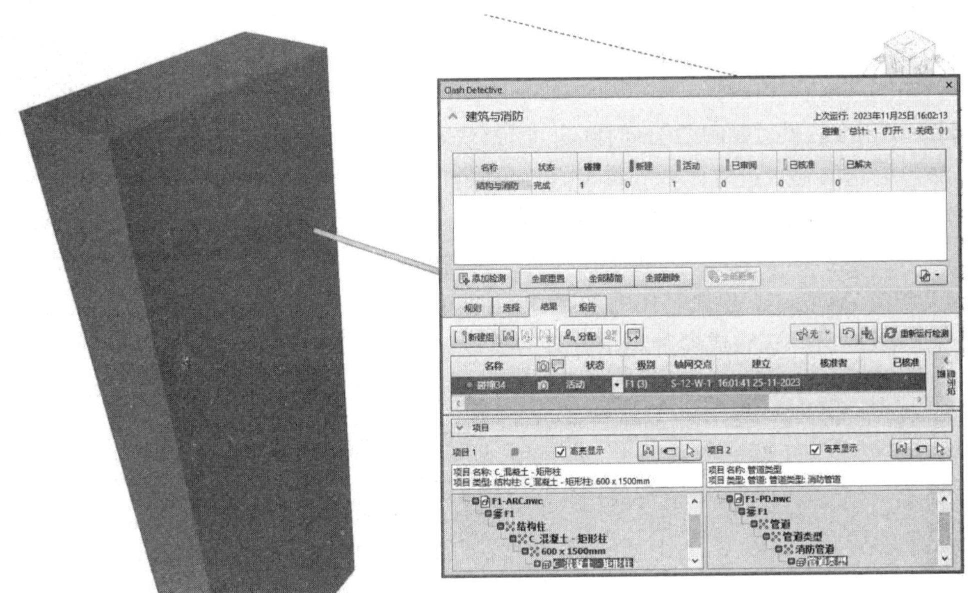

图 1-10　碰撞检测

2.4 模型渲染

演示动画

模型渲染

Navisworks 提供了 Autodesk Rendering 渲染引擎，操作简单，通过材质、灯光管理，对模型渲染效果进行调整与控制，使场景展示更加逼真生动，可输出真实光影效果的展示成果，如图 1-11 所示。

图 1-11　模型渲染

演示动画

施工进度模拟

2.5 工程进度模拟 TimeLiner

Navisworks 软件 TimeLiner(时间进度)模块,可导入项目进度软件(p3、Project 等)编制的施工进度计划与模型直接关联,以 3D 模型和动画形式直观演示建筑施工步骤;也可以对模型中每一个构件添加实际开工时间、完工时间、人工费、材料费等信息,得到包含 3D 模型、时间过程和费用在内的 5D BIM 模型。施工模拟展示过程中,还可以关联由 Animator 模块制作的动画,展示模拟施工中设备、机械的安装顺序与移动过程,实现施工计划预演,完成多种施工方案的模拟比较,如图 1-12 所示。

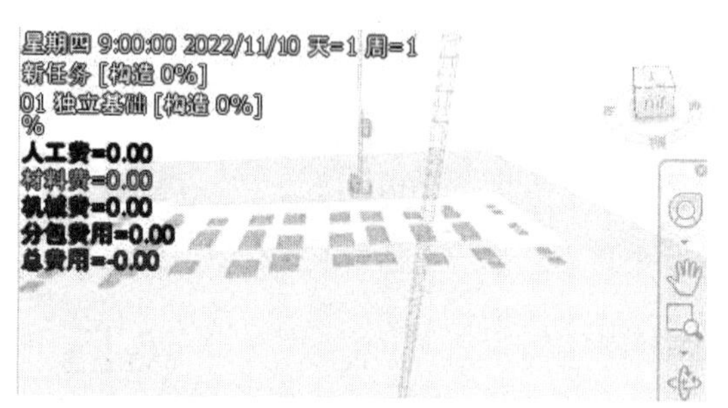

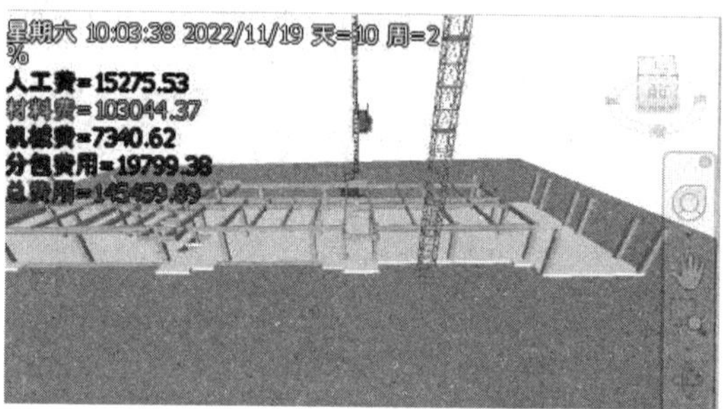

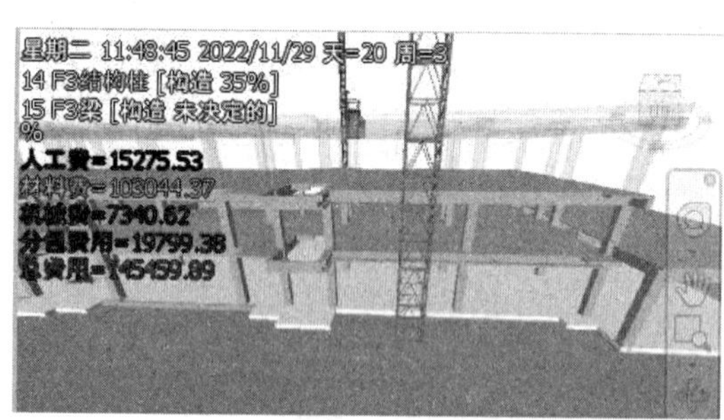

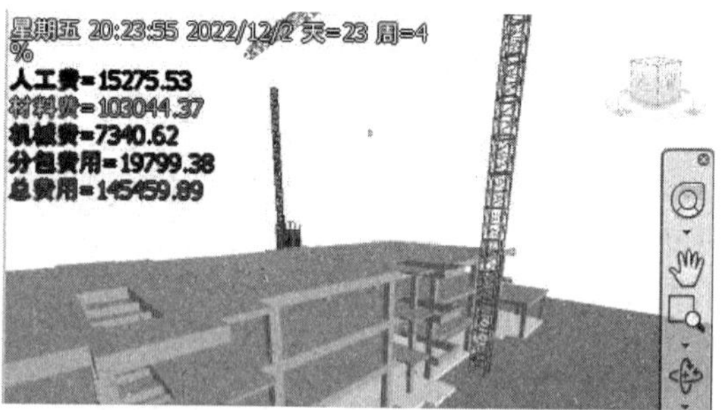

图 1-12 施工进度模拟

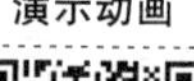

工程量计算

2.6 工程量计算 Quantification

Navisworks 软件工程量计算 Quantification 模块可实现对三维项目模型在【使用资源】中构件的工程量统计,在定义项目目录以及资源目录的基础上,可以将项目目录与资源目录相关联,根据需要,输出工程量统计表格,真正意义上实现 BIM 数据与工程管理的结合,如图 1-13 所示。

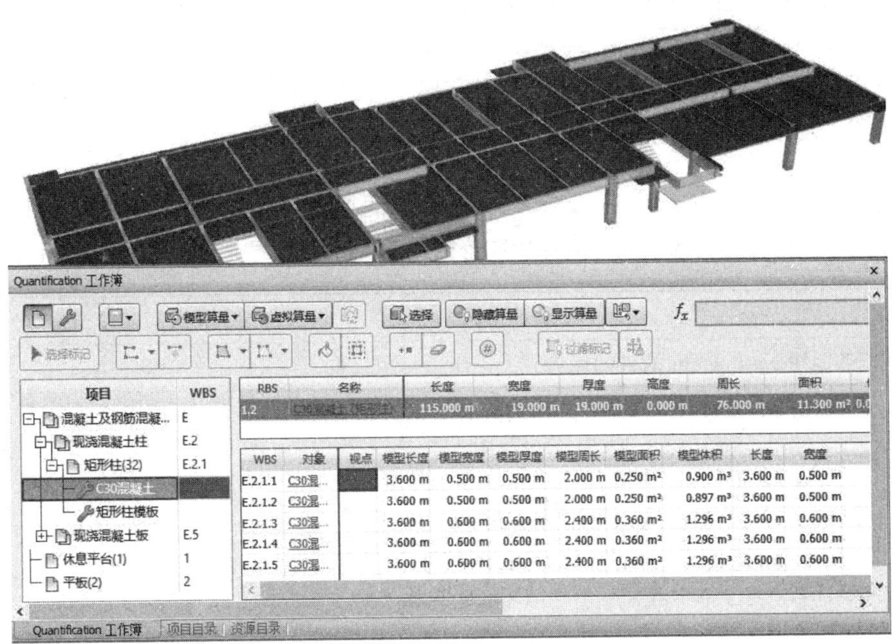

图 1－13 工程量计算

【小结 · 思维导图】

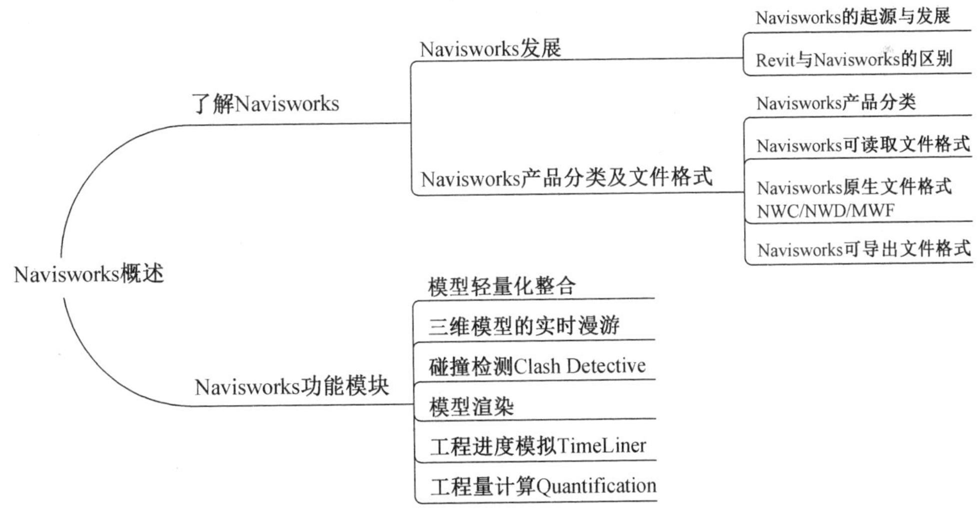

【拓展演练】

课后习题/
练习文件

模块一/
拓展练习文件1

请扫码下载练习文件，并在 Navisworks 中完成以下任务：

1. 请正确安装 Autodesk Navisworks 软件；

2. 在 Autodesk Navisworks Manage 和 Autodesk Navisworks Freedom 中分别打开练习文件，并比较两个产品的区别；

3. 在 Autodesk Navisworks Manage 打开练习文件，查看软件可读取、导出的文件格式；

4. 将文件分别保存为 NWD/NWF 格式，比较 NWC/NWD/NWF 格式的适用场景；

5. 查找软件的各功能模块。

【自我评价】

请根据对软件操作掌握程度，在自我评价量表上打分。

序号	评价指标	分值(0～10 分)
1	我能够说明 Navisworks 软件的优势	
2	我能够区分 Revit 和 Navisworks 软件的区别	
3	我能够区分 Autodesk Navisworks 系列下的 Navisworks Manage、Navisworks Freedom 和 Navisworks Simulate 的区别	
4	我能够说明 Navisworks 常见的可导入文件格式的软件有哪些	
5	我能够找到 Navisworks 中全局选项的文件读取器	
6	我能够区分 Navisworks 原生 NWC/NWD/NWF 格式的不同	
7	我能够将 Navisworks 中的文件保存为 NWC/NWD/NWF 格式	
8	我能够将 Navisworks 中的文件输出 DWF、FBX 等格式	
9	我能够正确地说明 Navisworks 的功能模块有哪些	
10	我能够在 Navisworks 软件中找到这些功能模块	
总分		
备注	(采取措施)	

模块二

Navisworks 操作界面

【知识目标】

智慧地铁
BIM系统

1. 认识 Navisworks 软件操作界面；
2. 熟悉 Navisworks 软件环境参数设置；
3. 掌握 Navisworks 不同工具和常见操作命令。

【能力目标】

1. 能够使用 Navisworks 软件操作界面，能够根据任务要求准确找到相应操作工具；
2. 能够正确设置软件环境中的文件选项和全局选项的参数；
3. 能够进行软件的保存、自定义、模型导入和整合等常见操作。

【素质目标】

通过 BIM 技术应用于实际工程案例分析，培养学生主动参与、积极进取、探究科学的学习态度和思想意识；

通过软件界面设置与基本操作，引导学生养成良好的操作习惯和认真负责的工作态度，增强学生的责任担当。

【任务介绍】

任务一　了解 Navisworks 用户界面：Navisworks 软件用户界面布局；
任务二　Autodesk Navisworks 基本环境参数设置：文件选项；全局选项；
任务三　常见操作命令：自动保存、恢复文件；自定义界面；Revit 模型导入；模型整合。

【任务引入】

某文化艺术中心项目总建筑面积 10 万平方米，其中地下部分 4 万平方米。建筑主体长 178 米，宽 120 米，高度为 54 米。由于涉及的空间和功能极为复杂，结构、机电建模复杂，专业内及专业间的协同管理工作、数据模型管理也相当复杂。为保证项目顺利进行，项目组从方案阶段就基于 BIM 进行协同设计与质量控制，完成建筑、结构和机电模型的搭建、幕墙的优化，对 BIM 模型管线进行综合协同设计和碰撞检测，并进行了项目会审的 BIM 复核。

思考：

1. 案例中的项目 BIM 应用，可以用到 Navisworks 软件中的哪些工具？
2. Revit 软件创建的模型如何导入到 Navisworks 中？

视频微课

Navisworks软件简介

任务一　了解 Navisworks 用户界面

Autodesk Navisworks 软件界面比较直观，延续 Autodesk 系列软件的界面风格，功能区域划分清晰，用户界面主要由八大区域构成，如图 2－1 所示，从上至下依次为：应用程序菜单、快速访问工具栏、信息中心、功能区、场景视图、导航栏、可固定窗口、状态栏。

1.1　应用程序按钮和菜单

在应用程序菜单可以访问常用工具，打开相关命令的附加菜单。要打开应用程序菜单，可直接单击软件左上角的【应用程序】按钮，出现图 2－2 所示菜单。

图 2－1　软件界面

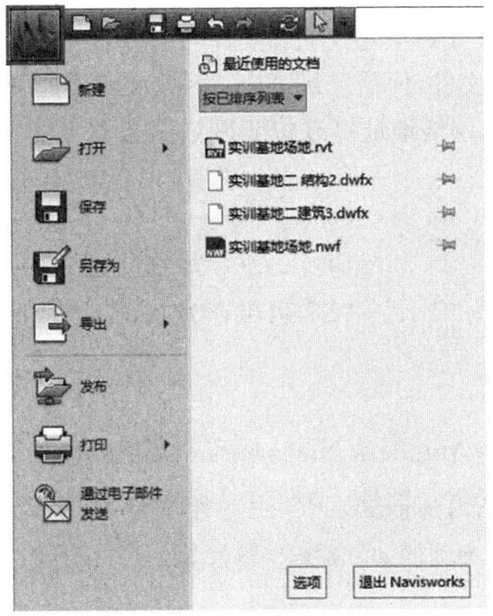

图 2-2　“应用程序”菜单

视频微课

文件打开及格式

1. (新建)

新建一个新文件，快捷键为“Ctrl”+“N”，关闭当前打开的文件，并创建一个文件名为“无标题”的新文件。

2. (打开)

打开 Navisworks 项目或兼容的设计文件，如图 2-3 所示。

图 2-3　“打开”命令

“打开”功能可用于打开现有文件，快捷键为“Ctrl”+“O”，如常用的 DWG、IFC、FBX、RVT 等格式，可选择需要打开的模型文件类别，或者直接选择【所有文件 *. *】；也可从 BIM360 打开云端储存模型文件，但需登录 Autodesk 360 账号，可用于项目团队协调模型文件访问。也可通过输入文件网络地址打开位于网络服务器上的 NWD 文件；或者软件自带安装的样例文件。

3. (保存)

保存当前文件，快捷键为“Ctrl”+“S”，可保存为 NWD、NWF 两种格式文件。

4. (另存为)

将项目另存为一种原生 Autodesk Navisworks 格式(NWF 或 NWD)。

注意：如需在较低版本的 Navisworks 中打开文件，可将文件另存为对应版本类型。Navisworks 2016～2020 版本通用，不需要降级处理。

5. (导出)

将当前项目几何图形和数据导出为 DWF/DWFx、FBX 及 Google Earth KML 三种格式文件。

6. (发布)

发布当前项目，可设置发布标题、作者、密码等信息，如图 2-4 所示。

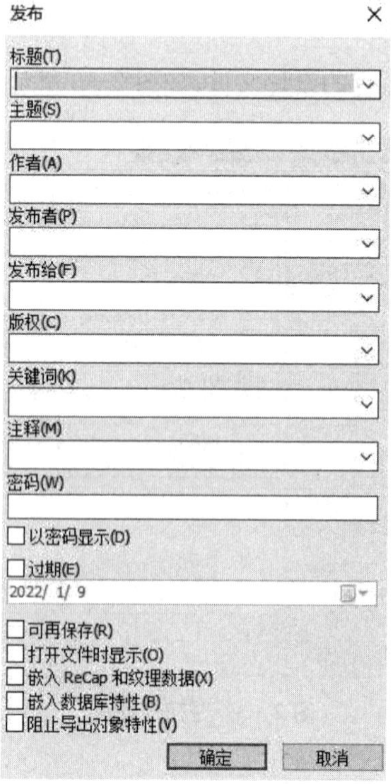

图 2-4 “发布”命令

设置好项目信息后，点击【确定】按钮可以打开【另存为】对话框，设置文件的名称和位置，但只能发布为 NWD 格式文件。

7. (打印)

打印当前视图快捷键为“Ctrl”+“P”，设置打印相关的参数，预览当前视图和打印效果，并打印场景，如图 2-5 所示。

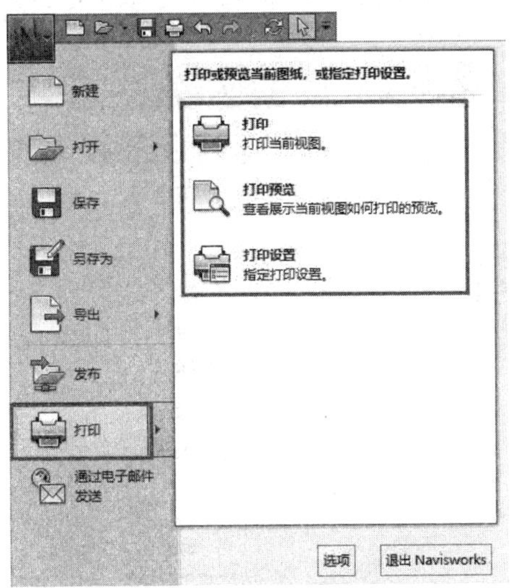

图 2-5　“打印”命令

8. (通过电子邮件发送)

以当前文件作为附件，创建电子邮件发送，默认启动 Outlook 软件。

9. 选项 (选项)

打开【选项编辑器】，可进行常规、界面、模型、工具等设置，如图 2-6 所示。选项编辑器的设置将在本章任务二的 2.2 节中重点讲解。

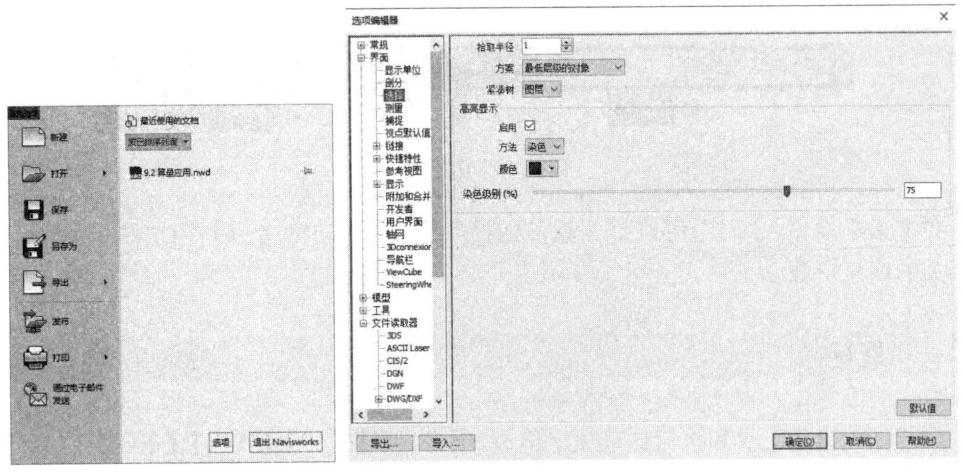

图 2-6　“选项”命令

10. 退出 Navisworks (退出 Navisworks)

退出 Navisworks 程序。

1.2 快速访问工具栏

【快速访问工具栏】位于软件界面的顶部，显示有软件常用命令，如图 2-7 所示。

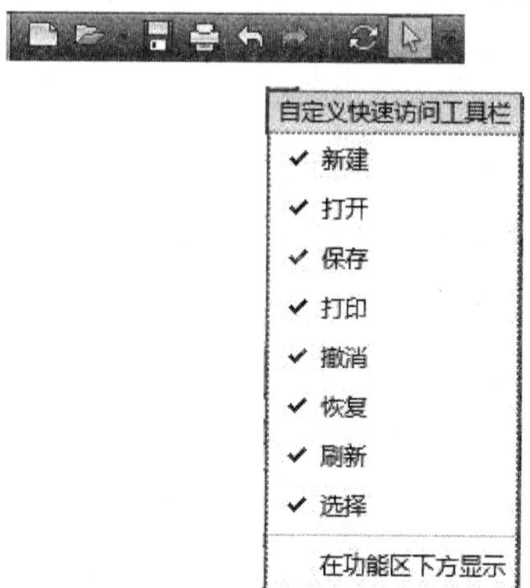

图 2-7 快速访问工具栏

点击快速访问工具栏自定义按钮，通过勾选可自定义快速访问工具栏显示的命令及数量，也可调整工具栏在功能区的显示位置。

1.3 信息中心

【信息中心】是 Autodesk 产品中常用的功能，由搜索、账号登录、应用商店、帮助等工具组成，如图 2-8 所示。

图 2-8 信息中心

在搜索框内输入“F1”，可以打开软件的使用说明书，初学者可利用这些工具访问与产品相关的信息资源。

1.4 功能区

功能区由显示工具和按钮的选项卡组成，通常显示【常用】、【视点】、【审阅】、【动画】、【查看】、【输出】、【BIM360】、【渲染】、【项目工具】等 9 个选项卡。选项卡下又包含一系列工具面板，如图 2－9 所示。

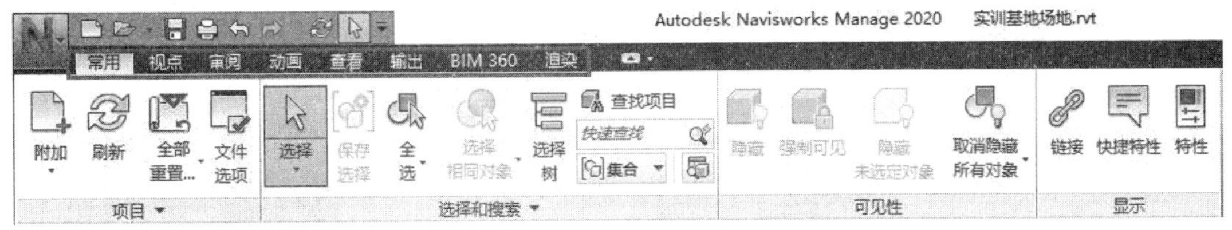

图 2－9　功能区

在执行某些命令时，会显示一个特别的上下文功能区选项卡（而非工具栏或对话框）。可以根据需要拖动面板，自定义功能区显示顺序、位置；将面板拖动到场景视图中时，面板变为浮动状态，如图 2－10 所示。

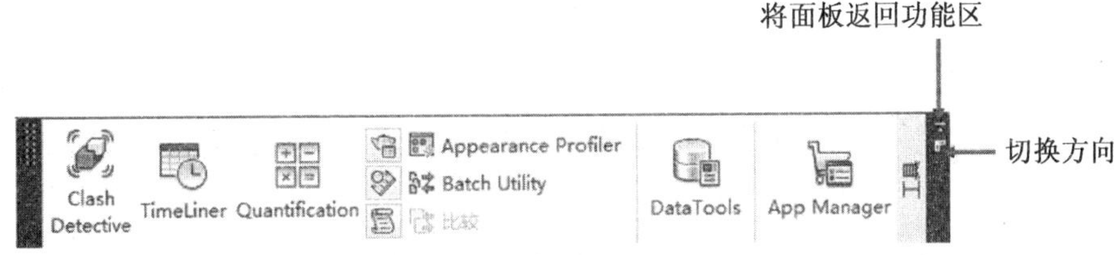

图 2－10　浮动面板

功能区的右上角有两个按钮，主要用于切换功能区最小化状态，可直接点击按钮循环切换三种最小化状态和正常模式，如图 2－11、2－12 所示。

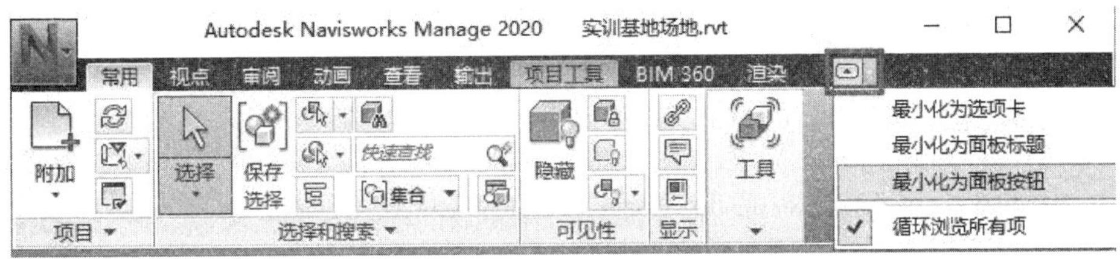

图 2－11　功能区最小化状态

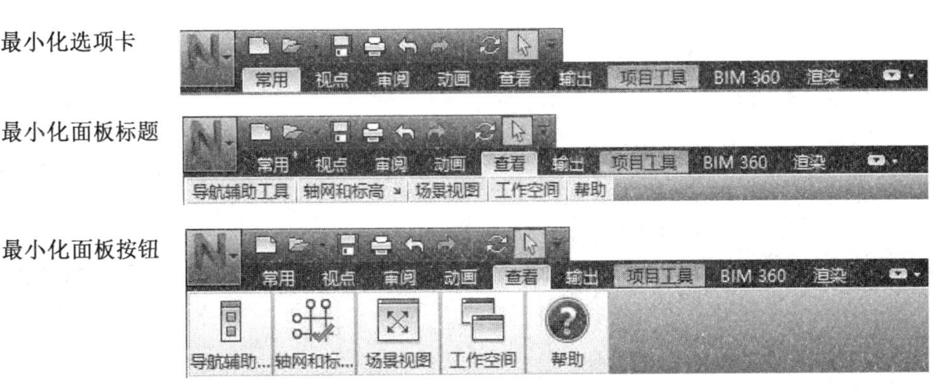

图 2－12　功能区最小化状态

在功能区内的任意位置单击鼠标右键，在【显示】选项卡和【显示】面板下，可选择或不选某些选项卡、面板，如图 2－13 所示。

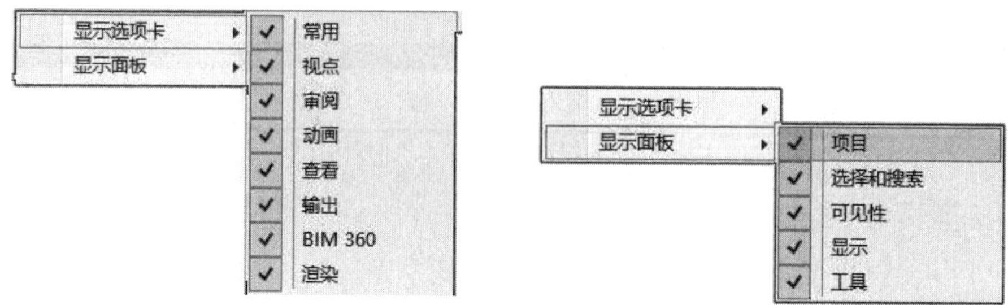

图 2－13　选项卡、面板显示

在功能区拖动选项卡标题可直接变动选项卡的顺序，将选项卡拖动到窗口时，选项卡将变为悬浮状态。

1. “常用”选项卡

“常用”选项卡包括【项目】、【选择和搜索】、【显示】、【可见性】、【工具】5 个面板，如图 2－14 所示。

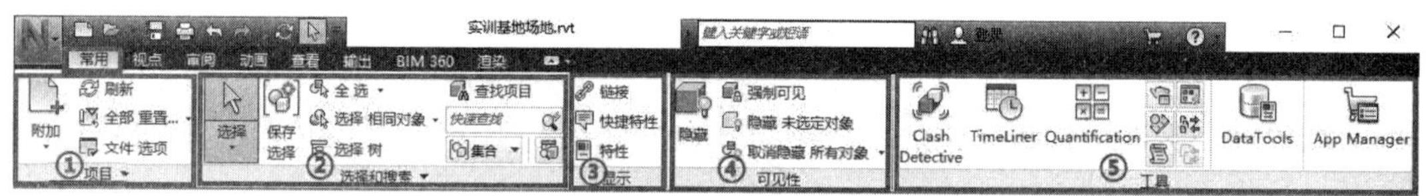

图 2－14　“常用”选项卡

说明：① 项目：包括附加、合并项目文件，重置文件的外观、变换等变更，设置文件选项。

② 选择和搜索：对场景视图中的几何图形进行选择和搜索，设置选取精度。

③ 显示：显示或隐藏几何图形的特性、链接。

④ 可见性：显示或隐藏模型中的项目。

⑤ 工具：软件的模拟和分析工具。工具面板具体说明见二维码内容。

微课资源

工具面板功能说明

2. “视点”选项卡

“视点”选项卡内包括【保存、载入和回放】、【相机】、【导航】、【渲染样式】、【剖分】、【导出】6 个面板，如图 2－15 所示。

图 2－15　“视点”选项卡

说明：①【保存、载入和回放】：对视点进行编辑，保存、录制、载入和回放保存的视点和视点动画。

②【相机】：对相机应用的投影、位置、观察点、视野等进行设置。

③【导航】：设置运动的线速度和角速度，选择导航工具和三维鼠标设置，并应用漫游、环视设置真实效果（如第三人、重力和碰撞）。

④【渲染样式】：控制光源和渲染设置。

⑤【剖分】：在三维工作空间中为当前视点启用剖分，通过"平面"或"框"切换剖分模式，平面设置控制剖面，以移动、选择、缩放剖面/框变换创建模型的横截面。

⑥【导出】：使用 Autodesk 或视口渲染器将当前视图或场景导出为其他图像格式。

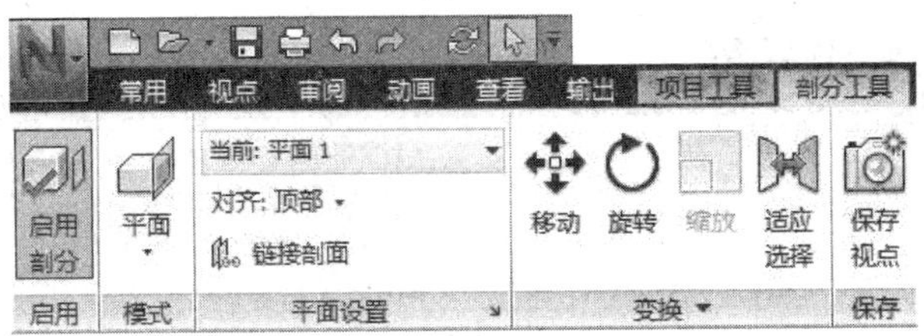

图 2-16 剖分工具

3. "审阅"选项卡

"审阅"选项卡包括【测量】、【红线批注】、【标记】、【注释】4 个面板，如图 2-17 所示。

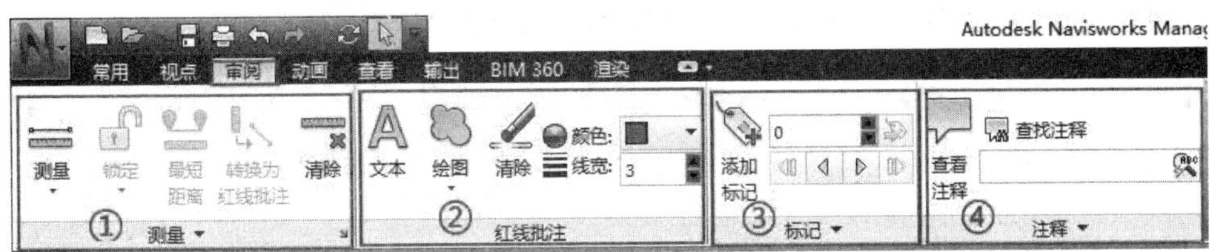

图 2-17 "审阅"选项卡

说明：①【测量】：测量模型中项目上的两点之间的距离、角度和面积。

②【红线批注】：在当前视点上绘制红线批注标记视点和碰撞结果。

③【标记】：在场景中添加和管理标记。

④【注释】：在场景中查看和管理注释。

4. "动画"选项卡

"动画"选项卡内包括【创建】、【回放】、【脚本】、【导出】4 个面板，如图 2-18 所示。

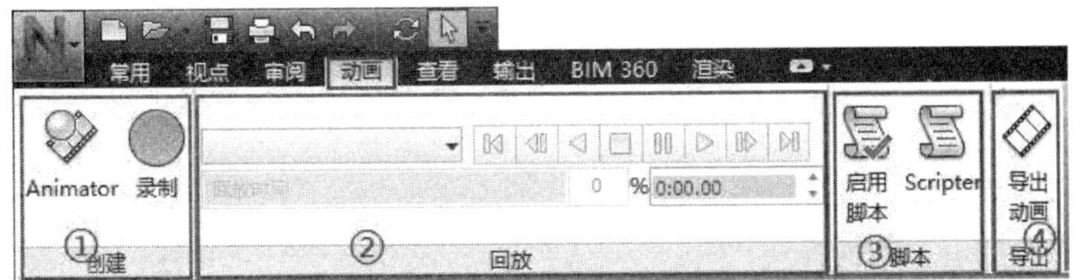

图 2-18 "动画"选项卡

说明：①【创建】：使用动画制作工具创建对象动画，或者录制视点动画。
②【回放】：选择和回放动画。
③【脚本】：启用脚本，或使用动画互动工具创建新脚本。
④【导出】：将项目中的动画导出为 AVI 文件或一系列图像文件。

5. “查看”选项卡

“查看”选项卡内包括【导航辅助工具】、【轴网和标高】、【场景视图】、【工作空间】、【帮助】5 个面板，如图 2-19 所示。

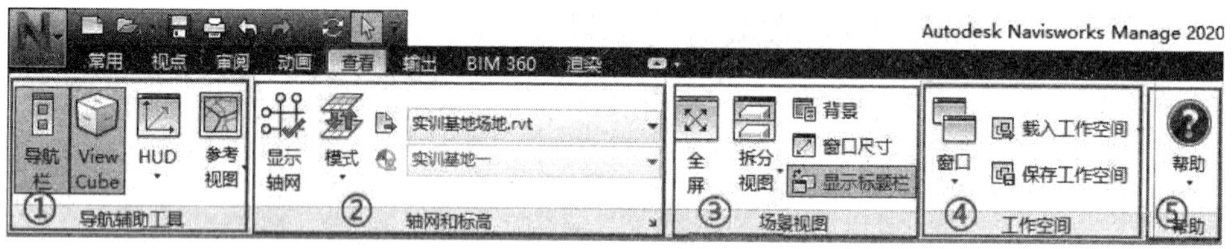

图 2-19 “查看”选项卡

说明：①【导航辅助工具】打开或关闭导航控件，如导航栏、ViewCube、HUD 元素和参考视图，如图 2-20 所示。
②【轴网和标高】：显示或隐藏轴网系统，并自定义标高的显示模式、颜色显示等。
③【场景视图】：控制场景视图，包括全屏、拆分窗口，设置背景样式、颜色。
④【工作空间】：控制显示的浮动窗口，载入、保存工作空间配置，会保留有关打开的窗口及其位置以及应用程序窗口大小的信息。
⑤【帮助】：为用户深度学习提供帮助，与信息中心的【帮助】按钮功能相同。

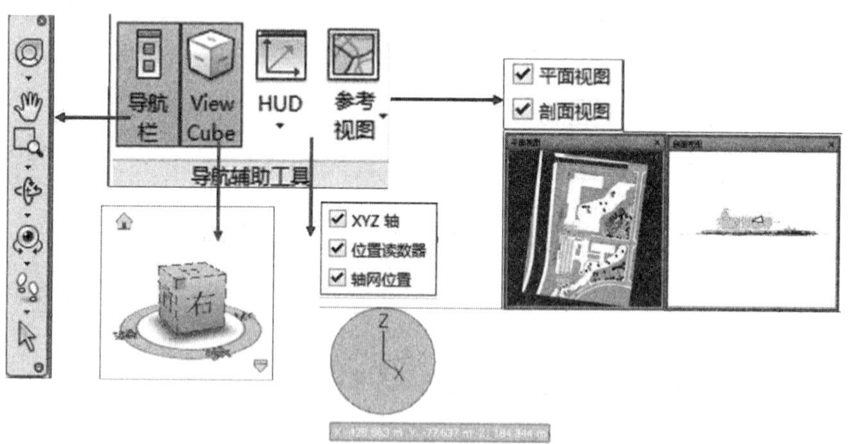

图 2-20 导航辅助工具

6. “输出”选项卡

“输出”选项卡内包括【打印】、【发送】、【发布】、【导出场景】、【视觉效果】、【导出数据】6 个面板，如图 2-21 所示。

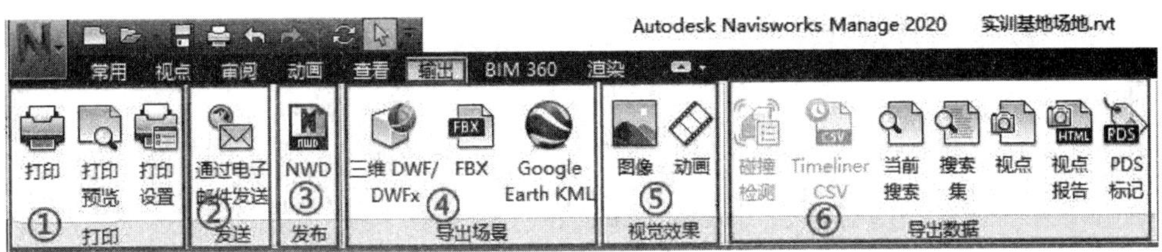

图 2－21 【输出】选项卡

说明：①【打印】：打印和预览当前视点，进行打印设置，同【应用程序】菜单中的【打印】功能。

②【发送】：发送以当前文件为附件的电子邮件，同【应用程序】菜单中的【通过电子邮件发送】。

③【发布】：将当前场景发布为 NWD 文件，同【应用程序】菜单中的【发布】功能。

④【导出场景】：将当前场景发布为三维 DWF/DWFx、FBX 或 Google Earth KML 文件，同【应用程序】菜单中的【导出】功能。

⑤【视觉效果】：输出图像和动画。

⑥【导出数据】：从 Autodesk Navisworks 导出碰撞检测、施工进度模拟、搜索集合、视点数据及 PDS 标记。

7. "BIM 360"选项卡

"BIM 360"选项卡内包括【BIM 360】、【模型】、【审阅】、【设备】4 个面板，如图 2－22 所示。

图 2－22 "BIM 360"选项卡

说明：①【BIM 360】：从 BIM 360 账户中加载项目或模型文件。

②【模型】：从 BIM 360 账户获取或刷新模型。

③【审阅】：同步 BIM 360 账户中的视图信息。

④【设备】：把设备特性添加到 BIM 360 模型中。

8. "渲染"选项卡

"渲染"选项卡内包括【系统】、【交互式光线跟踪】、【导出】3 个面板，如图 2－23 所示。

图 2－23 "渲染"选项卡

说明：①【系统】：切换“Autodesk 渲染”窗口，该窗口用于选择材质并将材质应用于模型，创建光源及配置渲染环境。

②【交互式光线跟踪】：设置渲染质量并直接在场景视图中渲染，暂停或取消渲染过程。

③【导出】：保存和导出当前视点的渲染图像。

9. “项目工具”选项卡

“项目工具”选项卡只有在选中项目文件中的几何图形后才会出现，包括【返回】、【持定】、【观察】、【可见性】、【变换】、【外观】、【链接】7 个面板，如图 2-24 所示。

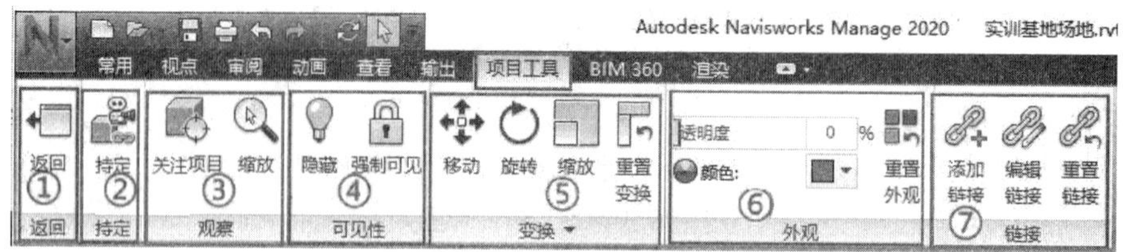

图 2-24 “项目工具”选项卡

说明：①【返回】：切换回当前视图中兼容的设计应用程序。

②【持定】：拾取或保持选定项目，以便它们在围绕场景导航时一起移动。

③【观察】：将当前视图聚焦于选中的项目，以及将当前视图缩放到选中的项目上。

④【可见性】：控制所选项目的显示和隐藏。

⑤【变换】：移动、旋转和缩放所选的项目或重置变换为原始值。

⑥【外观】：更改所选项目的颜色和透明度或重置外观为原始值。

⑦【链接】：管理附加到所选项目的链接或重置链接为原始值。

1.5 场景视图

场景视图是查看三维模型和与三维模型交互的区域。启动软件时，会打开一个默认场景视图，该视图无法移动。场景视图的修改可利用【查看】选项卡中的【场景视图】面板进行操作。

1. 自定义添加场景视图

可根据需要利用【查看】选项卡中【场景视图】面板下的【拆分视图】功能增加更多水平或垂直场景视图，自定义增加视图以“视图 1”“视图 2”命名，继续增加新的视图，编号按顺序排列，如图 2-25 所示。

一次只能有一个场景视图处于活动状态，鼠标左键单击某个场景视图，激活该场景视图，可使用 ViewCube、导航栏对模型进行控制，也可对当前视图进行大小、位置调整。

利用【查看】选项卡【场景视图】面板下的【显示标题栏】功能可显示自定义添加的场景视图的标题栏，拖动标题栏可实现自定义添加的场景视图的移动，在标题栏上双击则恢复移动前状态；点击标题栏上图钉标记 自动隐藏场景视图，点击标题栏上的 ✕ 删除场景视图，

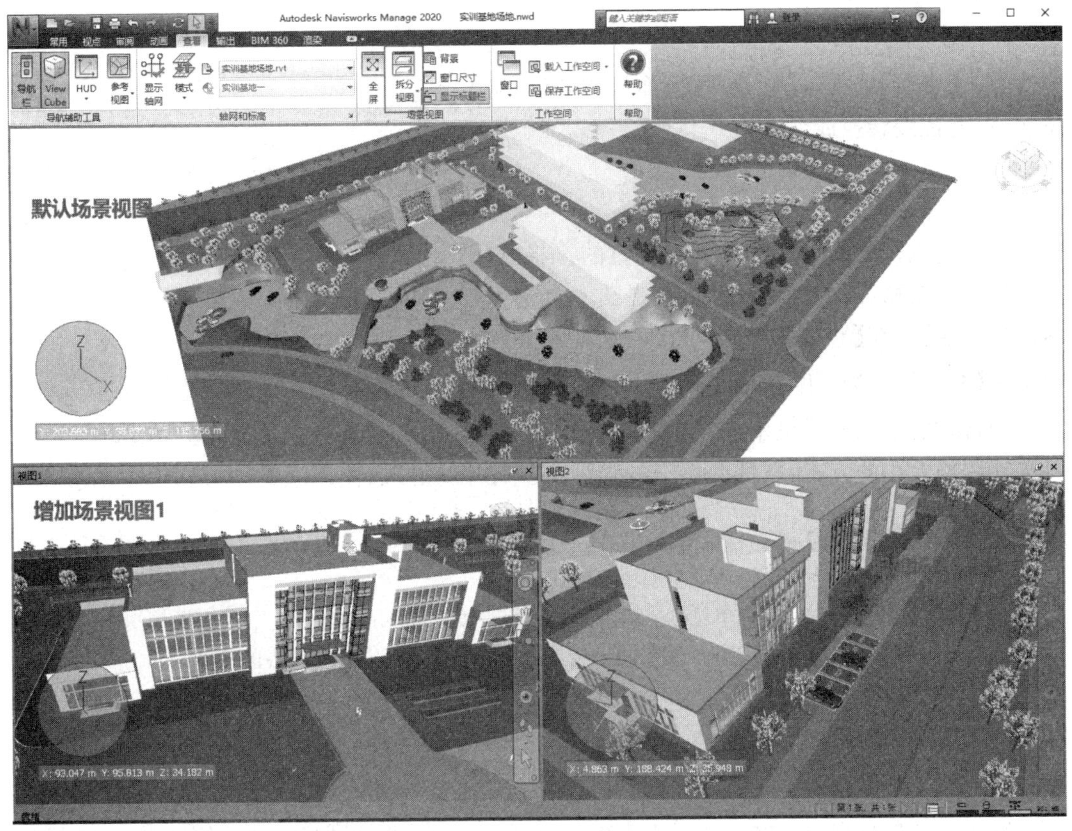

图 2－25　场景视图

如图2－26 所示。

当比较不同照明样式和渲染样式，创建模型的不同部分的动画等时，多个场景视图的比较会更方便。

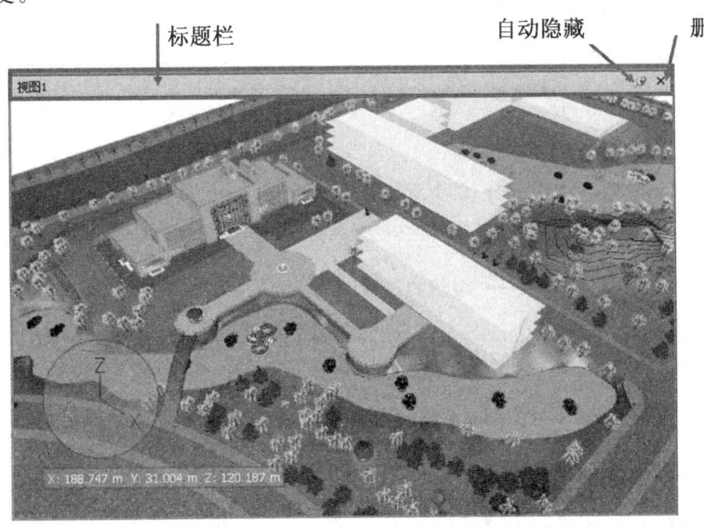

图 2－26　自定义场景视图修改

演示动画

场景视图

2.【全屏】模式

点击【查看】选项卡【场景视图】面板中的【全屏】按钮，可将视图转换成全屏模式。

3. 窗口尺寸

每个场景视图的大小都是可以调整的。将鼠标指针移动到要修改尺寸大小的场景视图上点击，激活该场景视图，在【查看】选项卡的【场景视图】面板中单击【窗口尺寸】按钮 窗口尺寸 ，可以打开“窗口尺寸”对话框，在该对话框中的“类型”下拉列表中可以选择调整大小的方式，软件提供三种类型：使用视图、显式、使用纵横比，如图 2－27 所示。

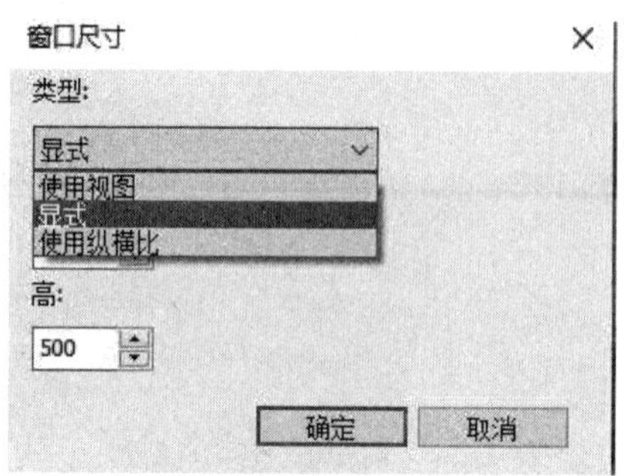

图 2－27 窗口尺寸类型

说明：①【使用视图】：使内容填充当前活动场景视图范围。

②【显式】：以像素为单位输入内容的精确宽度和高度。

③【使用纵横比】：以像素为单位输入内容的宽度或高度。输入高度时，使用当前场景视图的纵横比自动计算内容的宽度；输入宽度时，使用当前场景视图的纵横比自动计算内容的高度。

1.6 导航工具

导航栏是与模型进行交互式导航和定位相关的工具，沿场景视图的一侧浮动；点击导航栏最下方的按钮可以根据需要显示的内容来自定义导航栏，也可以在场景视图中更改导航栏的固定位置，设置导航栏选项，如图 2－28 所示。

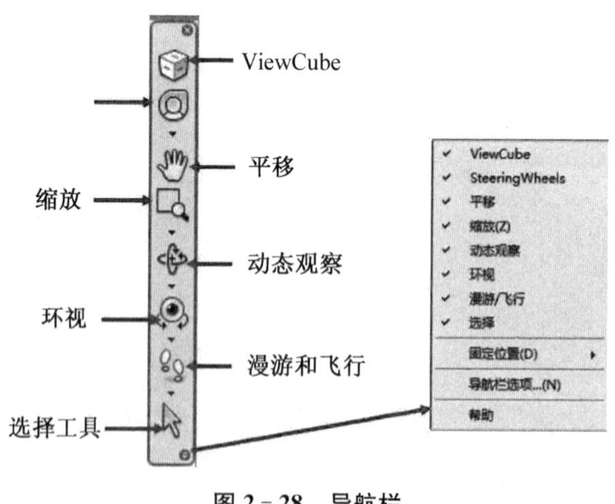

图 2－28 导航栏

导航栏包括 Autodesk ViewCube、SteeringWheels 和 3Dconnexion 三维鼠标，其设置可通过【应用程序】菜单的【选项】的【界面】菜单进行设置。

1. ViewCube

ViewCube 工具是一个永存界面，默认情况下位于【场景视图】的右上角、模型的上方，且处于不活动状态时以半透明状态显示。指南针显示在 ViewCube 工具的下方并指示为模型定义的北向，如图 2－29 所示。

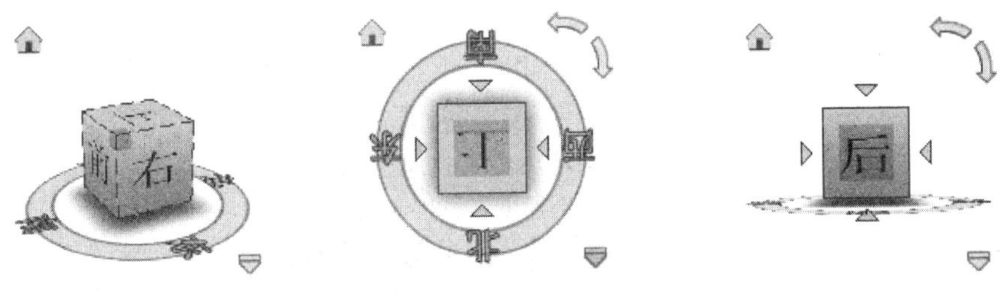

图 2－29 ViewCube

ViewCube 的不透明度、大小和指南针等外观显示都可在【选项编辑器】中【界面】菜单设置，如图 2－30 所示。

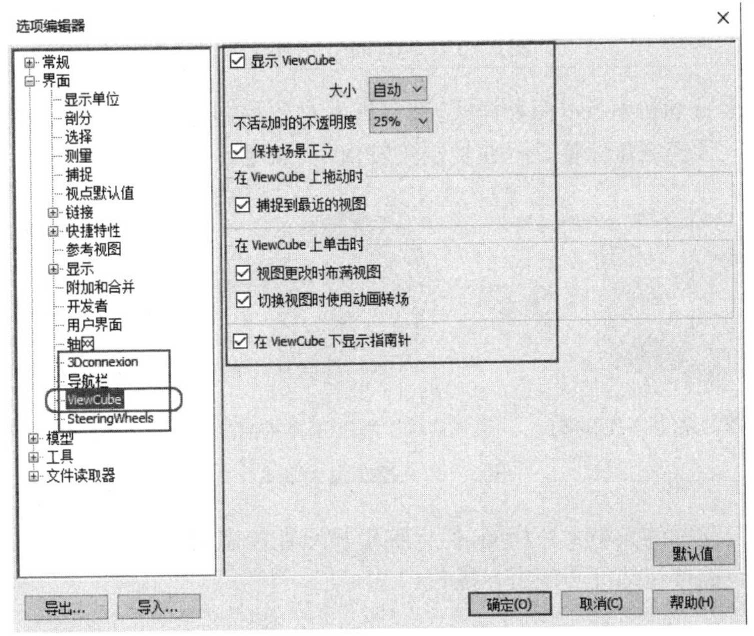

图 2－30 ViewCube 选项

取消勾选【显示 ViewCube】，ViewCube 则不会独立显示，与其他导航工具同时显示在导航栏中。

将鼠标放置在 ViewCube 工具上，ViewCube 将变为活动状态。可以通过按住鼠标左键拖动或点击鼠标左键，将围绕使用 ViewCube 工具前最后选定的对象的中心点作为轴心点，对模型的各个视图进行切换。

将鼠标放置在指南针上，点击指南针上的方向可以旋转模型，也可以单击并拖动其中一个基本方向或指南针圆环以绕轴心点以交互方式旋转模型。

2. SteeringWheels

SteeringWheels 也称作控制盘，将多个常用导航工具结合到一个界面中，是一组跟随光标的跟踪菜单，可以访问各种二维和三维导航工具，如图 2－31 所示。

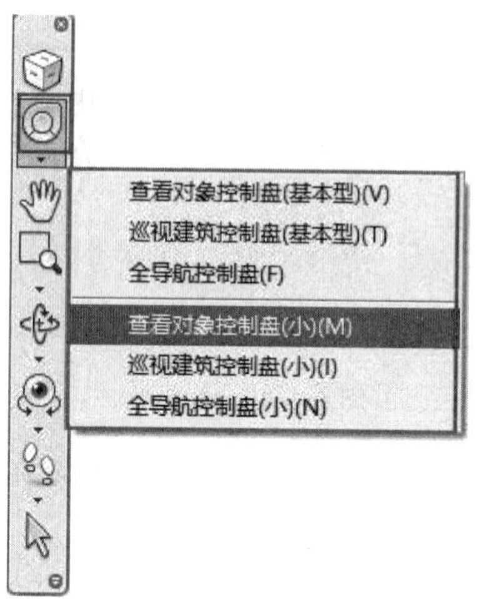

图 2－31　SteeringWheels 类型

控制盘有大版本和小版本两种样式，都有查看对象控制盘、巡视建筑控制盘、全导航控制盘三种模式。大控制盘标签显示在控制盘按钮上，如图 2－32 所示。

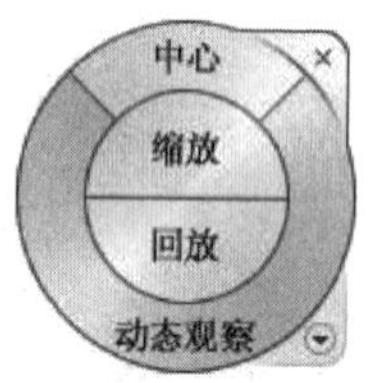

查看对象控制盘(基本控制盘)

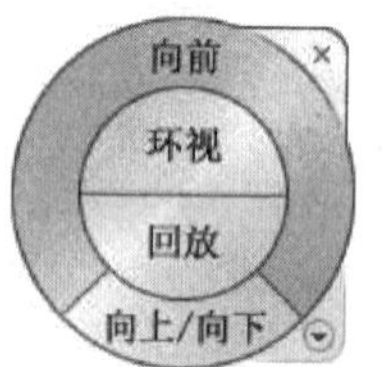

巡视建筑控制盘(基本控制盘)

全导航控制盘

图 2－32　控制盘大版本

小控制盘与光标的大小大致相同，但标签不显示在控制盘按钮上，如图 2－33 所示，按住并拖动控制盘的按钮即可实现交互操作。

回放

查看对象控制盘(小)

向上/向下

巡视对象控制盘(小)

漫游

全导航控制盘(小)

图 2－33　控制盘小版本

可在导航栏上，单击 SteeringWheels 按钮下面的箭头，选择要显示的控制盘模式；也可通过功能区【视点】选项卡下的【导航】面板找到【SteeringWheels】右下方箭头选择要显示的控制盘模式，如图 2－34 所示。

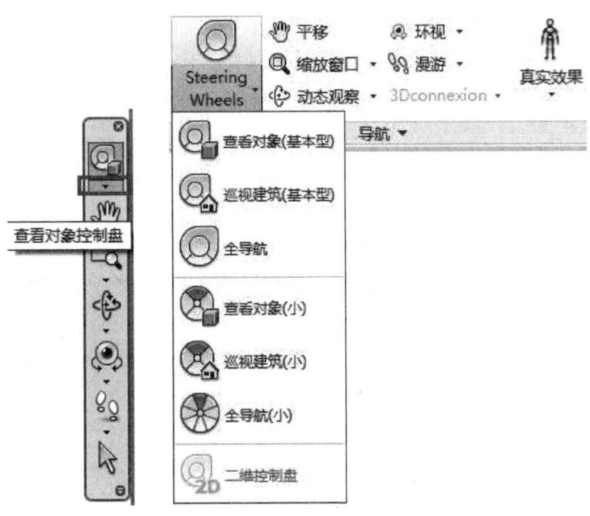

图 2-34　控制盘显示

控制盘显示后，在控制盘上单击鼠标右键，单击【SteeringWheels 选项】；进入【选项编辑器】中【界面】节点下的【SteeringWheels】页面中，即可对大控制盘和小控制盘的大小、透明度、显示信息进行设置，如图 2-35 所示。

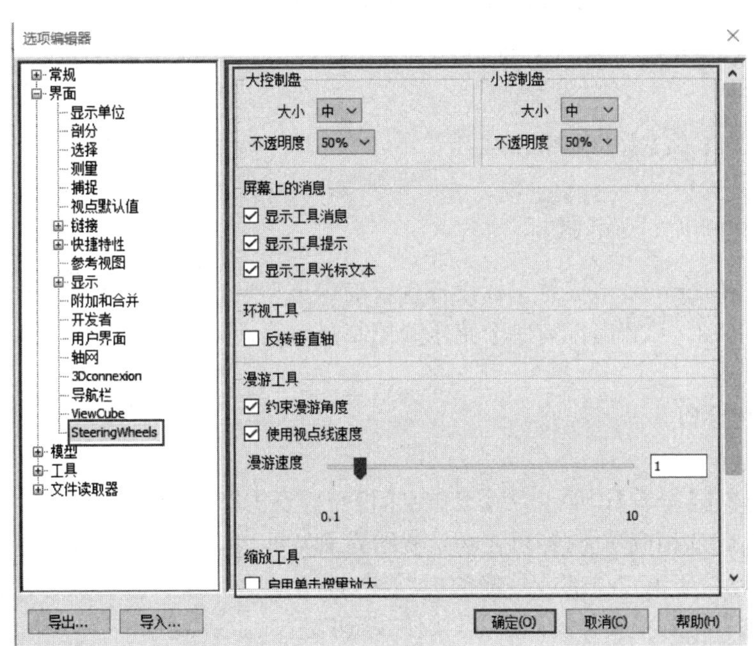

图 2-35　SteeringWheels 选项

其他导航工具位于导航栏下方，其操作方法与【视点】选项卡下的【导航】面板一致，如图 2-36 所示。

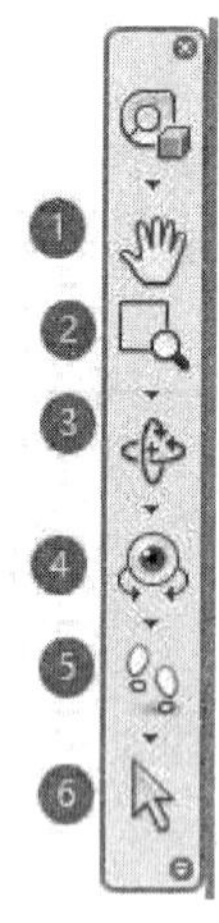

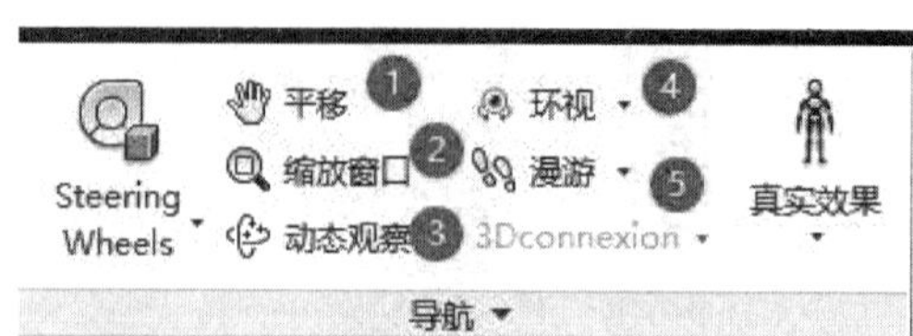

图 2 - 36　其他导航工具

说明：①【平移】：激活平移工具并平行于屏幕移动视图。

②【缩放窗口】：更改模型的缩放比例。

③【动态观察】：更改模型的方向，模型将绕轴心点旋转，而视图保持固定。

④【环视】：垂直和水平旋转当前视图，进行环视、观察。

⑤【漫游和飞行】：围绕模型移动和控制真实效果设置的一组导航工具，模拟正常行走或空中飞行的效果。

⑥【选择工具】：选择几何图形的工具。

3. 3Dconnexion 三维鼠标

用于通过 3Dconnexion 三维鼠标设备重新确定模型当前视图的方向，可替代鼠标来围绕"场景视图"移动。该设备配有一个感压型控制器帽盖，用于在所有方向灵活转动。

1.7　可固定窗口

在功能区单击【查看】选项卡，从【工作空间】面板点击【窗口】，即可显示 Navisworks 所有可固定窗口，勾选相应功能，即可在场景视图界面显示相应窗口，如图 2 - 37 所示。

单击并拖动位于窗口顶部或一侧的标题栏，即可使窗口处于浮动状态，实现窗口的移动，要在拖动窗口时防止其自动固定，需按住"Ctrl"键。

移动鼠标指针时，窗口将向画面某一边收拢：顶部、左侧、右侧或底部，如图 2 - 38 所示。对于固定的窗口，可点击窗口的标题栏的图钉标记实现窗口的自动隐藏。

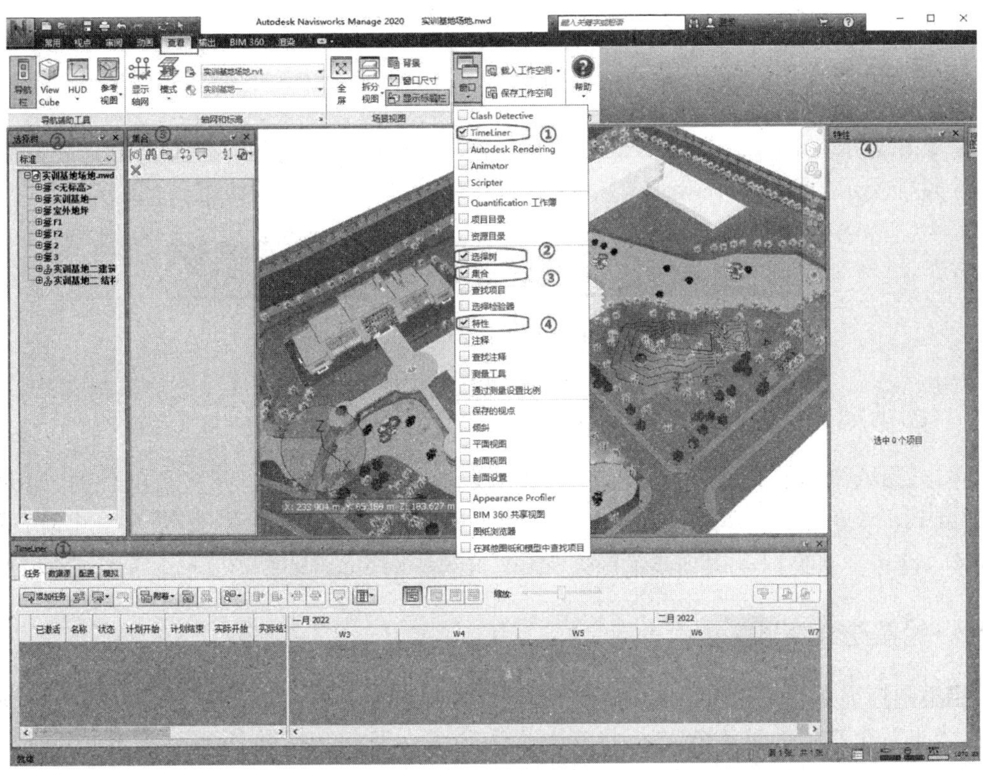

图 2－37　可固定窗口

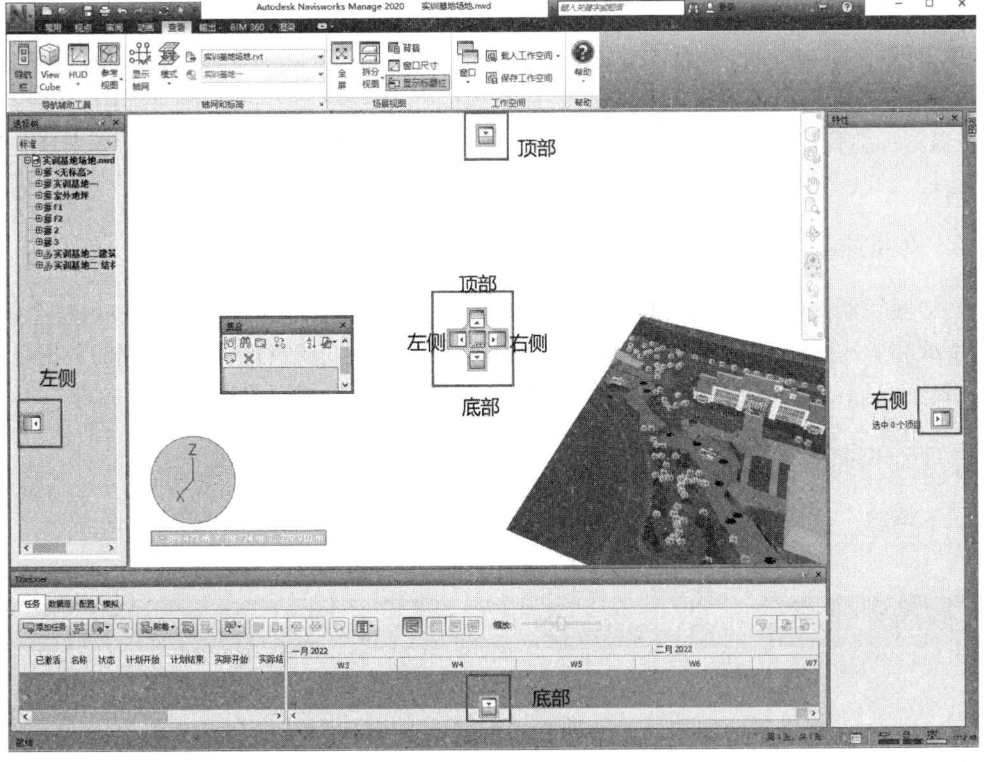

图 2－38　可固定窗口

1.8 状态栏

状态栏显示在 Navisworks 屏幕的底部，无法进行自定义或移动该窗口。状态栏右侧包含四个性能指示器，对 Navisworks 软件的运行状况提供持续反馈，如图 2-39 所示。

图 2-39 状态栏

1. 图纸浏览器

单击【图纸浏览器】按钮可显示或隐藏【图纸浏览器】窗口，当打开多页文件时，如浏览 DWF 或 PDF 文件时，可以单击【上一个箭头/下一个箭头】和【第一个箭头/最后一个箭头】进行切换，在【场景视图】中打开所需的图纸/模型。第1张，共1张 显示多页图纸或模型。

2. 铅笔进度条

铅笔图标显示当前视图绘制的进度，当进度条显示为 100%时，表示已经完成当前场景绘制；当重新绘制场景时，铅笔图标将变为黄色；如果处理的数据过多，而计算机处理能力达不到软件要求时，铅笔图标会变为红色，提示出现瓶颈。

3. 磁盘进度条

磁盘图标显示从磁盘中载入当前模型的进度，即载入到内存中的大小。当进度条显示为 100%时，表示包括几何图形和特性信息在内的整个模型都已载入到内存中；读取数据时，磁盘图标会变成黄色；如果处理的数据过多，而计算机处理能力达不到软件要求，则磁盘图标会变为红色，提示出现瓶颈。

4. 网络服务器进度条

网络服务器图标显示当前模型下载的进度。当进度条显示为 100%时，表示整个模型已经下载完毕；在进行文件数据下载时，网络服务器图标会变成黄色；如果处理的数据过多，而网络速度达不到软件要求，则网络服务器图标会变为红色，提示出现瓶颈。

5. 内存条 850 MB

最右侧的字段显示软件当前使用的内存大小，以兆字节(MB)为单位。

任务二 Autodesk Navisworks 基本环境参数设置

Navisworks 提供了两种类型的选项，分别是【文件选项】和【全局选项】，在场景视图空白区域单击鼠标右键，即可选择打开【文件选项】和【全局选项】。

2.1 文件选项

文件选项用于控制当前文件的相关参数设置，以便更好地处理项目文件。【文件选项】也可从【常用】选项卡下的【项目】面板打开，如图 2－40 所示。

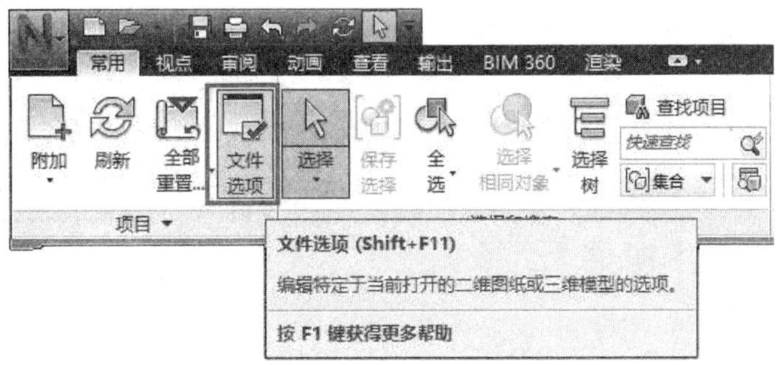

图 2－40 文件选项

【文件选项】可以调整每个 Autodesk Navisworks 文件（NWF 和 NWD）模型外观和围绕模型导航的速度，还可以创建指向外部数据库的链接并进行配置，主要包含【消隐】、【方向】、【速度】、【头光源】、【Data Tools】五大选项卡。

1. "消隐"选项卡

该选项主要用于调整已打开文件中几何图形消隐，从【区域】、【背面】、【剪裁视图】三个方向控制，【剪裁平面】和【背面】选项仅适用于三维模型，如图 2－41 所示。

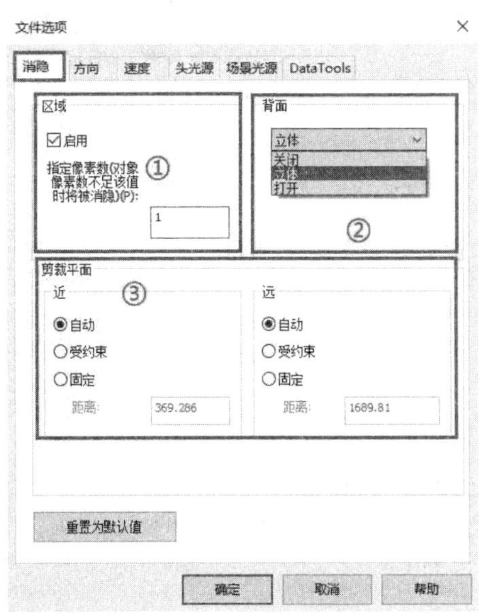

图 2－41 "消隐"选项卡

说明:①【区域】:勾选启用,则指定使用区域消隐。在屏幕区域指定一个像素值,小于该值的对象就会被消隐。例如,将该值设置为 100 像素意味着在该模型内绘制的尺寸小于 10×10 像素的任何对象会被丢弃。

②【背面】:控制所有对象是否打开背面消隐,立体仅为立体模型实体图像打开背面消隐。如果可以看穿某些对象,或者缺少某些对象部件,就要关闭背面消隐。

③【剪裁平面】:由【远】、【近】控制。

近和远的剪裁平面下,【自动】选项可使软件自动控制剪裁平面位置,以提供模型的最佳视图,此时【距离】框变成不可用。

【受约束】选项可将剪裁平面约束到在【距离】框中设置的值,一般情况下软件会根据需要调整并使用提供的值来调整剪裁平面位置。

【固定】选项则可将近剪裁平面设置为在【距离】框中提供的值。距离是指在受约束模式下相机与剪裁平面位置之间的最远的精确距离。

2. "方向"选项卡

"方向"选项卡可调整三维模型的真实世界方向,通过指定 X、Y 和 Z 坐标值,可调整【向上】和【北方】。默认情况下,向上(X/Y/Z)以正 Z 轴作为【向上】,北方(X/Y/Z)以正 Y 轴作为【北方】,如图 2-42 所示。

3. "速度"选项卡

"速度"选项卡用于调整【场景视图】中每秒渲染的帧数(FPS),减少在导航过程中忽略的数量,提高导航过程的平滑度,如图 2-43 所示。

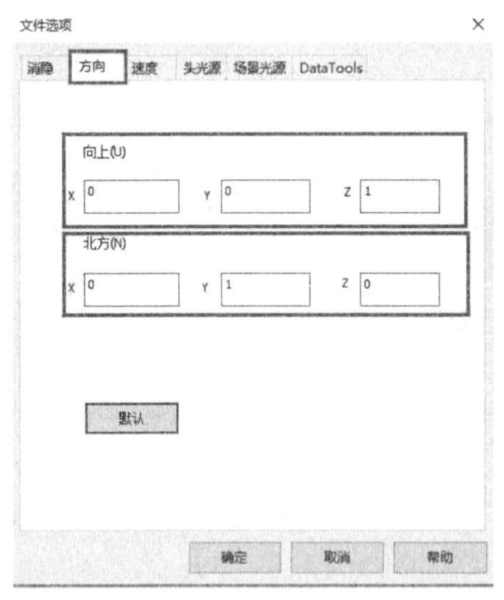

图 2-42 "方向"选项卡

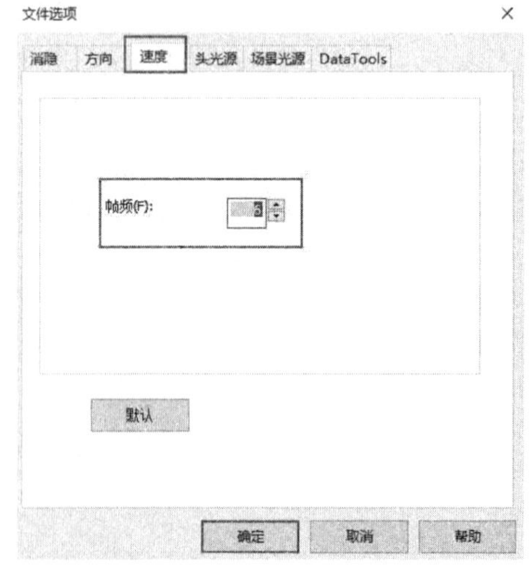

图 2-43 "速度"选项卡

帧频默认设置为 6,可调整范围为 1 帧/秒~60 帧/秒之间的值。

减小该值可以减少忽略量,但会导致导航过程中出现不平滑移动。增大该值可确保更加平滑的导航,但会增加忽略量。

4. “头光源”选项卡

“头光源”选项卡可以通过滑块拖动更改三维场景的环境光和头光源的亮度，如图2-44所示。

头光源为相机上的光源的亮度控制，若要在【场景视图】中查看所做更改对模型产生的影响，要在功能区【视点】选项卡【渲染样式】面板下的光源调整为【头光源】模式。

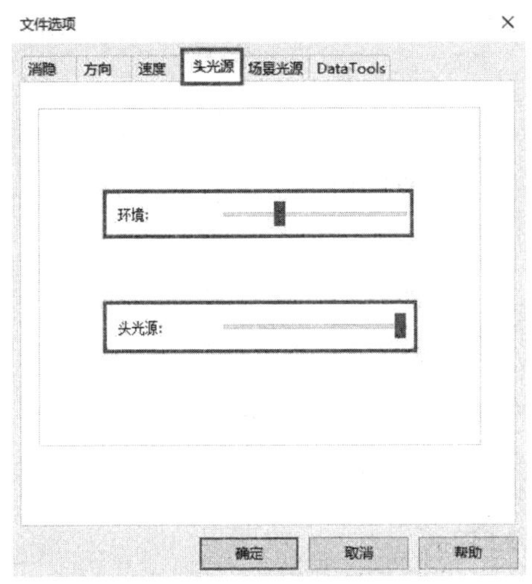

图 2-44　“头光源”选项卡

图 2-45　“场景光源”选项卡

5. “场景光源”选项卡

“场景光源”选项卡为“场景光源”模式下更改三维场景的环境光的亮度，如图 2-45 所示。

6. “DataTools”选项卡

“DataTools”选项卡为打开的 Navisworks 文件与外部数据库之间创建链接并进行管理。

DataTools 链接显示 Navisworks 文件中的所有数据库链接，选中该链接旁边的复选框可将其激活，如图 2-46 所示。

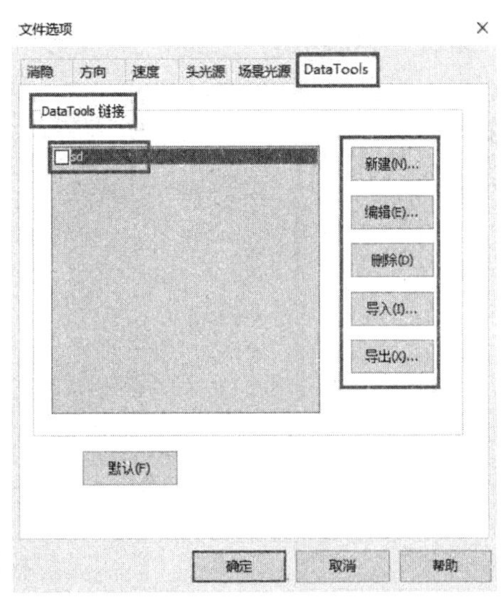

图 2-46　“DataTools”选项卡

2.2　全局选项

全局选项则针对软件各项目参数进行设置，其中包含若干重要工具的参数设置，可以通过应用程序按钮，打开【选项编辑器】，展开【常规】、【界面】【模型】、【工具】、【文件读取器】5 个节点，即可进行任务调整程序设置。

1. “常规”节点

此节点中的设置可以调整缓冲区大小、文件位置、文件缓存数量以及自动保存选项。

(1)【撤消】页面

可设置调整为保存撤消和恢复操作分配的缓冲区空间量大小，默认 512KB，如图 2－47 所示。

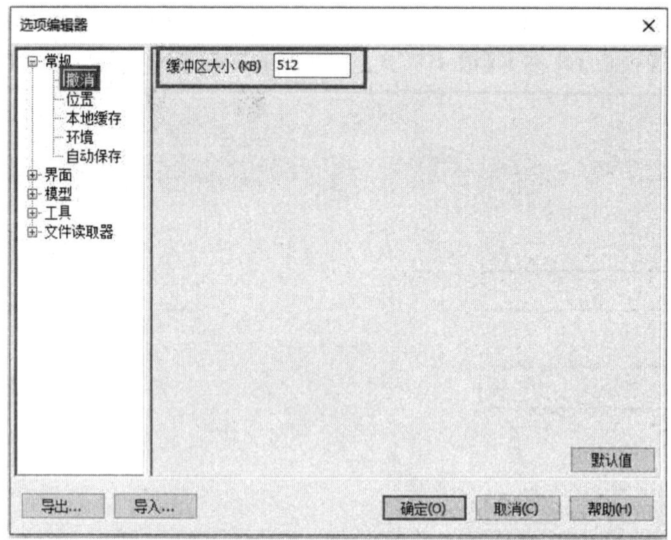

图 2－47 【撤消】页面

(2)【位置】页面

可以与其他用户共享全局设置、工作空间、DataTools、avatars、碰撞检测、对象动画脚本等，如图 2－48 所示。

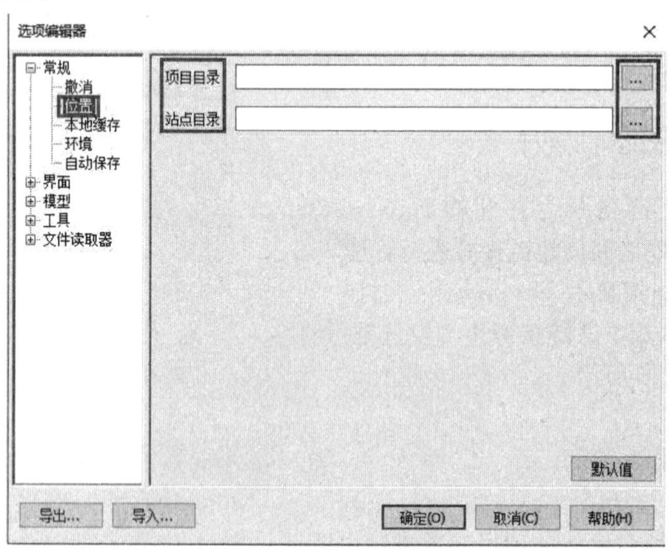

图 2－48 【位置】页面

首次运行 Autodesk Navisworks 时，软件将从安装目录读取设置。随后，Autodesk Navisworks 将检查本地计算机上的当前用户配置和所有用户配置，然后检查【项目目录】和【站点目录】中的设置。单击 ... 可打开“浏览文件夹”对话框，并查找包含特定于某个项目组的 Autodesk Navisworks 设置的目录(包含整个项目站点范围设置标准的目录)。【项目目录】中的文件优先级高于【站点目录】。

(3)【本地缓存】页面

可控制缓存管理,如图 2-49 所示。

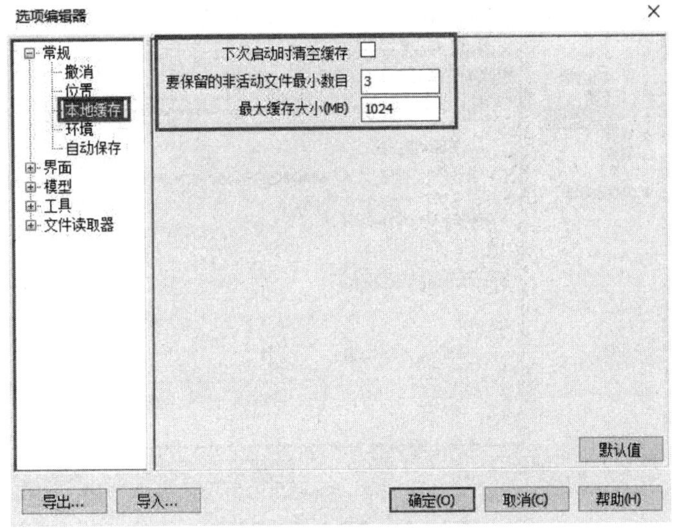

图 2-49 【本地缓存】页面

选中【下次启动时清空缓存】选项可清除本地缓存,将在下一次打开 Navisworks 时生效。如果本地缓存损坏,此选项非常有用。一旦重新启动时清除了缓存,该选项将还原为未选中状态。【要保留的非活动文件最小数目】指定要保留的非活动文件最小数目。默认文件数目为 3。【最大缓存大小】以 MB 为单位指定最大缓存大小,默认大小为 1024 MB。

(4)【环境】页面

可调整由软件存储的最近使用的文件快捷方式的数量,如图 2-50 所示。默认情况下,可以显示最近打开的四个文件的快捷方式。

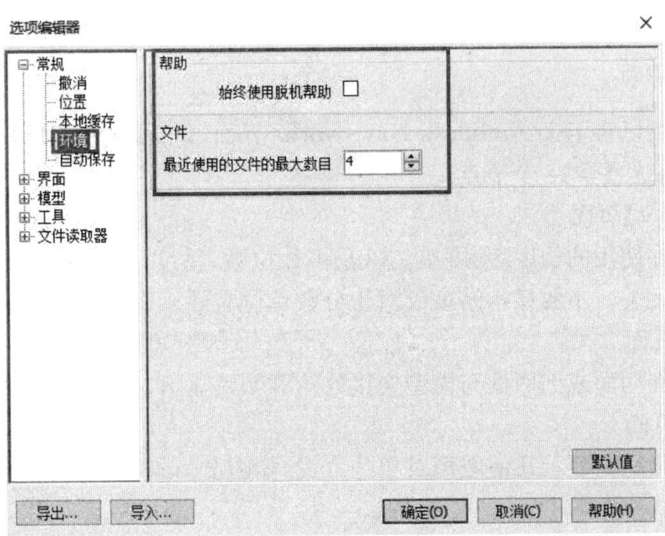

图 2-50 【环境】页面

选中【始终使用脱机帮助】复选框可以确保处于联机状态下可以使用脱机网页帮助。

(5)【自动保存】页面

可调整自动保存选项,如图 2-51 所示。

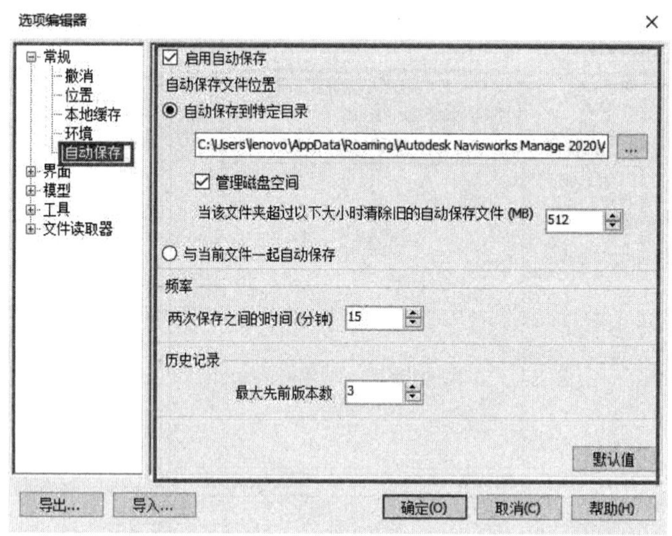

图 2-51 【自动保存】页面

说明:①【启动用自动保存】:默认情况下,【启用自动保存】复选框处于选中状态。自动保存的默认目录为:<USERPROFILE>\AppData\Roaming\<PRODUCTFOLDER>\AutoSave,单击 … 打开【浏览文件夹】对话框,可以选择自动保存位置目录。

②【管理磁盘空间】:指示磁盘指供存放备份文件的文件夹大小,默认情况下,此复选框处于选中状态,备份文件指定文件夹大小默认值是 512 MB。

③【频率】:两次保存之间的时间(分钟),默认情况下,会每 15 分钟自动保存一个备份文件。

④【历史记录】:最大先前版本数确定存储的备份文件数,默认情况下是三个文件。如果自动保存文件的数量超出指定值,则 Autodesk Navisworks 会根据修改日期删除最早的备份文件。

2. "界面"节点

"界面"节点可以自定义 Autodesk Navisworks 界面,包括【显示单位】、【选择】、【测量】、【用户界面】、【导航栏】等 18 个节点。

(1)【显示单位】页面

可自定义软件使用的长度、角度单位以及小数位数、精度,如图 2-52 所示。这些与原模型使用的单位无关。小数显示精度仅对于分数单位有效。

(2)【剖分】页面

设置剖分时剖切面或剖面框与模型交接处轮廓颜色显示,如图 2-53 所示。

(3)【选择】页面

可配置选择和高亮显示几何图形对象的方式,如图 2-54 所示。

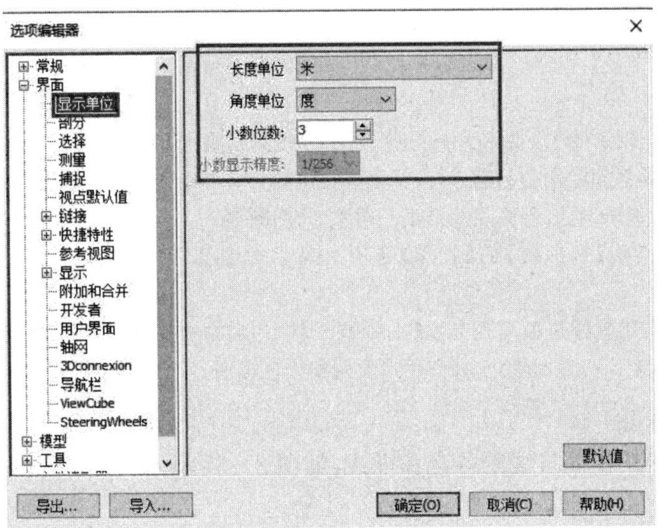

图 2－52　【显示单位】页面

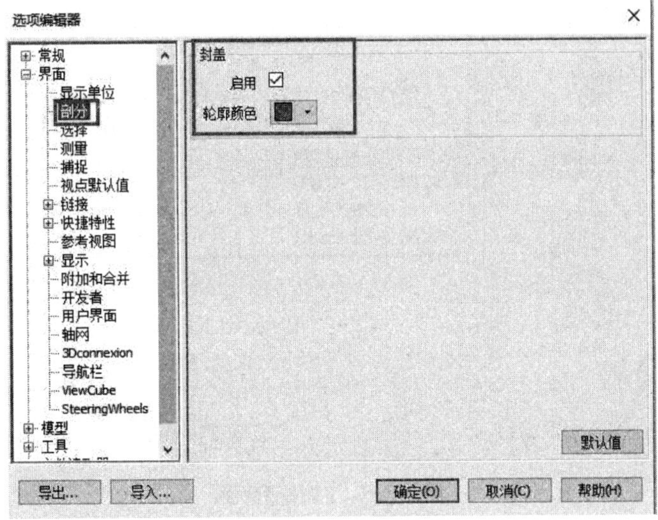

图 2－53　【剖分】页面

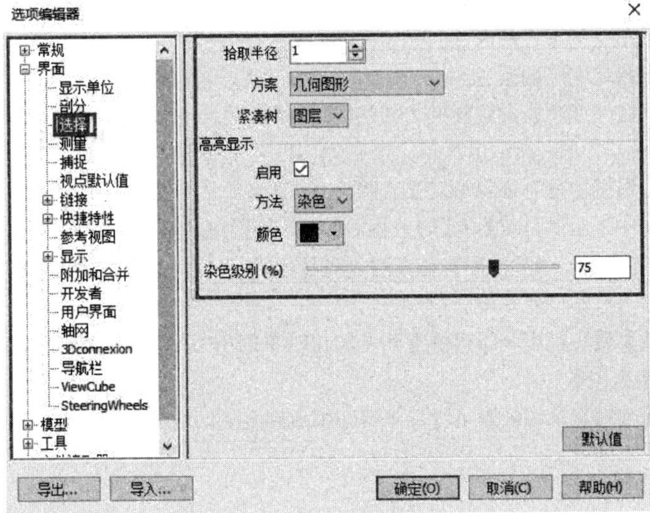

图 2－54　【选择】页面

说明:①【拾取半径】:指定以像素为单位的半径,项目必须在该半径范围内才可选择(即拾取)此项目。

②【方案】:指定默认情况下所使用的选择级别。在【场景视图】中单击时,Autodesk Navisworks 要求在【选择树】框中输入对象路径的起点,以识别选定的项目。可以选择下列选项之一:文件、图层、最高层级的对象、最低层级的对象、最高层级的唯一对象、几何图形。

③【紧凑树】:指定【选择树】的【紧凑】选项上显示的细节级别。使用以下选项之一:模型、图层、对象。

④【高亮显示】:指软件是否高亮显示【场景视图】中选定的项目,高亮显示对象的方式可选择:着色、线框、染色,可指定高亮显示颜色,并使用滑块调整染色级别。

(4)【测量】页面

【测量】页面可调整测量线的外观和样式,如图 2-55 所示。

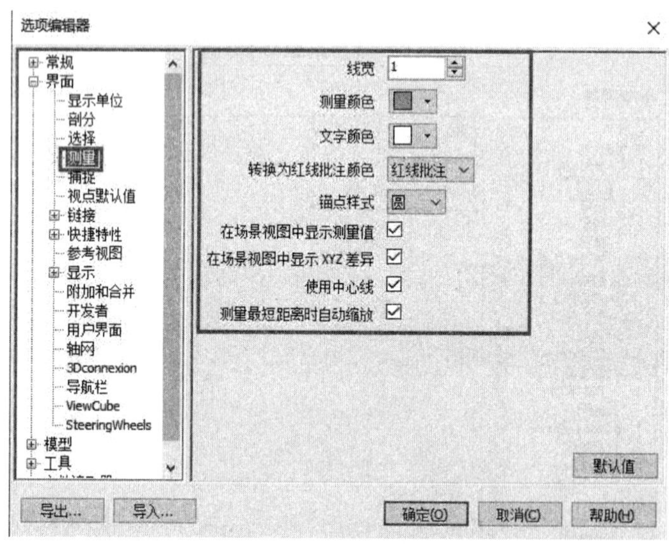

图 2-55 【测量】页面

说明:①【线宽】:指定测量线的线宽。

②【测量颜色】:指定测量线的颜色。

③【文字颜色】:指定文字的颜色。

④【转换为红线批注颜色】:设置转换为红线批注时颜色为当前红线批注或测量颜色。默认选项下为红线批注。

⑤【锚点样式】:设置测量时锚点是交叉或圆。

⑥【在场景视图中显示测量值】:在【场景视图】中显示标注标签。

⑦【在场景视图中显示 XYZ 差异】:显示两点测量(点到点或点到多点测量中活动的线)的 X、Y、Z 坐标差异。

⑧【使用中心线】:最短距离测量会捕捉到参数化对象的中心线。清除此复选框,参数化对象的曲面会改为用于最短距离测量。

⑨【测量最短距离时自动缩放】:可将场景视图缩放到测量区域(最短距离)。

(5)【捕捉】页面

【捕捉】页面可调整光标捕捉,如图 2-56 所示。

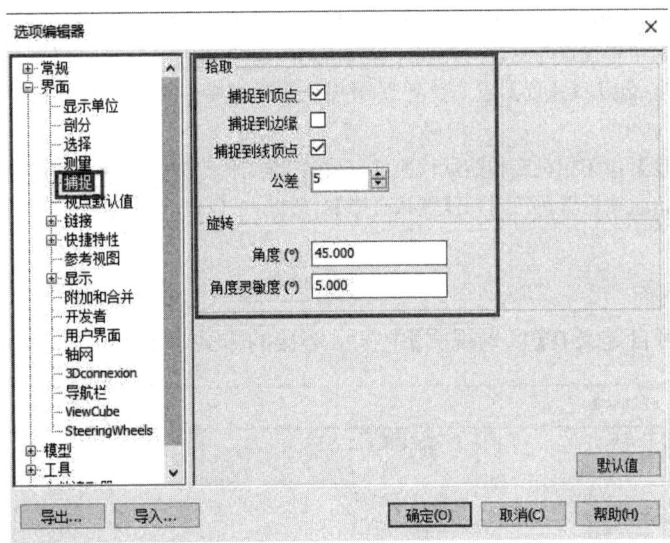

图 2-56 【捕捉】页面

说明:①【拾取】:可将光标捕捉到最近顶点、最近的三角形边、最近的线端点。捕捉公差值越小,光标离模型中的特征越近,越容易捕捉。

②【旋转】:指定捕捉角度的倍数,定义角度捕捉公差。角度灵敏度的值使捕捉生效光标与捕捉角度接近。

(6)【视点默认值】页面

【视点默认值】页面可定义创建属性时随视点一起保存的属性,如图 2-57 所示。

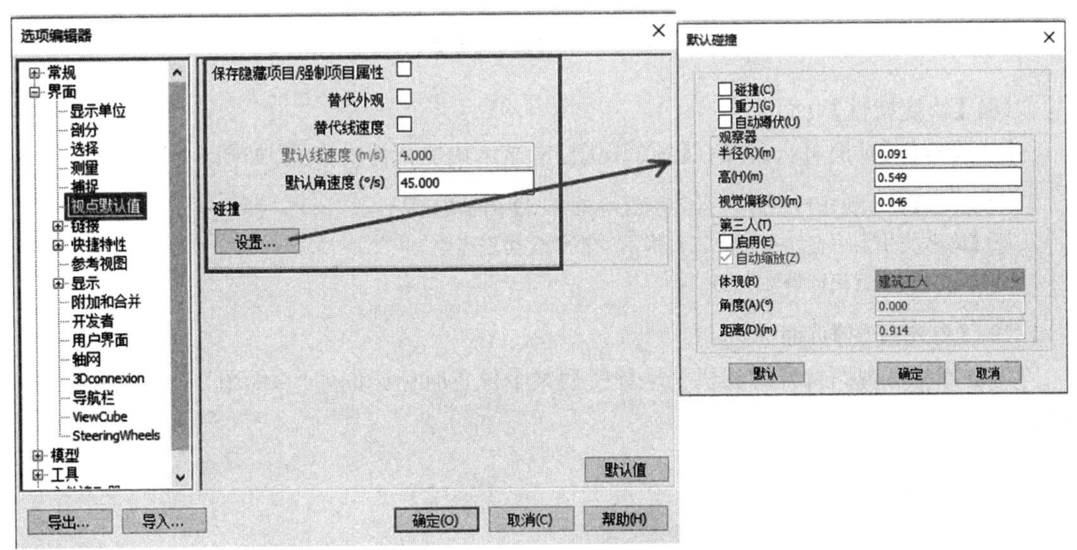

图 2-57 【视点默认值】页面

修改视点默认值设置时，所做的更改将影响当前文件或未来任务中保存的任何新视点。这些更改不会应用于以前创建和保存的视点。

说明：①【保存隐藏项目/强制项目属性】：可在保存视点时包含模型中对象的隐藏/强制标记信息。

②【替代外观】：可将视点与更改的外观或替代信息一起保存。

③【替代线速度、默认线速度】：默认情况下，导航线速度与模型的大小有直接关系。指定线速度值仅在三维工作空间中可用

④【默认角速度】：指定相机旋转的默认速度，仅在三维工作空间中可用。

⑤【碰撞】：点击碰撞设置按钮，打开【默认碰撞】对话框，可以在其中调整碰撞、重力、蹲伏和第三人视图设置。

（7）【链接】页面

【链接】页面可自定义在【场景视图】中显示链接的方式，如图 2-58 所示。

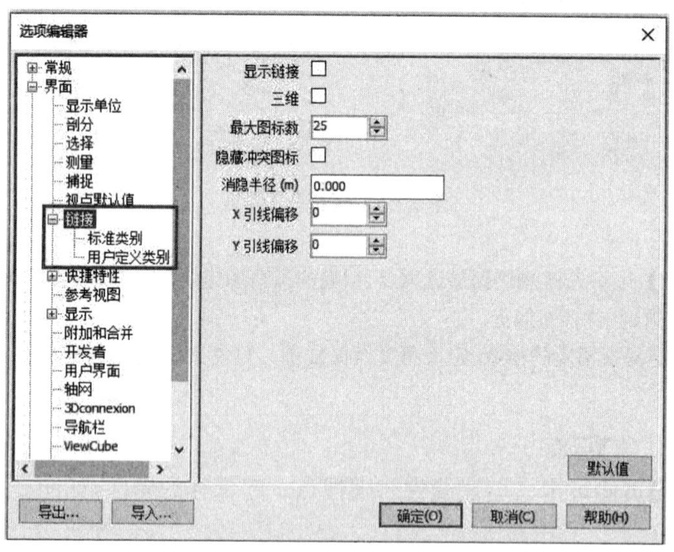

图 2-58 【链接】页面

（8）【快捷特性】页面

【快捷特性】页面可自定义在【场景视图】中显示快捷特性的方式，如图 2-59 所示。

说明：①【显示快捷特性】：显示或隐藏【场景视图】中的快捷特性。

②【隐藏类别】：可在快捷特性工具提示中不包含类别名称。

③【定义】：设置快捷特性类别。

（9）【参考视图】页面

可设置参考视图打开时相机移动到模型某个位置时标记的颜色，如图 2-60 所示。

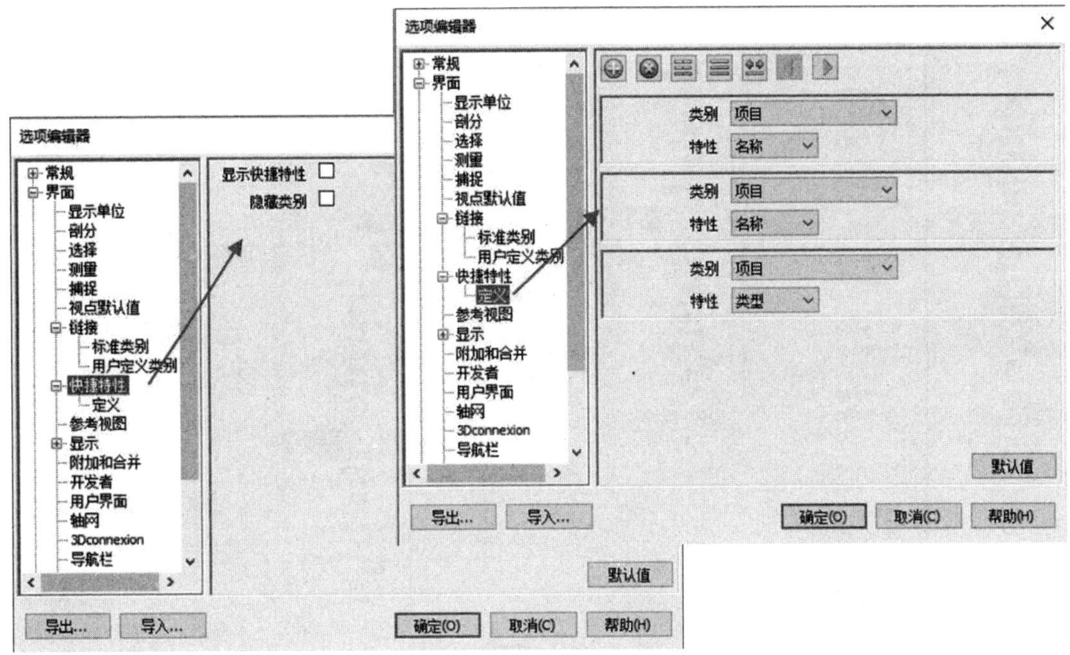

图 2-59　【快捷特性】页面

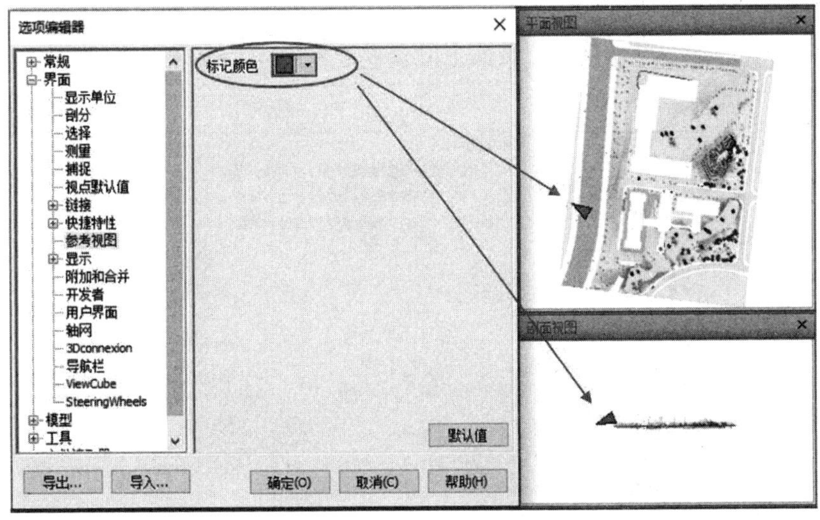

图 2-60　【参考视图】页面

(10)【显示】页面

可调整显示性能，包括二维图形、平视、透明度、图形系统、图元、详图设置，可以调整 Autodesk 图形模式下的材质和效果，选择驱动程序，如图 2-61 所示。

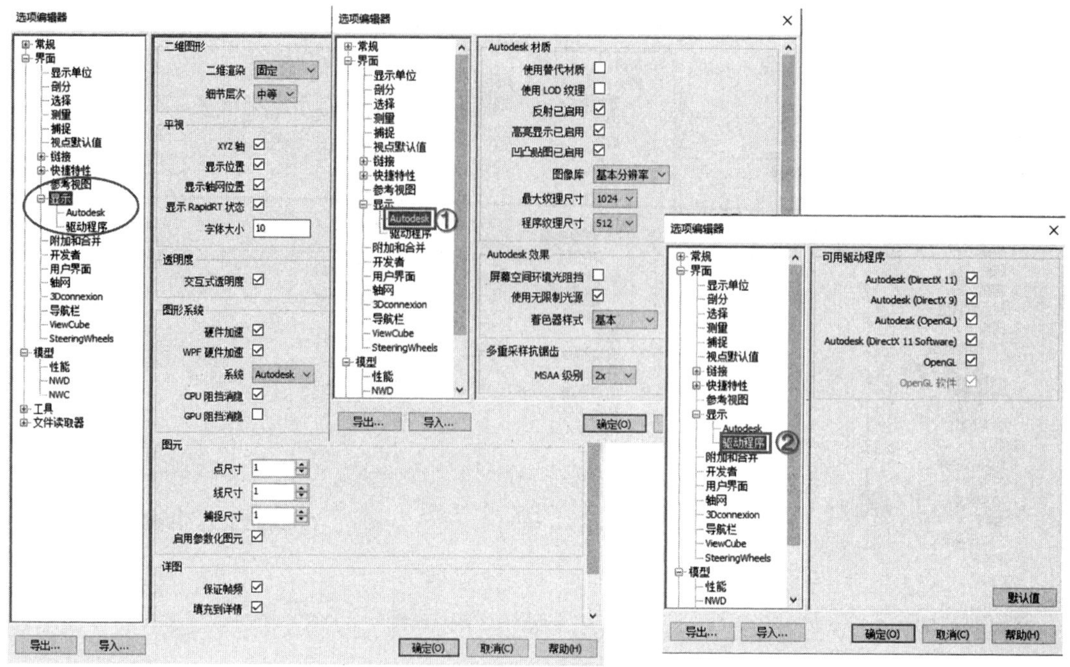

图 2-61 【显示】页面

(11)【附加和合并】页面

处理多图纸文件时，可以使用此页面上的选项选择附加和合并行为，如图 2-62 所示。

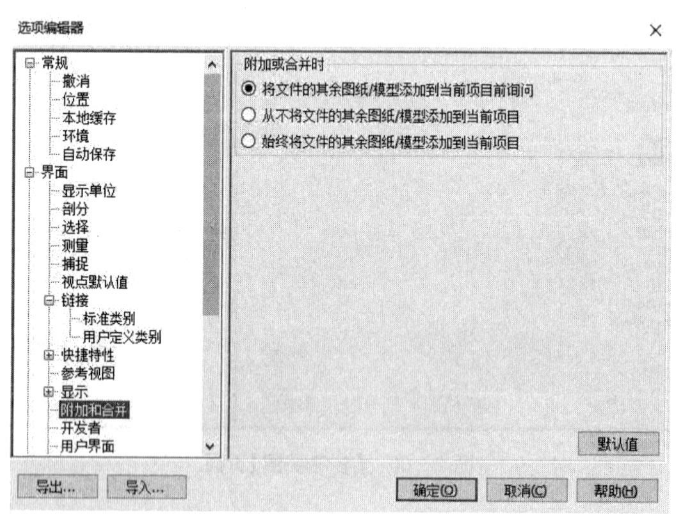

图 2-62 【附加和合并】页面

(12)【开发者】页面

可调整对象特性的显示，如图 2-63 所示。

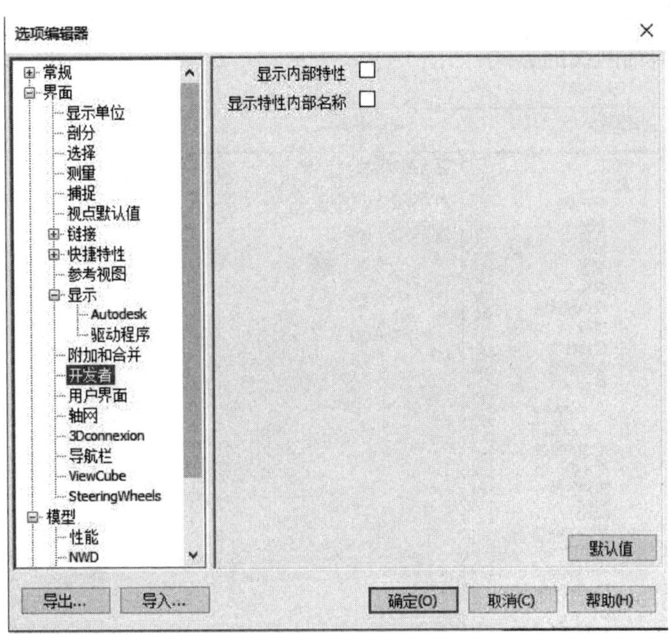

图 2-63 【开发者】页面

说明:①【显示内部特性】:如果要访问【特性】窗口中的【几何图形】选项卡和【变换】选项卡,需勾选此复选框,显示其他对象特性。

②【显示特性内部名称】:如果希望内部名称显示在【特性】列中以及【特性】窗口的每个选项卡中,需选中此复选框。

(13)【用户界面】页面

可以选择颜色主题,有"暗"和"光源"两种类型,如图 2-64 所示。

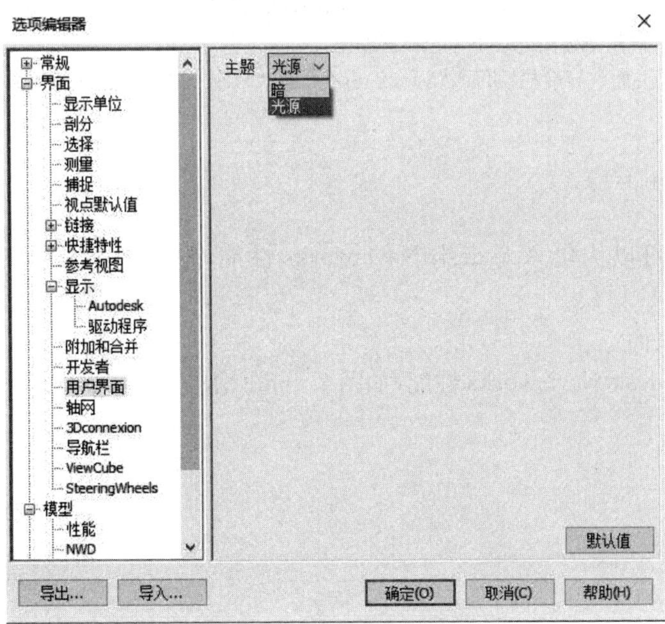

图 2-64 【用户界面】页面

(14)【轴网】页面

可自定义绘制轴网线的方式,如图 2-65 所示。

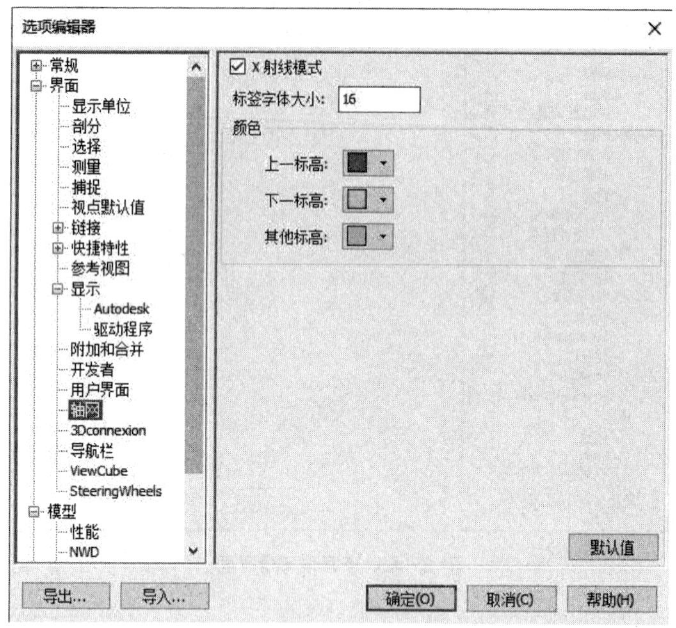

图 2-65 【轴网】页面

说明:①【X 射线模式】:指当轴网线被对象遮挡时是否绘制为透明。

②【标签字体大小】:指定轴网线标签中的文本使用的字体大小(以磅为单位)。

③【颜色】:选择绘制轴网线的颜色,可以具体设置以下选项。

上一标高:用于在相机位置正上方标高处绘制轴网线的颜色。

下一标高:用于在相机位置正下方标高处绘制轴网线的颜色。

其他标高:用于在其他标高处绘制轴网线的颜色。

"3Dconnexion"页面、"导航栏"页面、"ViewCube"页面、"SteeringWheels"页面在2.1.6 节"导航工具"中已有说明。

3. "模型"节点

"模型"节点可以优化 Autodesk Navisworks 性能,并为 NWD 和 NWC 文件自定义参数。

(1)【性能】页面

可优化 Autodesk Navisworks 性能,如图 2-66 所示。

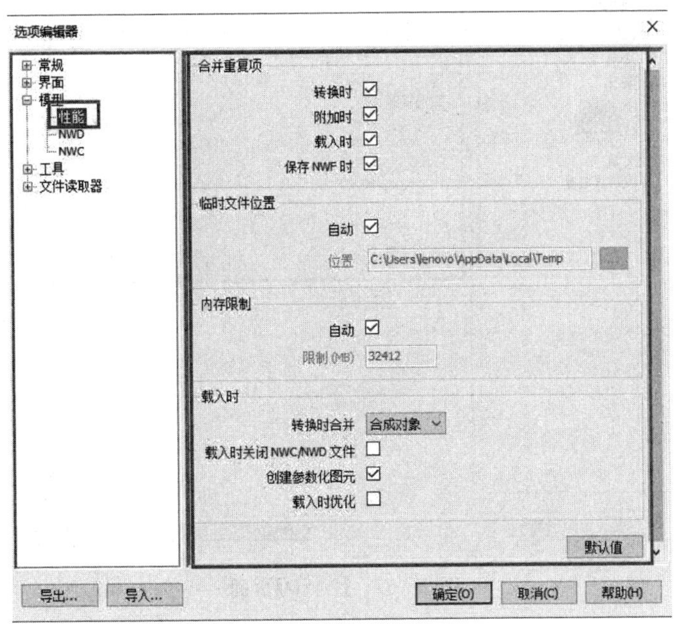

图 2-66　【性能】页面

说明:①【合并重复项】:将其他文件转换、附加、载入,或将当前场景保存为 NWF 文件格式时会合并重复项。

②【临时文件位置】:勾选【自动】复选框,Autodesk Navisworks 自动选择临时文件 Temp 文件夹。单击 ... 打开【浏览文件夹】对话框,选择自定义的 Temp 文件夹。

③【内存限制】:勾选【自动】复选框,软件自动确定可以使用的最大内存。"限制(MB)"可自定义 Autodesk Navisworks 可以使用的最大内存。

④【载入时】:【转换时合并】可将原生 CAD 文件转换为 Navisworks 文件时,将 Autodesk Navisworks 中的树结构收拢到指定的级别,可从以下选项选择:无、合成对象、所有对象、图层、文件。【载入时关闭 NWC/NWD 文件】指示 NWC 和 NWD 文件载入到内存中之后是否立即关闭。【创建参数化图元】可以创建参数化模型(由公式而非顶点描述的模型),可以获得更出色的外观效果、加快渲染速度、减小占用内存大小。

(2)【NWD】页面

可启用和禁用几何图形压缩,并选择在保存或发布 NWD 文件时是否降低某些选项的精度,如图 2-67 所示。

说明:①【几何图形压缩】:启用后,可在保存 NWD 文件时启用几何图形压缩,生成更小的 NWD 文件。

②【降低精度】:可降低坐标、法线、颜色、纹理坐标的精度,可指定坐标精度值,该值越大,坐标越不精确。

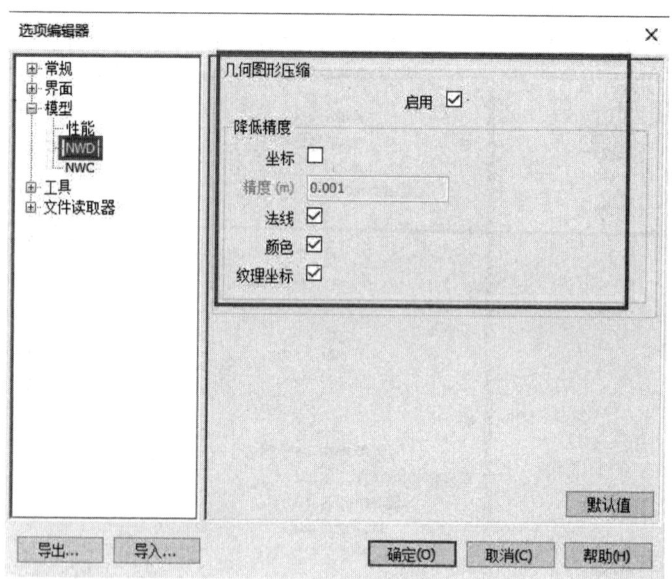

图 2-67 【NWD】页面

(3)【NWC】页面

可管理缓存文件 NWC 的读取和写入，设置几何图形压缩，NWC 文件缓存精度，如图 2-68所示。

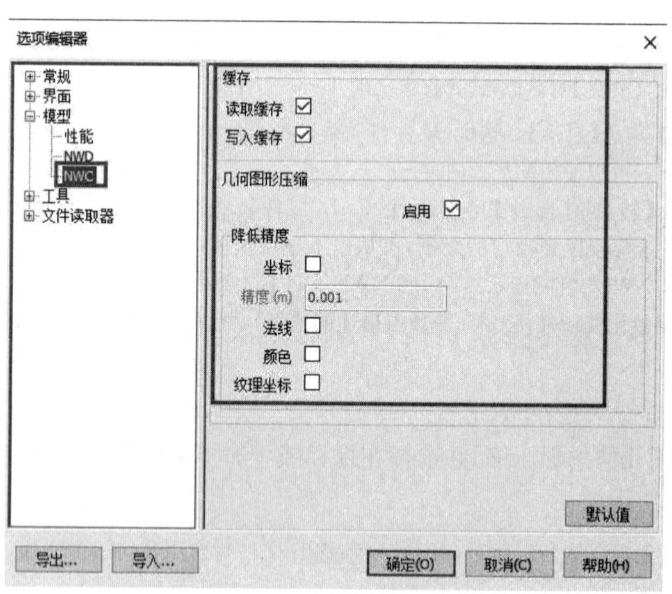

图 2-68 【NWC】页面

说明：①【缓存】:【读取缓存】可在软件打开原生 CAD 文件时使用缓存文件；【写入缓存】可在转换原生 CAD 文件时保存缓存文件。通常，缓存文件比原 CAD 文件小得多，不会占用太多磁盘空间。

②【几何图形压缩】:可在保存文件时启用几何图形压缩，生成更小文件。

③【降低精度】:同【NWD】页面，降低文件保存精度。

4. “工具”节点

可调整【Clash Detective】、【TimeLiner】、【Scripter】、【Animator】和【比较】附加模块的选项。

(1)【Clash Detective】页面

可调整碰撞检测时模型显示样式和颜色特征,如图 2-69 所示。

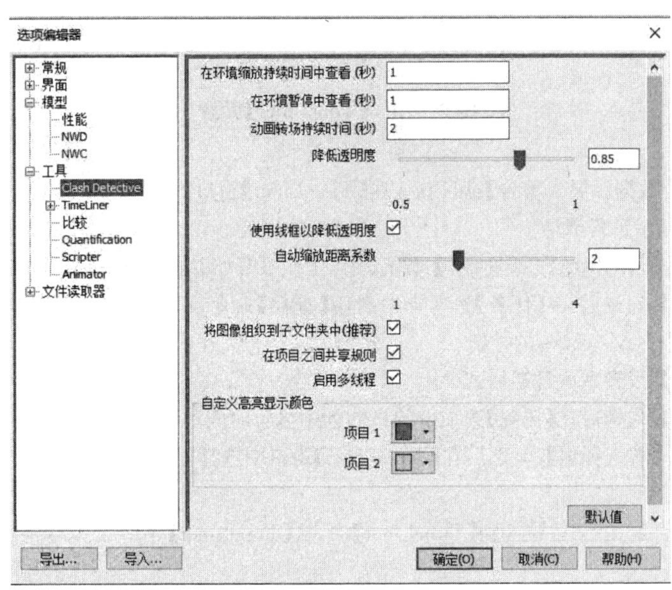

图 2-69 【Clash Detective】页面

说明:①【在环境缩放持续时间中查看(秒)】:指定使用动画转场时视图缩小所花费的时间。

②【在环境暂停中查看(秒)】:指定视图保持缩小的时间。

③【动画转场持续时间(秒)】:指定平滑从当前视图到下一个视图的转场时间。

④【降低透明度】:指定滑块碰撞时不涉及的项目的透明度。

⑤【使用线框以降低透明度】:碰撞中未涉及的项目将显示为线框。

⑥【自动缩放距离系数】:使用滑块可以指定应用于该碰撞的缩放级别。默认设置为 2,1 为最大级别的缩放,而 4 为最小级别的缩放。

⑦【将图像组织到子文件夹中(推荐)】:默认情况下,图像将被组织到子文件夹中来简化报告和跟踪。

⑧【自定义高亮显示颜色】:可以指定碰撞项目的显示颜色。

(2)【TimeLiner】页面

定义施工模拟的工作属性和导入/导出文件的属性,如图 2-70 所示。

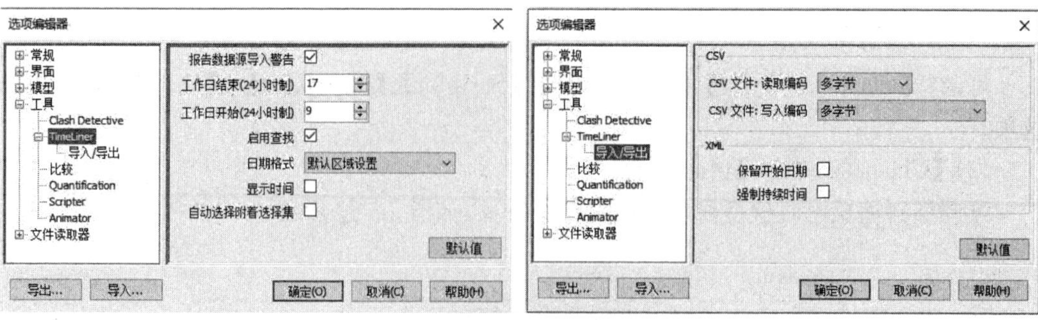

图 2-70 【TimeLiner】页面

说明：①【报告数据源导入警告】：启用后，在【TimeLiner】窗口的"数据源"选项卡中导入数据时，如果遇到问题，将会显示警告消息。

②【工作结束/工作开始(24 小时制)】：设置默认工作日开始、结束时间。

③【启用查找】：勾选后，在【任务】选项卡中启用【查找】命令，可以查找与任务相关的模型项目，可能会降低 Autodesk Navisworks 的性能。

④【日期格式】：设置默认日期格式。

⑤【显示时间】：勾选后在【任务】选项卡的日期列中显示时间。

⑥【自动选择附着选择集】：勾选后在【TimeLiner】窗口中选择任务会自动在【场景视图】中选择附加的对象。

⑦【CSV】：可自定义 CSV 导入到【TimeLiner】中，从【TimeLiner】导出 CSV 文件时使用的文本文件的格式。

⑧【XML】：设置将任务导出到 XML 时任务的持续时间，将 TimeLiner 进度中的每个任务的开始日期应用于导出到 XML 的任务。

(3)【比较】页面

使用比较工具比较对象或文件时，选中【忽略文件名特性】选项可以忽略文件名差异，如图 2-71 所示。

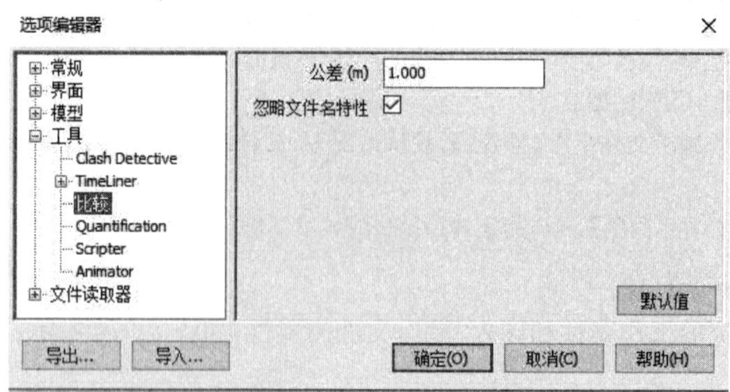

图 2-71 【比较】页面

说明：①【公差(m)】：设置值用于比较某些线性值，包括几何图形变换平移和几何图形偏移值，默认为 0.0。

②【忽略文件名特性】：启用后比较工具会忽略在文件名和源文件特性中的差异。默认处于启用状态。

(4)【Scripter】页面

定义消息级别和指向消息文件的路径，如图 2-72 所示。

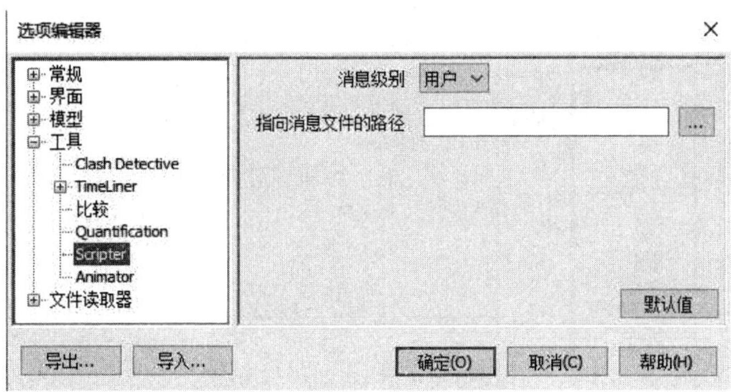

图 2-72　【Scripter】页面

说明：①【消息级别】：可选择消息文件的内容。从以下选项选择：用户、调试。用户消息文件仅包含用户消息，即由脚本中的消息动作生成的消息。调试消息文件包含用户消息和调试消息，即由 Scripter 在内部生成的消息。通过调试可以查看在更复杂的脚本中正在执行的操作。

②【指向消息文件的路径】：可输入消息文件的位置。

(5)【Animator】页面

定义是否在 Animator 窗口显示【手动输入】栏，默认情况下，该选项处于启用状态，如图 2-73 所示。

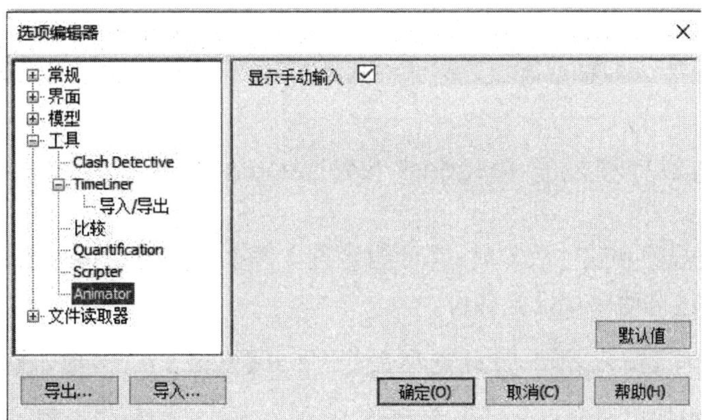

图 2-73　【Animator】页面

5. “文件读取器”节点

“文件读取器”节点可配置 Autodesk Navisworks 中打开和扫描应用程序文件格式所需的所有文件格式，如图 2 - 74 所示。

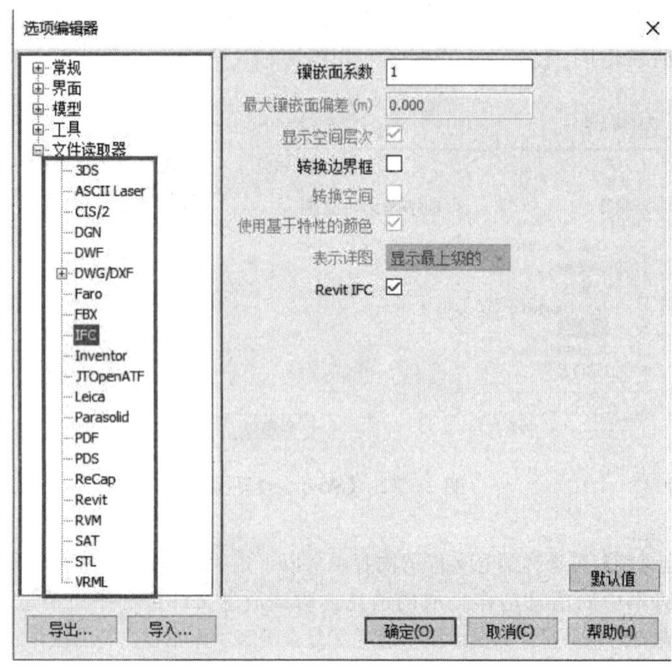

图 2 - 74 “文件读取器”节点

在打开不同格式文件时，将自动应用相应的文件读取器中的设置，如需调整，可更改对应格式的文件读取器设置，具体格式文件与应用程序对应关系见模块一的 1.2 节。

任务三 常见操作命令

3.1 如何自动保存和恢复 Autodesk Navisworks 文件

在停电、系统故障和软件故障时，都可能导致文件不能及时保存更改而软件自动关闭，Navisworks 可通过自动保存设置备份。

点击【应用程序】按钮，打开选项命令，展开【常规】节点，单击【自动保存】，如图 2 - 75 所示，即可根据需要调整自动保存目录、频率和备份最大数量设置。

自动保存文件以 nwf 为扩展名，且被命名为<*文件名*>. *AutoSave*<*x*>，其中<x>是数字，随每次自动保存而递增。

软件异常关闭时，重新打开项目时，系统会自动提示是够重新载入您处理过的上一个文件，单击【是】则打开文件的最新保存版本。

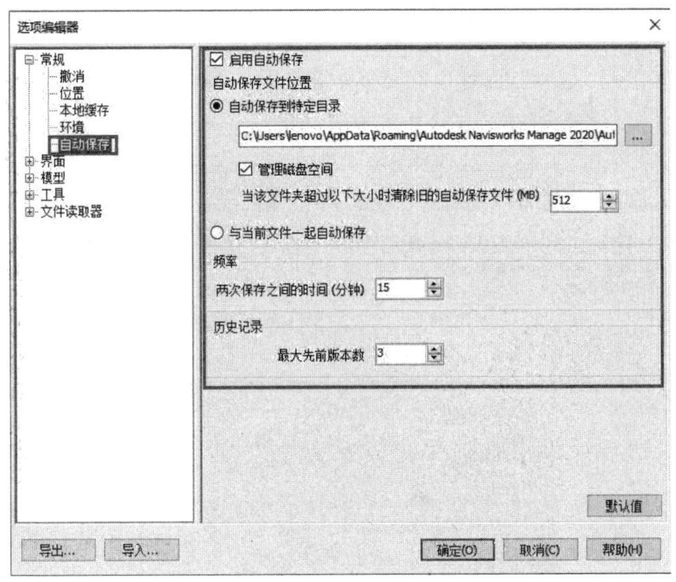

图 2-75　【自动保存】设置

若要手动载入其他备份文件，单击【否】，通过【打开】对话框，浏览备份文件夹，选择 nwf 文件打开。

3.2　如何自定义 Navisworks 界面

工作空间可以保留有关打开的窗口、位置及应用程序窗口大小的信息，保留对功能区、快速访问工具栏所做的所有更改。通过工作空间，可以设置符合个人操作习惯的界面，并将其保存，方便下次使用，或与其他用户共享。

从软件功能区的【查看】选项卡【工作空间】面板，可完成工作空间的保存、载入等操作，如图 2-76 所示。

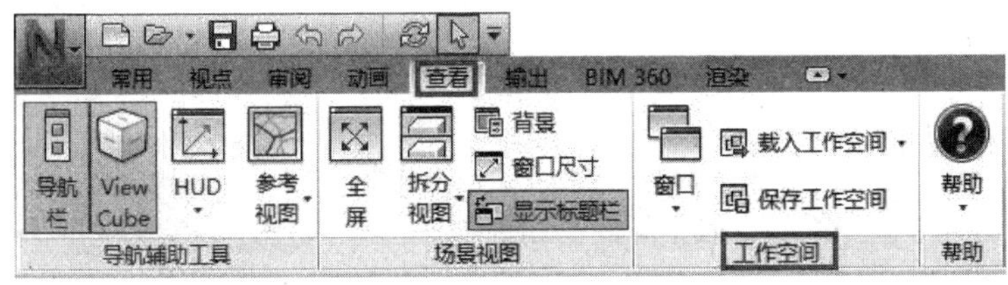

图 2-76　工作空间

1. 保存工作空间

点击【保存工作空间】，可以将对界面进行的修改保存为 xml 文件。

2. 载入工作空间

从【载入工作空间】下拉菜单中可选择 Navisworks 附带的预先配置的工作空间，如图 2-77 所示。

图 2-77　预设工作空间

(1) 安全模式

“安全模式”为具有最少功能的布局，选择树、特性、视点、注释等作为可固定窗口显示在场景视图四周，如图 2－78 所示。

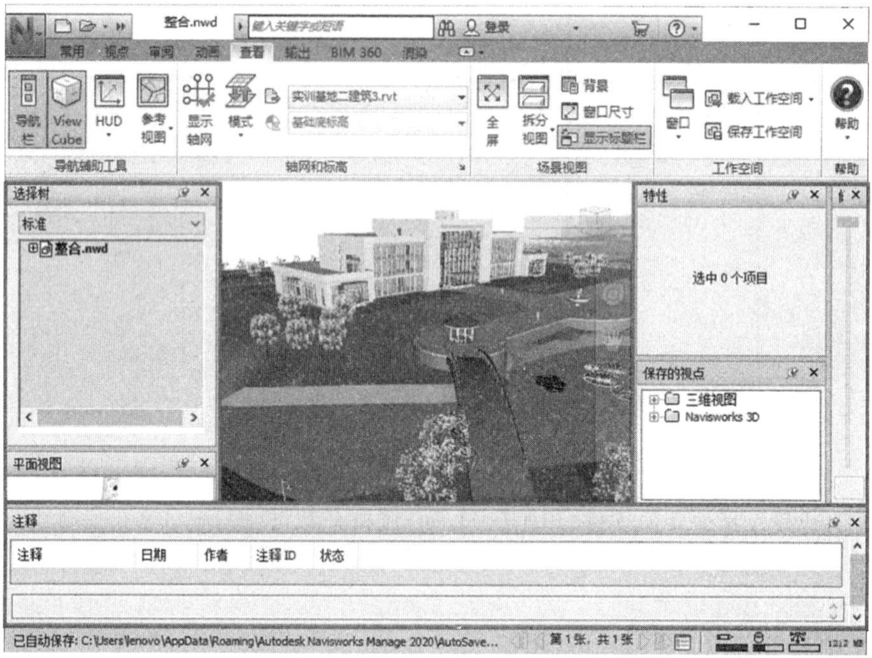

图 2－78 “安全模式”布局

(2) Navisworks 最小

“Navisworks 最小”为【场景视图】提供最多空间的布局，如图 2－79 所示。

图 2－79 “Navisworks 最小”布局

(3) Navisworks 标准

"Navisworks 标准"为常用窗口自动隐藏为标签的布局,如图 2-80 所示。

图 2-80 "Navisworks 标准"布局

(4) Navisworks 扩展

"Navisworks 扩展"是提供窗口最多的布局,建议高级用户使用,如图 2-81 所示。

图 2-81 Navisworks 扩展

从【载入工作空间】的下拉菜单点击【更多工作空间】可载入已保存的工作空间 xml 文件，可使用保存的调整后的工作空间。初次启动 Autodesk Navisworks 时，将使用“Navisworks 最小”工作空间。

练习文件

实训基地建筑模型

3.3 如何导入 Revit 模型

Navisworks 可以对 Revit 模型进行浏览和查看，用 Navisworks 打开 Revit 文件进行查看有多种方式，这里主要介绍三种。

1. 从 Revit 导出为 NWC 文件

先安装 Revit 软件，再安装 Navisworks 软件。在 Revit 2020 中打开模型，进入三维视图，在 Revit 的功能区会多出【附加模块】选项卡，点击【外部工具】下拉菜单后选择【Navisworks 2020】，如图 2-82 所示。

图 2-82　附加模块

在弹出的导出对话框中，点击下方【Navisworks 导出设置】，如图 2-83 所示。

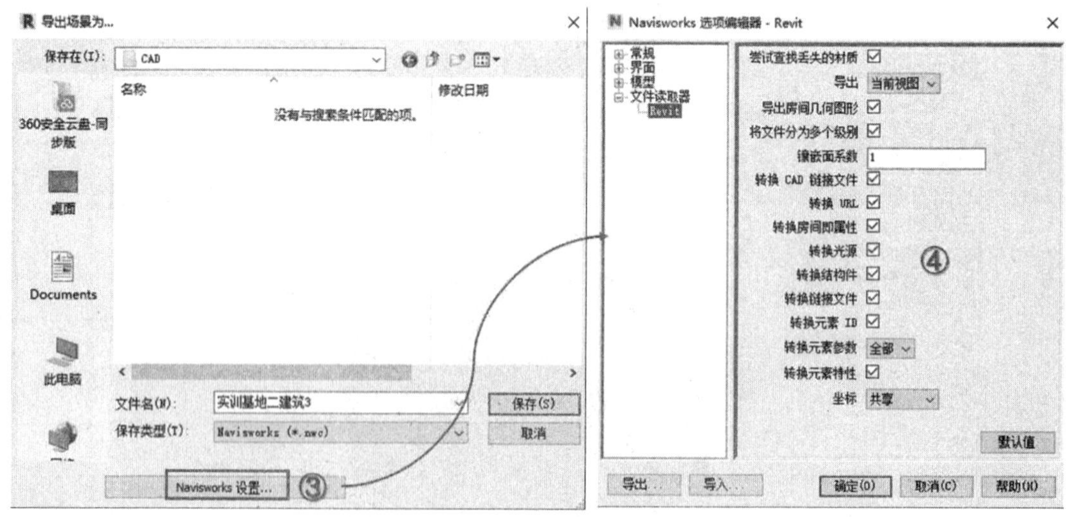

图 2-83　Navisworks 导出设置

设置好以上选项后，再选择导出文件的位置，点击【保存】，软件就会保存为一个 NWC 文件。

微课资源

Navisworks 导出设置

2. 直接用 Navisworks 打开 Revit 文件

打开 Navisworks 软件，从【全局选项】进入【选项编辑器】，找到【文件读取器】节点下的【Revit】，设置模型导入参数设置，如图 2 - 84 所示。

选项设置与方法 1 中的设置是一样的，设置完成后，可直接从【选项编辑器】下方的【导入】按钮；也可直接用【打开文件】，在【文件类型】上选择 Revit 文件或者所有文件；或者直接将 Revit 模型拖拽至 Navisworks 软件中，即可打开 RVT 文件，可在相应 Revit 模型保存位置自动储存 NWC 文件，如图 2 - 85 所示。

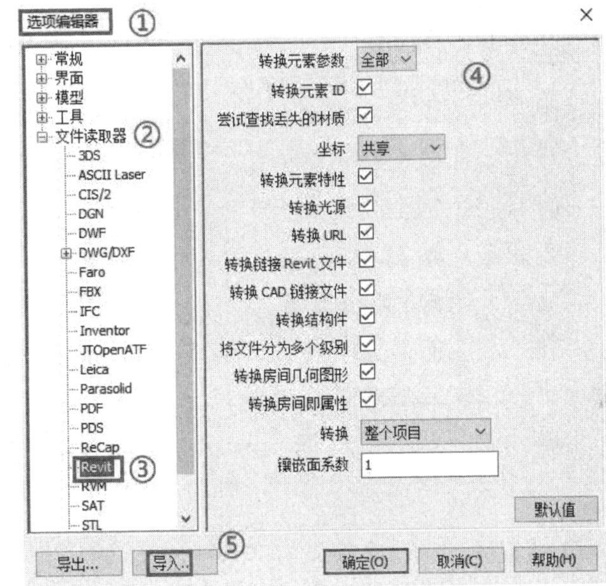

图 2 - 84 从 Navisworks 导入 Revit 模型

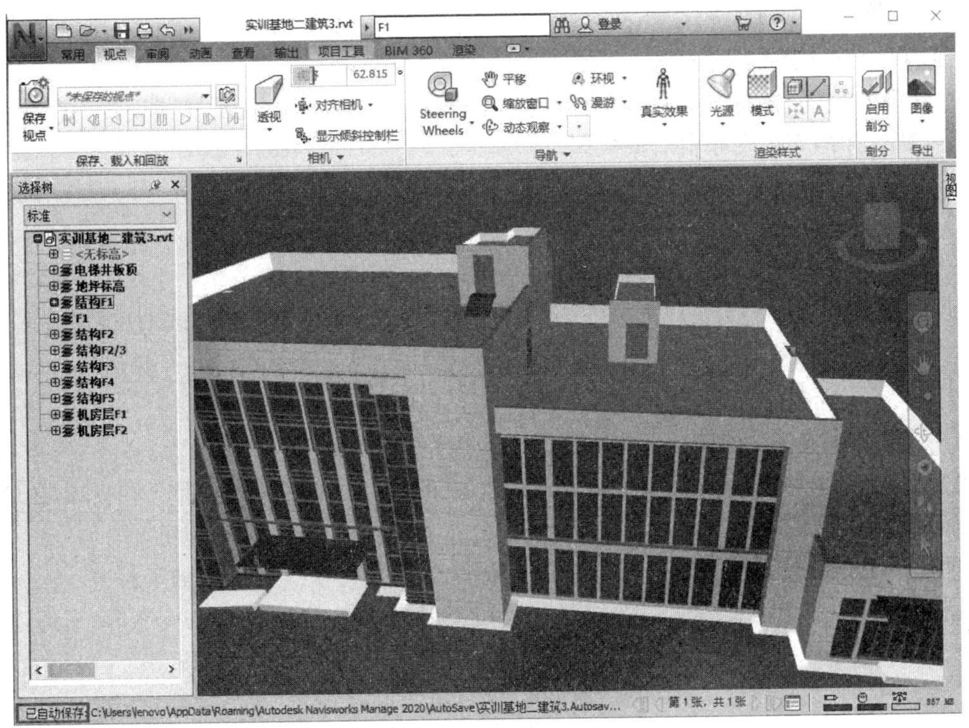

图 2 - 85 RVT 文件导入

3. 从 Revit 导出 DWF/DWFx 文件

在 Revit 软件点击【文件】按钮，选择【导出】为【DWF/DWFx】，进入【DWF 导出设置】对话框，如图 2－86 所示。

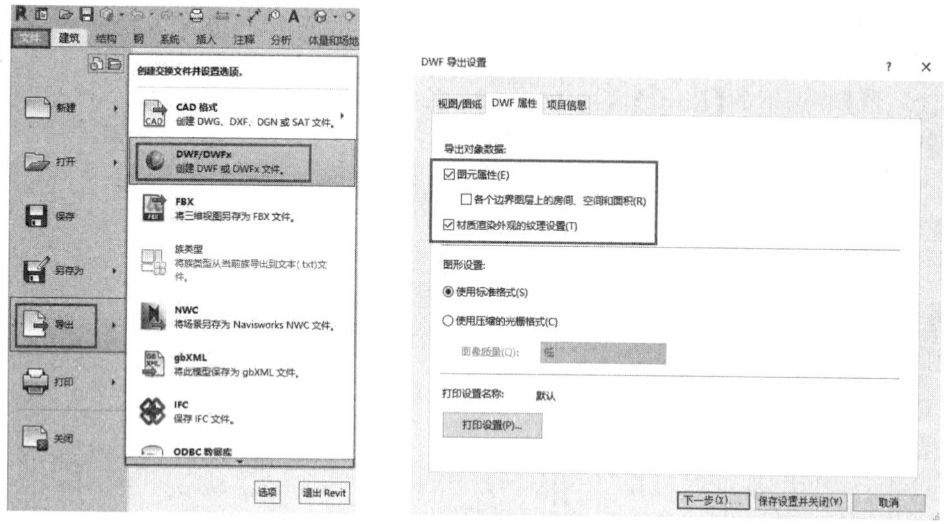

图 2－86　DWF 导出设置

(1)【视图/图纸】选项卡

进入软件三维模型视图，右上角【导出】可指定将哪些视图和图纸导出为 DWF 文件。选择【仅当前视图/图纸】，可导出单个视图，选择【任务中的视图/图纸集】，可导出多个视图和图纸。一般情况下，选择【仅当前视图/图纸】。

(2)【DWF 属性】选项卡

在【DWF 属性】选项卡，根据需要指定导出选项，仅当视图的视觉样式设置为【线框】或【隐藏线】时，才能为视图导出对象数据。

> 说明：① 勾选【图元属性】，所导出视图中各对象的实例和类型属性。
>
> 勾选【各个边界图层上的房间、空间和面积】，房间和面积属性与几何表示分离，以便利用设备管理软件或 DWF 标记软件查看各个房间和房间数据。
>
> 【材质渲染外观的纹理设置】仅适用于三维 DWF 导出，渲染外观的视图和忽略的材质纹理定义。
>
> ②【图形设置】将图像导出为标准格式 PNG 文件，使用压缩的光栅格式，即压缩的 JPG 格式，会缩小图像文件大小，生成低质量图像。

(3)【项目信息】选项卡

【项目信息】选项卡可以编辑或添加项目相关的元数据，并将数据保存到导出的 DWF 文件和项目中。

完成以上设置后，选择【下一步】，选择 DWFx 文件保存位置，点击【确定】。

进入 Navisworks 软件，从文件程序菜单，选择【打开】，找到保存的 DWFx 文件，点击【打开】，即可打开 Revit 模型导出的 DWFx 文件，如图2－87 所示。

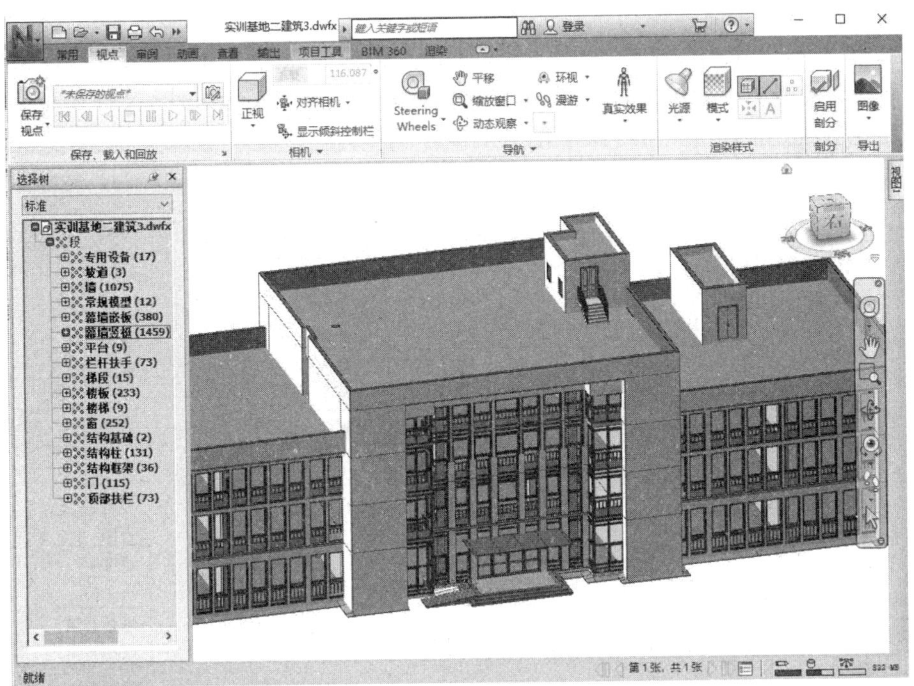

图 2-87　DWFx 文件导入

练习文件/视频微课

模型整合/项目整合及软件基本配置

3.4　如何整合模型

多个专业的模型需要进行整合检查，可以在其他软件中进行整合，也可以在 Navisworks 软件中进行整合。

1. 整体模型导入

Revit 可以进行多专业建模，当项目模型比较大的时候，需要将模型进行专业拆分，最终在 Revit 里面用链接的模式将多专业模型进行合并。

在将 RVT 模型文件导出 NWC 文件时，【Navisworks 导出设置】中注意勾选【转换链接文件】复选框，可以将 RVT 模型及其 RVT 链接文件一并导出 NWC 文件，在 Navisworks 中作为整体模型导入。如不需要转换 RVT 链接文件，【Navisworks 导出设置】中不勾选【转换链接文件】复选框。

2. 模型附加与合并

RVT 模型为多个独立模型时，可利用【常用】选项卡的【附加】和【合并】功能，实现多专业模型在 Navisworks 中的整合。

(1)【附加】

将选定文件中的几何图形和数据添加到当前的三维模型或二维图纸。附加操作会保留重复的内容，例如几何图形和标签。

(2)【合并】

选定文件中的几何图形和数据添加到当前的三维模型或二维图纸。合并操作会自动删除任何重复的几何图形和标记，最终的文件可以合并为一个 Navisworks 文件。

【小结·思维导图】

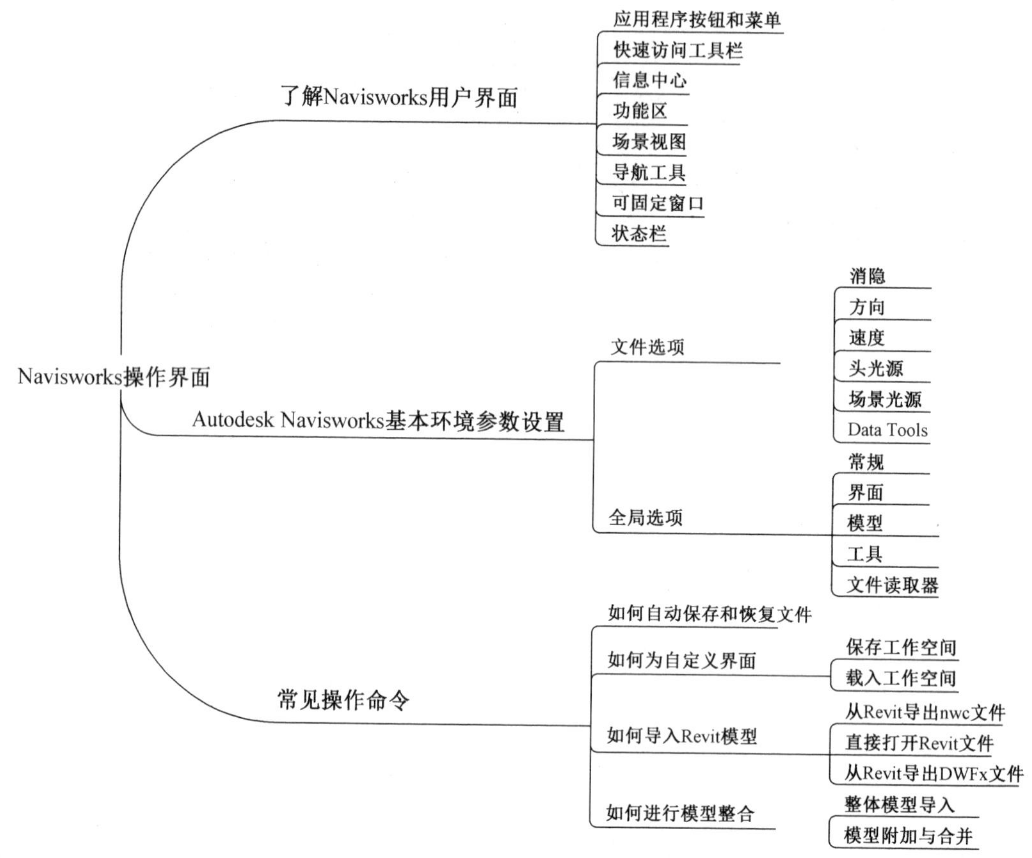

【拓展演练】

请扫码下载练习文件，并在 Navisworks 中完成以下任务：

1. 熟悉 Navisworks 软件操作界面，能够查找到具体工具面板；

2. 使用不同的方式，在 Navisworks 中分别打开建筑 RVT、结构 RVT、消防 RVT 模型文件，比较区别；

3. 将在 Navisworks 中打开的建筑、结构、消防模型文件分别另存为 NWF 格式文件；

4. 新建一个新文件，将软件界面调整为【Navisworks 扩展】，分别使用附加和合并的方式将建筑、结构、消防模型进行整合，比较区别。

课后习题/练习文件

模块二/拓展练习文件2

【自我评价】

请根据对软件操作掌握程度，在自我评价量表上打分。

序号	评价指标	分值(0～10 分)
1	我能够新建、保存、另存、导出文件，并使用快速访问栏找到相应命令	
2	我能够通过信息中心查找当前软件使用说明书	
3	我能够在功能区找到相应模块	
4	我能够对场景视图新建尺寸、编辑尺寸	
5	我能够使用导航工具、鼠标、键盘进行模型的旋转、缩放等	
6	我能够对全局选项、文件选项中的参数进行调整	
7	我能够设置 Navisworks 的自动保存设置，并找到备份文件	
8	我能够载入预设工作空间，可以自定义 Navisworks 界面并保存	
9	我能够使用不同方式将 Revit 模型文件导入 Navisworks	
10	我能够区分附加和合并的区别，并对多专业模型进行整合	
总分		
备注	（采取措施）	

模块三

视图浏览

【知识目标】

1. 掌握模型浏览显示及检查工具；
2. 掌握视点编辑方法；
3. 掌握视点剖分功能；
4. 掌握模型场景漫游操作；
5. 掌握模型审阅批注。

知识拓展

技行天下：BIM系统

【能力目标】

1. 能够使用模型显示、检查操作工具，对模型样式进行修改；
2. 能够使用视点编辑，完成视点创建、设置、导入及导出；
3. 能够利用剖分工具，完成模型的剖分；
4. 能够利用漫游工具进行场景漫游的应用；
5. 能够利用审阅工具在视图中添加文字、尺寸等批注。

【素质目标】

通过模型浏览与审阅操作实践，培养学生创新能力、探索能力和独立解决问题的能力。

【任务介绍】

任务一　模型浏览与检查：模型显示方式及图元显示控制；背景调整；标高、轴网的显示与控制；同一模型不同版本、不同构件差异检查；模型外观、修改、整体变换；

任务二　视点应用：视点保存、编辑设置；视点剖分；

任务三　场景漫游：漫游与飞行；真实效果设置；

任务四　审阅批注：测量；红线批注；注释添加与编辑。

【任务引入】

视频微课

场景视图及场景显示

Navisworks 软件能够可靠地整合、分享和审阅三维模型，可以实现实时的可视化，支持漫游体验；浏览模型时，遇到问题可以及时地记录、批注、标记等，方便项目审阅。

山西省中部引黄工程包括取水工程和输水工程两部分，供水范围包括四市十六个县，规划年供水6.02亿立方米。项目涉及区域较大，地质条件复杂，取水线路较长，各建筑物布置较分散。项目以Navisworks为后期整合软件，进行校审、漫游、4D模拟等工作。

上海迪士尼乐园项目采用Revit进行多专业BIM建模，使用Navisworks进行模型整合、分享和审阅，Revit和Navisworks双向联动进行模型检查和修改并最终发布。

思考：

1. 以上案例中哪些应用点属于视图浏览和控制功能？
2. 使用Navisworks浏览模型时，如何控制显示视角？

任务一　模型浏览与检查

练习文件

视图浏览

在Navisworks中整合模型后，需要对模型进行浏览和检查。

扫描二维码，下载练习文件完成以下操作。

1.1　显示控制

1. 模型显示方式

Navisworks提供了四种模型显示控制方式：完全渲染、着色、线框、隐藏线，从【视点】选项卡的【渲染样式】面板可进行模式切换，如图3－1所示。

图3－1　【渲染样式】面板

(1) 模型显示方式

不同模式下模型显示方式有差异，如图3－2所示。

演示动画

模型显示方式

① 完全渲染

② 着色

③ 线框

④ 隐藏线

图 3－2　不同显示控制方式区别

说明：①【完全渲染】：在"完全渲染"模式下，软件将使用平滑着色使用"Autodesk 渲染"工具应用的任何材质，或从原生 CAD 文件提取的任何材质进行模型渲染。

②【着色】：在"着色"模式下，软件将使用平滑着色且不使用纹理渲染模型。

③【线框】：在"线框"模式下，软件将以线框形式渲染模型，此模式下所有三角形边都可见，曲面渲染为透明的。

④【隐藏线】：在"隐藏线"模式下，软件将在线框中渲染模型，但仅显示对相机可见的曲面的轮廓和镶嵌面边，曲面渲染为不透明的。

（2）图元显示控制

在模型显示时，可以利用【视点】选项卡下的【渲染样式】面板，启用和禁用图元"曲面""线""点""捕捉点""三维文字"的显示控制，如图3－3所示。

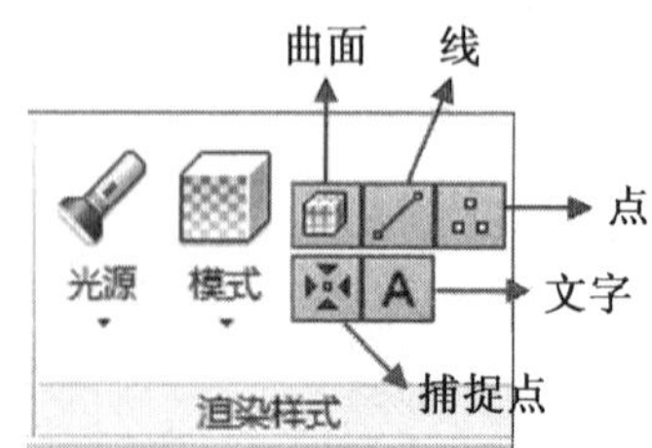

图 3－3　图元显示控制

说明：①【曲面】：曲面是构成场景中二维项目和三维项目的多个三角形。

②【线】：模型中的线。

③【点】：模型中的"真实"点。

④【捕捉点】：用于标记其他图元上的位置(例如圆的圆心)，且对于测量时捕捉到该位置很有用。

⑤【文字】A：模型中的三维文字。

2. 控制显示背景

浏览场景时，合适的背景可以使三维模型显得更逼真。在场景区域空白位置单击鼠标右键，选择【背景】，进入背景设置，如图 3-4 所示。也可从功能区的【查看】选项卡的【场景视图】面板中的【背景】工具来选择背景模式。

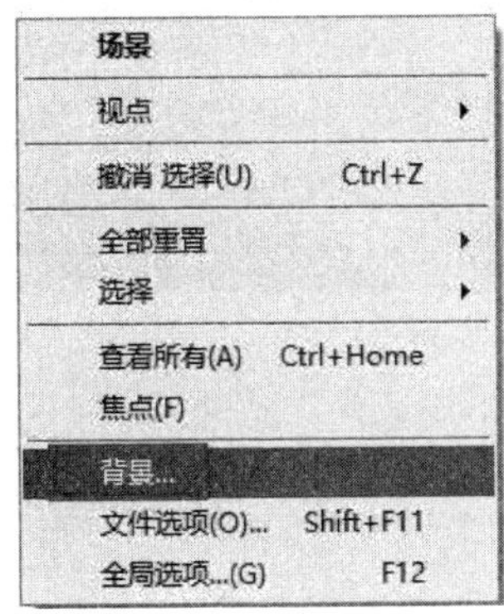

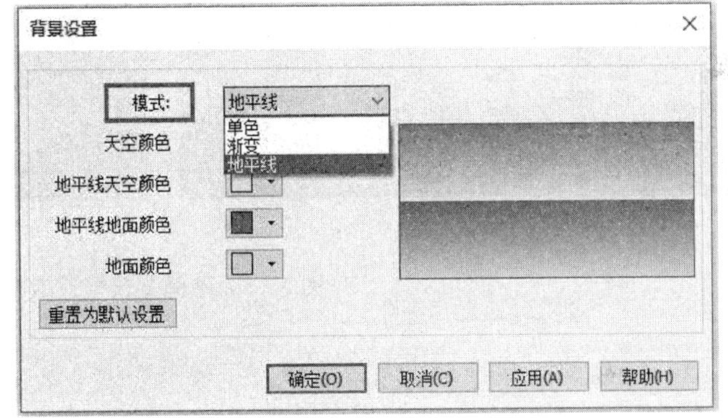

图 3-4　背景设置

背景设置有三种模式：【单色】、【渐变】、【地平线】，不同背景模式下场景效果如下图3-5所示。

演示动画

背景效果

说明：①【单色】：默认的背景样式，场景的背景可以使用选定的颜色填充。

②【渐变】：场景的背景可使用两个选定颜色之间的平滑渐变色填充。

③【地平线】：可分开显示三维场景中天空和地面的效果，生成的仿真地平仪是一种背景效果，不包含实际地平面。

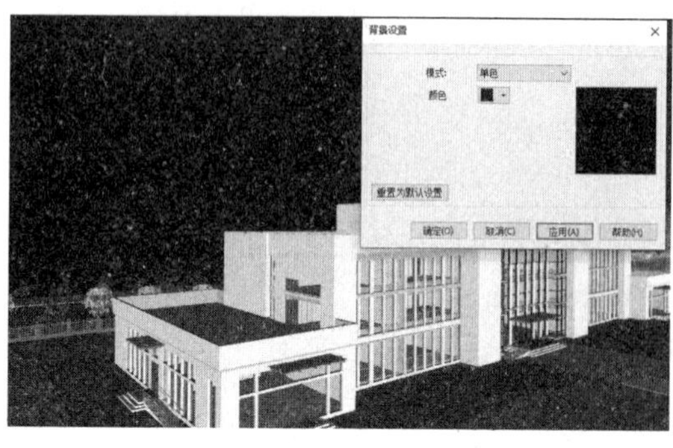

① 单色模式

② 渐变模式

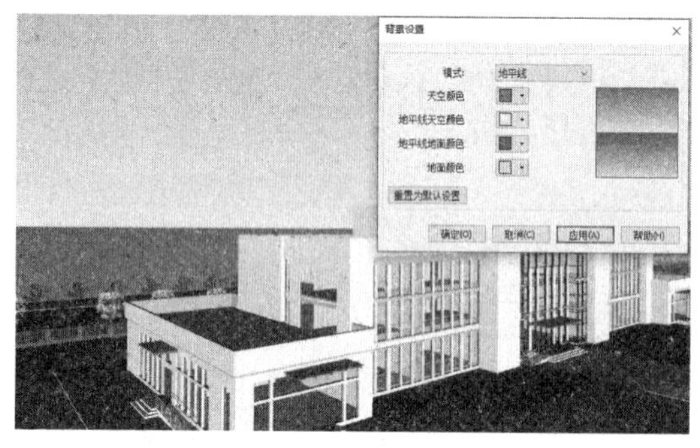

③ 地平线模式

图 3－5　不同背景模式效果

注意：场景视图的背景设置在完全渲染模式下不生效。

3. 轴网和标高

轴网是一系列线，这些线的交点即是轴网点。单击【查看】选项卡的【轴网和标高】面板【显示轴网】可显示轴网，如图 3－6 所示。

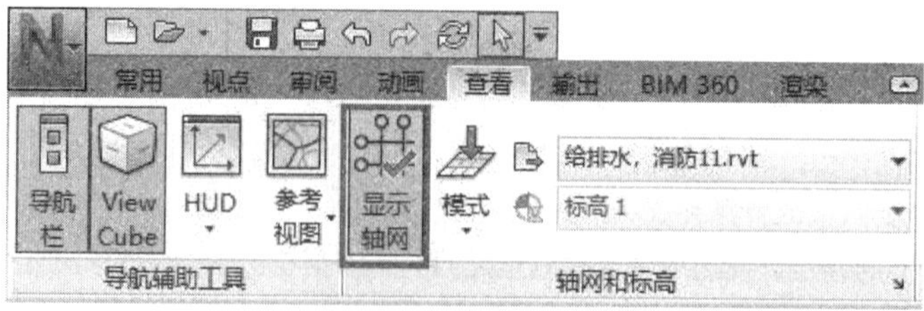

图 3－6　显示轴网

默认的轴网模式将在【场景视图】中显示轴网的上方标高和下方标高，在建筑的每一层都可以显示轴网和标高，默认情况下是根据相对于相机位置来配置要显示的活动轴网，活动轴网是指模型的轴网系统中当前正在使用的轴网系统。如图 3－7 所示。

图 3-7　轴网显示模式

在固定模式下，可以指定一个级别上显示活动轴网，此选项下，则可以在【显示标高】下拉列表中选择指定标高，如图 3-8 所示。

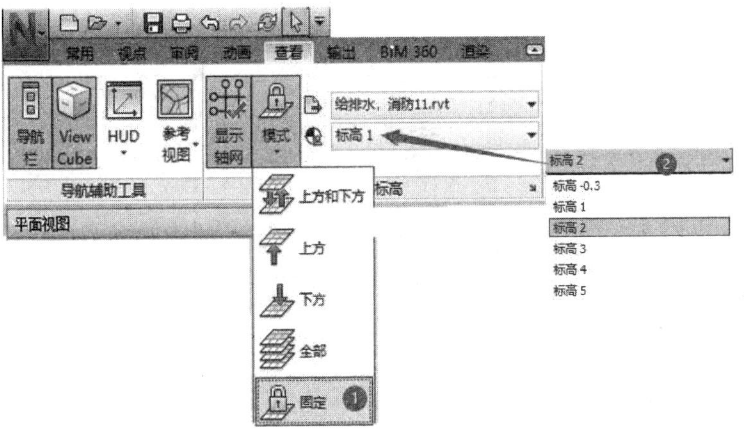

图 3-8　轴网模式选择

当有多个轴网系统可用于模型时，可从【活动轴网】下拉列表选择替代活动轴网。当选择轴网模式为【上方和下方】时，如果相机位置在建筑模型的第一层，则默认情况下，在该位置以下的轴网将以绿色显示，该位置以上的轴网将以红色显示，将光标悬停在模型中的轴网交点上，将显示标高的名称和标高，如图 3-9 所示。

单击【查看】选项卡下的【轴网和标高】面板的右下角，启动【轴网对话框】。可以针对相机位置正上方、正下方和其他标高设置不同颜色，修改轴网标签上的文本的标签字体大小(以磅为单位)，如图 3-10 所示。

图 3-9　场景轴网显示

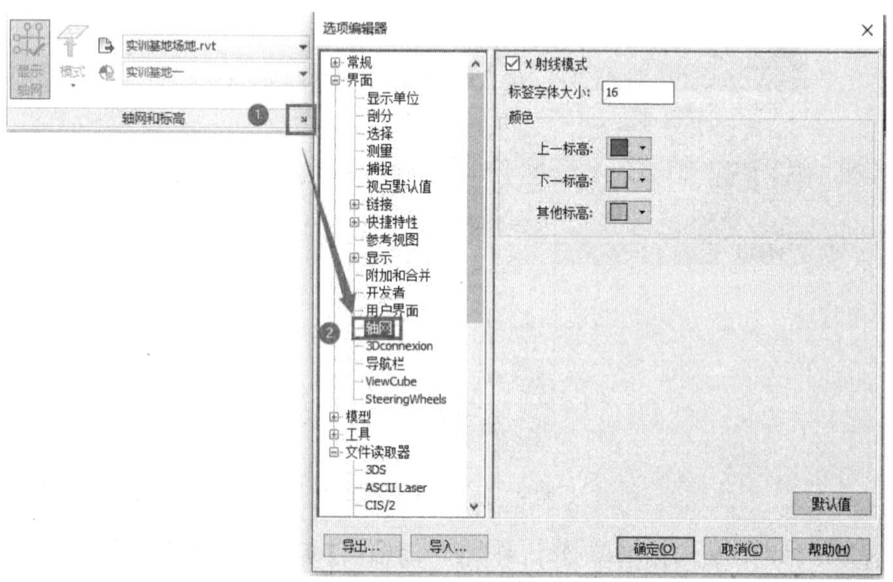

图 3-10　轴网对话框

如果 X 射线模式处于关闭状态，则被对象挡住的透明轴网线将不会显示。

轴网位置显示在【平视显示仪 HUD】中，其中显示相机相对于活动轴网的轴网和标高位置，HUD 显示基于距离当前相机位置最近的轴网交点以及当前相机位置下面的最近标高，位于【场景视图】的左下角，如图 3-11 所示。

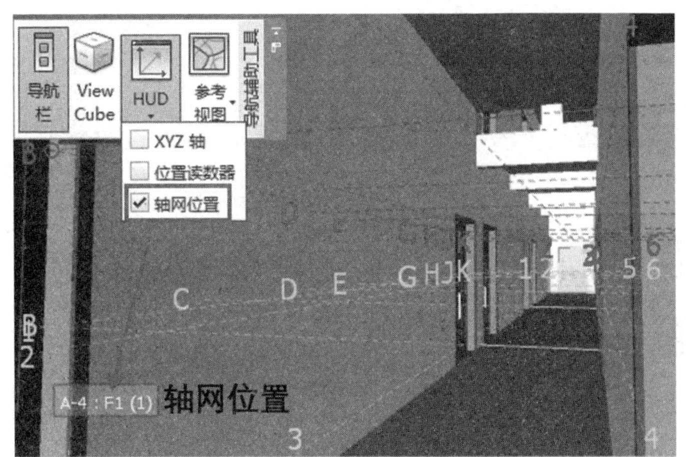

图 3－11　轴网位置

演示动画

标高轴网显示

1.2　模型检查

利用比较命令可以查看场景中任何两个选定项目之间的差异，对象可以是文件、图层、实例、组，或者仅仅是几何图形。还可以使用此功能调查同一模型的两个版本之间的差异。

1. 同一模型两个版本之间的差异对比

(1) 在 Navisworks 软件中打开要比较的第一个文件；

(2) 单击【常用】选项卡【项目】面板【附加】下拉菜单的【附加】，找到第二个文件，然后单击【打开】，如图 3－12 所示；

图 3－12　文件附加

(3) 单击【常用】选项卡【选择和搜索】面板【选择树】，在【选择树】窗口中按住“Ctrl”键选择两个文件；

单击【常用】选项卡【工具】面板【比较】，在【比较】对话框的，选中需要查找区别项目的复选框，确定。

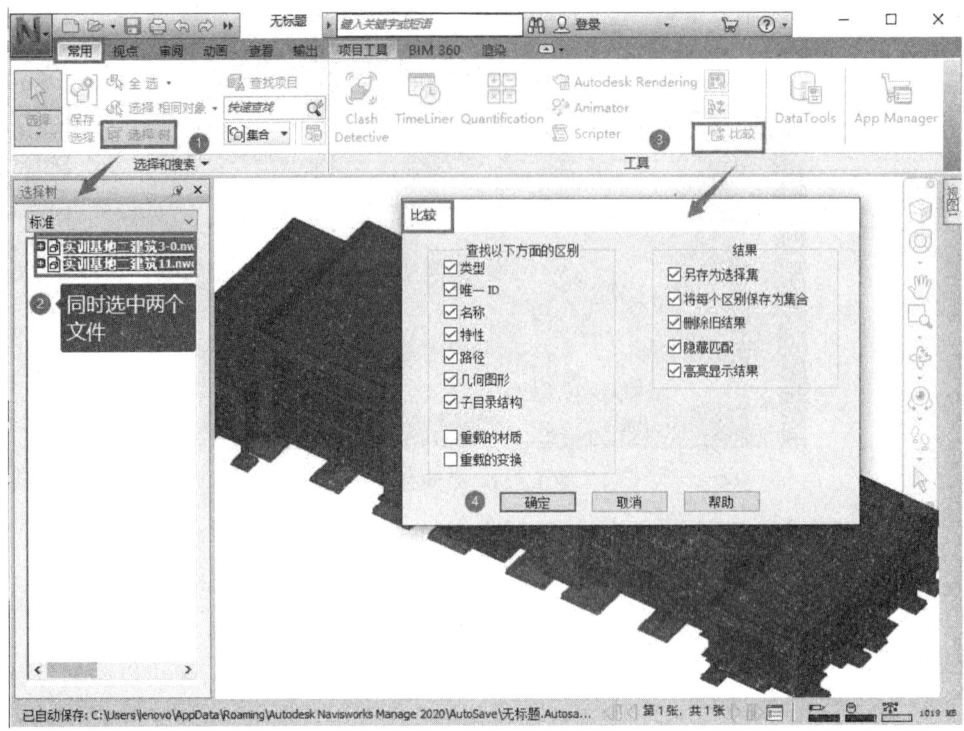

图 3-13 项目比较

说明:①【被重载的材质】:涉及更改 Navisworks 中的颜色和透明度。默认情况下,不勾选此复选框。

②【重载的变换】:涉及载入到软件后更改文件的原点、比例或旋转。默认情况下,不勾选此复选框。

③【另存为选择集】:将比较的项目另存为选择集。

④【将每个区别保存为集合】:将比较两个项目时找到的差异另存为选择集,以便稍后进行分析。

⑤【删除旧结果】:删除从以前的比较得到的任何选择集,以便在查看结果时减少混淆。

⑥【隐藏匹配】:在比较完成后,隐藏经比较发现为相同项目的所有项目。

⑦【高亮显示结果】:在比较完成后,用颜色替代高亮显示得出的每个差异。

2. 场景中任何两个选定构件之间的差异查找

对于同一文件中两个构件差异比较,方法同上,按住“Ctrl”键,同时在场景中选择或者是在【选择树】窗口选择需要比较的两个项目,点击【比较】。

比较完成后,可以在【场景视图】中高亮显示结果,如图 3-14 所示。

默认情况下,使用以下颜色进行标记:

(1) 白色:匹配的项目。

(2) 红色:具有差异的项目。

(3) 黄色:第一个项目包含在第二个项目中未找到的内容。

(4) 青色:第二个项目包含在第一个项目中未找到的内容。

演示动画

模型检查

同一模型两个版本【比较】

两个构件【比较】

图 3 - 14　【比较】高亮显示结果

选中比较的构件或者项目文件，通过单击【项目工具】选项卡【外观】面板的【重置外观】可以将比较后高亮显示结果的颜色重置，如图 3 - 15 所示。

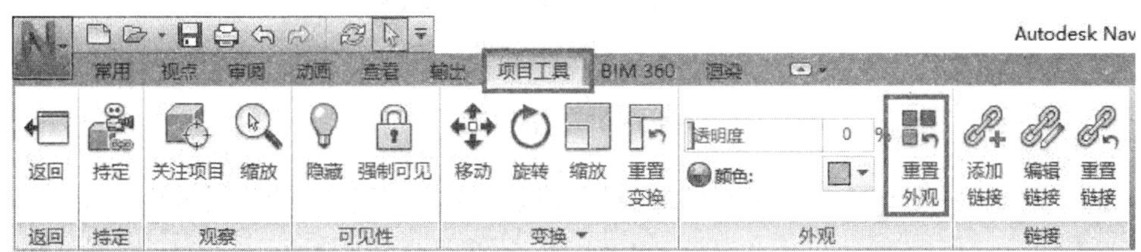

图 3 - 15　重置外观结果

1.3　模型样式修改

Navisworks 中无法创建新的模型，但可以对模型的颜色、透明度、显示样式、位置及大小进行编辑和修改。

1. 外观修改

选中要修改构件后，通过【项目工具】选项卡【外观】面板进行外观修改，移动透明度滑块来调整选定对象的透明度或不透明度；单击【颜色】下拉菜单，选择所需的颜色，如图 3 - 16 所示。

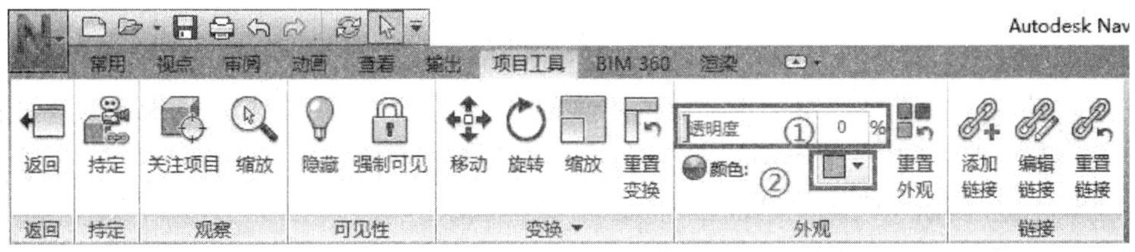

图 3 - 16　“外观”面板

也可以在场景视图中选中构件后，点击鼠标右键，打开快捷菜单，选择替代颜色、透明度，如图 3 - 17 所示。

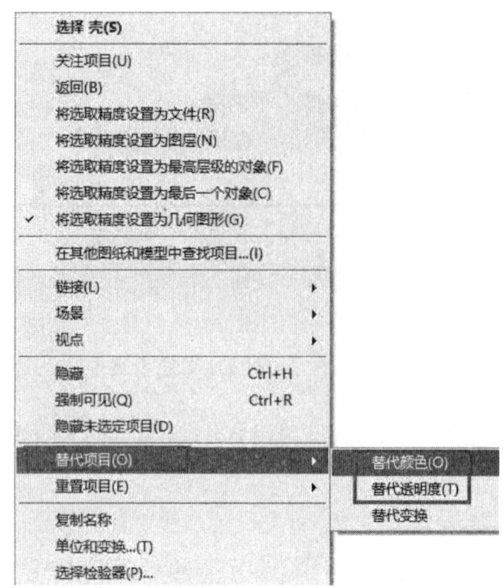

图 3－17　替代项目

恢复场景中一个对象或一组对象的原始外观时，需要在【场景视图】选中对象，单击【项目工具】选项卡【外观】面板的【重置外观】；或者在【场景视图】选中对象后单击鼠标右键，选择【重置项目】的【重置外观】。

2. 构件的【移动】、【旋转】或【缩放】

模型位置、尺寸以及定位角度的修改可使用【项目工具】选项卡中的【变换】面板实现。在【场景视图】中选择构件后，单击【项目工具】选项卡的【变换】面板，可使用【移动】、【旋转】或【缩放】变换小控件手动调整当前选定对象，如图 3－18 所示。

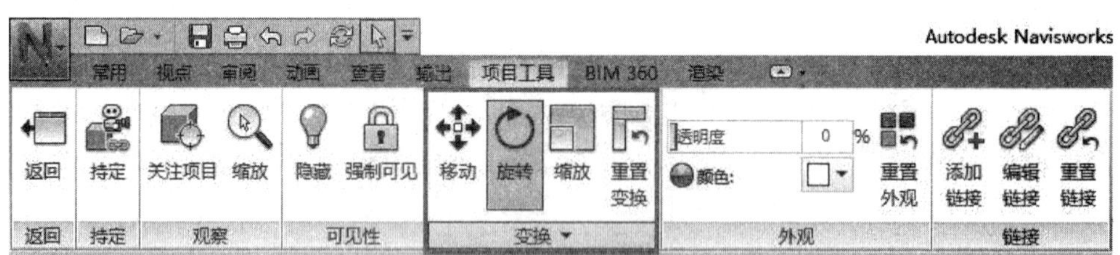

图 3－18　变换控件

Navisworks 中提供的基于小控件的工具可以与三维对象进行交互，主要有以下几种：

变换小控件：可以对操作对象进行平移、旋转和缩放变换。

动画小控件：出于设计动画的目的，临时操作对象的变换。

剖分小控件：剖分时，操作剖面和剖面框。

光源小控件：添加光源后，以交互方式调整模型中光源的属性。

每个小控件显示三个彩色轴，且这三个彩色轴之间的夹角与当前的相机位置相对应，轴可随视点一起旋转，如图 3－19 所示。

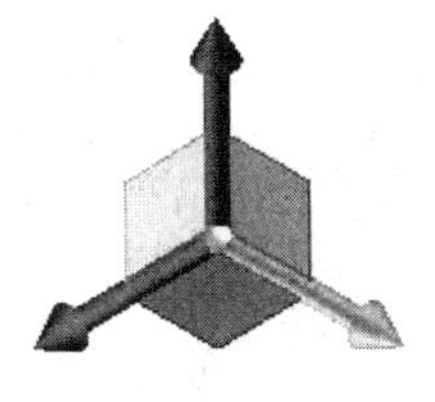

移动小控件

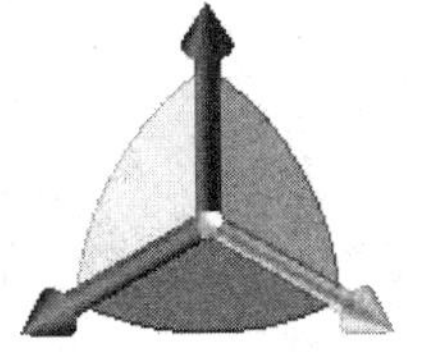

旋转小控件

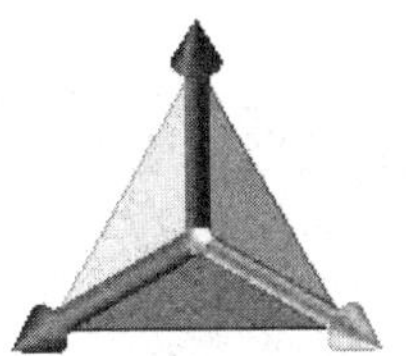

缩放小控件

图 3－19　变换小控件

（1）移动小控件

选中构件后，点击【项目工具】选项卡【变换】面板的【移动】，在构件位置出现平移小控件，如图 3－20 所示，可通过将鼠标放在红色、绿色、蓝色轴末端的箭头上，当光标变成手形图标，轴线变色后，拖动屏幕上的箭头对当前选定项目进行 X、Y、Z 轴的单方向平移。要对当前选定对象分别进行两个方向的平移操作，可以选择两根轴之间的方形框平面拖动。

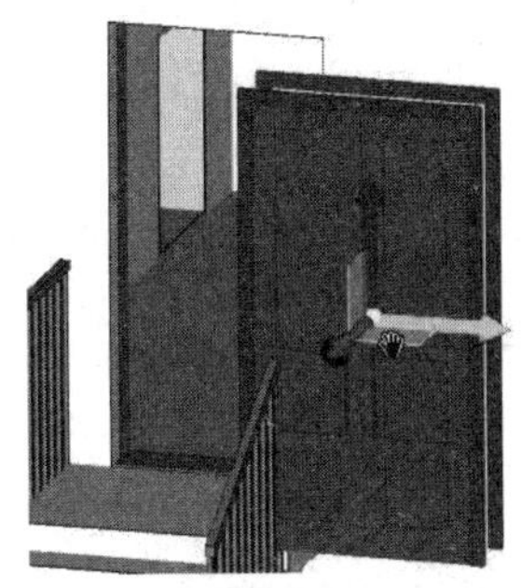

演示动画

构件移动

图 3－20　构件平移

要移动小控件本身而不是选定对象，要按住“Ctrl”键的同时拖动小控件中间的球，将中心点捕捉到模型中的其他几何图形。

（2）旋转小控件

选中构件后，点击【项目工具】选项卡【变换】面板的【旋转】，在构件位置出现旋转小控件，如图 3－21 所示，要旋转当前选定对象，首先需要定位构件的旋转原点（中心点），将鼠标放在红色、蓝色和绿色任一轴一端处的箭头上，当光标变成手形图标时，拖动屏幕上的箭头以沿该轴平移，对当前旋转的旋转中心进行单方向平移操作；也可以通过将鼠标放到白色小球上面，按住鼠标左键拖动确定旋转中心的位置。

正确定位旋转小控件后，将鼠标放在两根轴之间的红色扇形面、绿色扇形面和蓝色扇形面上，在屏幕上拖动，以旋转选定对象。

要将该小控件的方向旋转到任意位置，按住“Ctrl”键的同时拖动中间扇形面中的任一面。

演示动画

构件旋转

图 3－21　构件旋转

(3) 缩放小控件

选中构件后，点击【项目工具】选项卡【变换】面板的【缩放】，在构件位置出现缩放小控件，如图 3－22 所示，要缩放当前选定对象，将鼠标放在红色、蓝色和绿色任一轴一端处的箭头上，当光标变成手形图标时，拖动屏幕上的箭头以沿该轴缩放；将鼠标放在两根轴之间的彩色三角形框内拖动，可同时进行两个方向的缩放；若要同时三个方向调整对象的大小，要按住小控件中心的圆球拖动。

要修改缩放中心，将鼠标放在小控件中间的圆球上，按住"Ctrl"键的同时在屏幕上拖动此圆球。

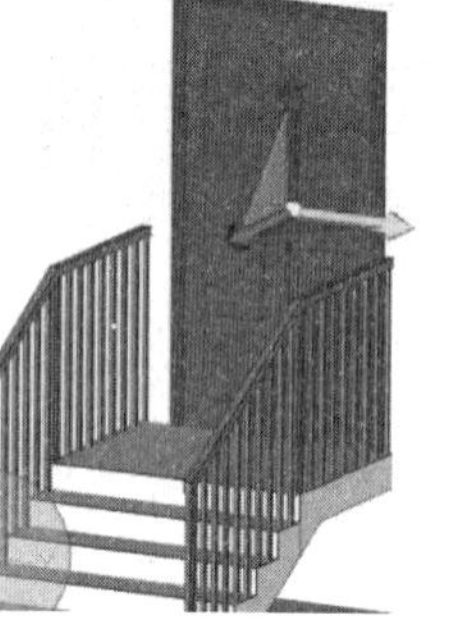

演示动画

构件缩放

图 3－22　构件缩放

也可点击【变换】下拉三角形，输入具体数值进行位置、尺寸、定位角度的修改，如图 3－23 所示。

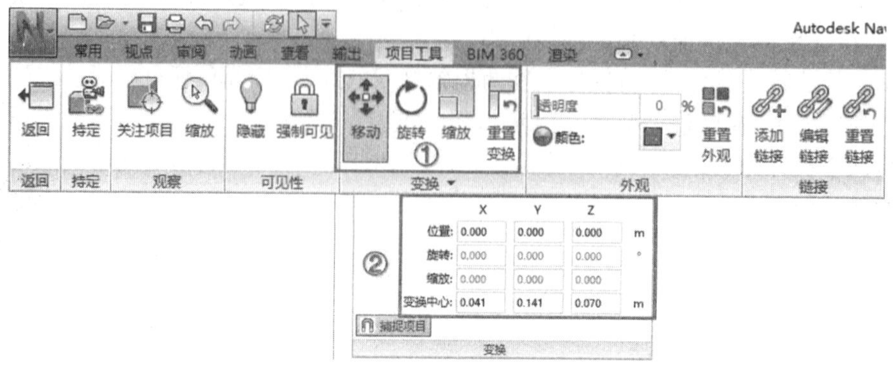

图 3－23　变换数值

3. 模型单位的定义

在创建模型时，不同的模型可能使用的单位不同，在 Navisworks 进行项目的整体模型整合时，就需要对不同单位的模型进行处理，利用【单位与变换】对模型的单位进行统一，方法如下：

（1）打开【选择树】窗口，选中单一模型文件；

（2）在【场景视图】单击鼠标右键，出现快捷菜单后，选择【单位和变换】命令，出现对话框，如图3－24所示；

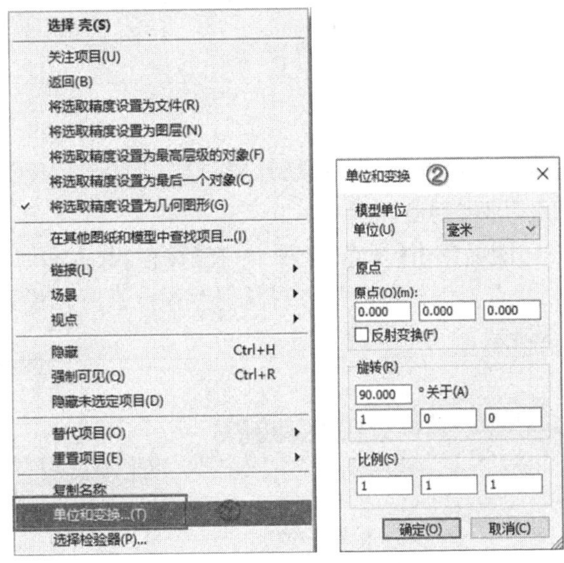

图 3－24　"单位和变换"对话框

（3）在【单位和变换】对话框中的【单位】下拉列表中选择原来模型的单位；

（4）按上述步骤分别设定各自原来模型使用的单位。

例如，某个项目地形模型的单位是"米"，建筑模型单位是"英尺"，结构模型单位是"毫米"，把这三个专业的模型整合到 Navisworks 后，按上述步骤分别设定各自原来模型使用的单位，原来模型单位是毫米，这里就选毫米，原来模型单位是英尺，这里就选英尺，Navisworks 会分别对模型进行单位换算。

4. 模型整体变换

根据模块二 3.4 节的模型整合部分，模型整合时需要提前设置好统一的坐标原点，如果各专业模型的坐标原点不一致，在 Navisworks 中可以进行调整，方法如下：

（1）打开【选择树】窗口，选中单一模型文件；

（2）在【场景视图】单击鼠标右键，出现快捷菜单后，选择【单位和变换】命令，出现对话框，如图 3－24 所示；

（3）在【单位和变换】对话框中的原点，分别输入新的原点坐标及旋转角。

任务二　视点应用

2.1　视点编辑

视频微课

视点编辑及管理

视点是为【场景视图】中显示的模型创建的快照，不仅可保存一定范围内模型视图的不同信息；还可为设计审阅核查，保存红线批注和注释信息；还能显示【场景视图】中的模型链接等。视点保存在 Navisworks 的 NWF 文件中，与模型几何图形无关。

1. 视点保存

打开前面 3.1 视图浏览练习文件，通过【场景视图】右上角导航工具，调整模型至最佳视角状态，即可创建视点。

（1）第一种方法：在功能区单击【视点】选项卡，在【保存、载入和回放】面板找到【保存视点】命令，点击下拉三角形，选择【保存视点】即可，场景区域出现【保存的视点】固定窗口，如图3－25 所示。

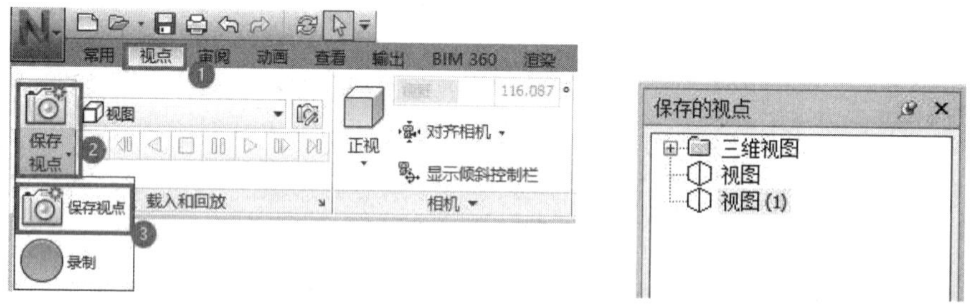

图 3－25　视点保存选择 1

（2）第二种方法：在场景空白区域，单击鼠标右键，选择【视点】，点击【保存的视点】，再点击【保存视点】，如图 3－26 所示，即可完成视点创建。

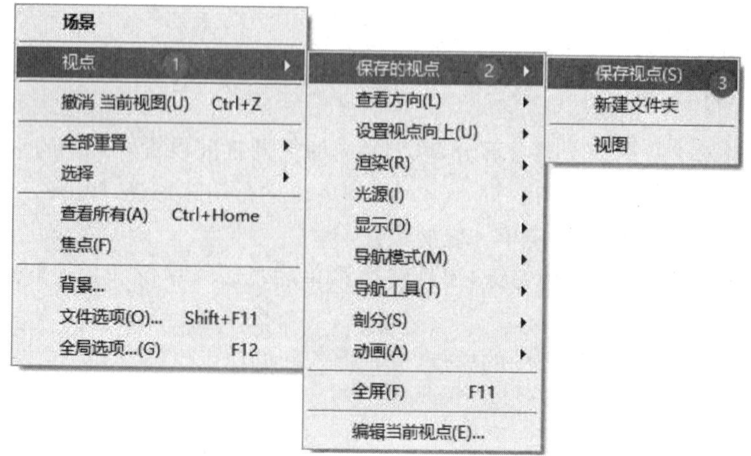

图 3－26　视点保存选择 2

(3) 第三种方法：在【保存的视点】固定窗口，空白区域单击鼠标右键或在已保存视图名称上单击鼠标右键，选择【保存视点】，也可保存视点，如图 3-27 所示。

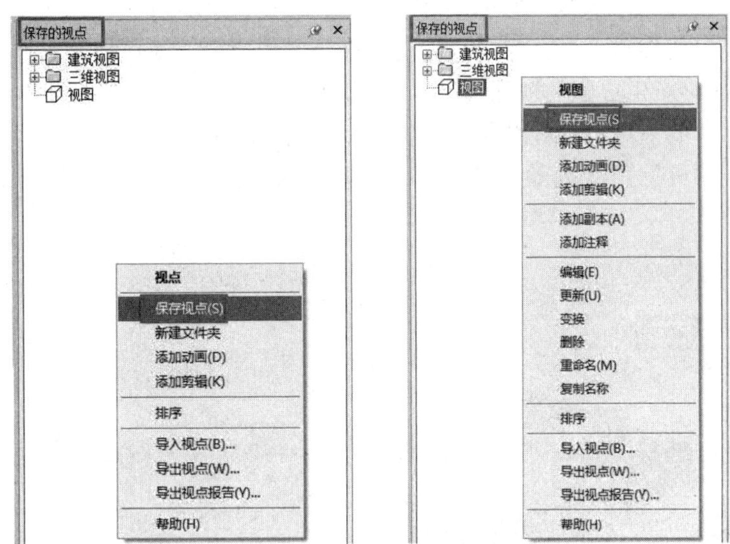

图 3-27　视点保存选择 3

在【保存的视点】固定窗口，在保存视点名称上单击鼠标右键，可对保存的视点进行重命名、编辑、更新、变换等操作。也可以新建文件夹，重命名后，将所需视点保存至新的文件夹中。

2. 相机设置

Navisworks 中的每一个视图都是通过相机视图显示，相机包含视点列表，以及描述视点移动方式的关键帧可选列表；每个场景视图只能包含一个相机。

相机视图是通过【视点】选项卡下的【相机】面板进行相机位置、观察点的控制，如图 3-28 所示。

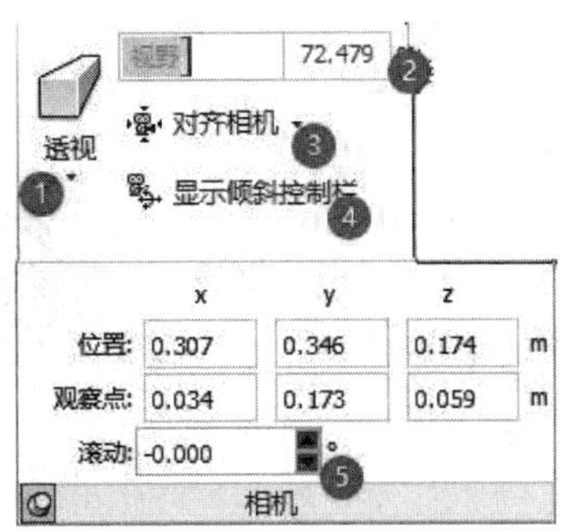

图 3-28　相机面板

(1) 相机投影

只有在三维工作空间中，才可在导航时选择使用透视相机或正视相机，在【漫游】导航工具和【飞行】导航工具使用时无法使用正视相机。在二维工作空间中，将始终使用正交相机。

(2) 视野

视野可定义三维工作空间中通过相机查看的场景区域。对于当前视点，可以移动功能区上的视野滑块来调整水平视野。向左移动滑块会产生更窄的或更加紧密地聚焦的视图角度，向右移动滑块会产生更宽的视图角度。

对于先前保存的视点，可以使用【编辑视点】对话框来调整视图的垂直角度和水平角度的值。人视角正常可见角度范围为 60～70°之间，视野宽度数值太大，会造成视点模型失真，如图 3－29 所示。

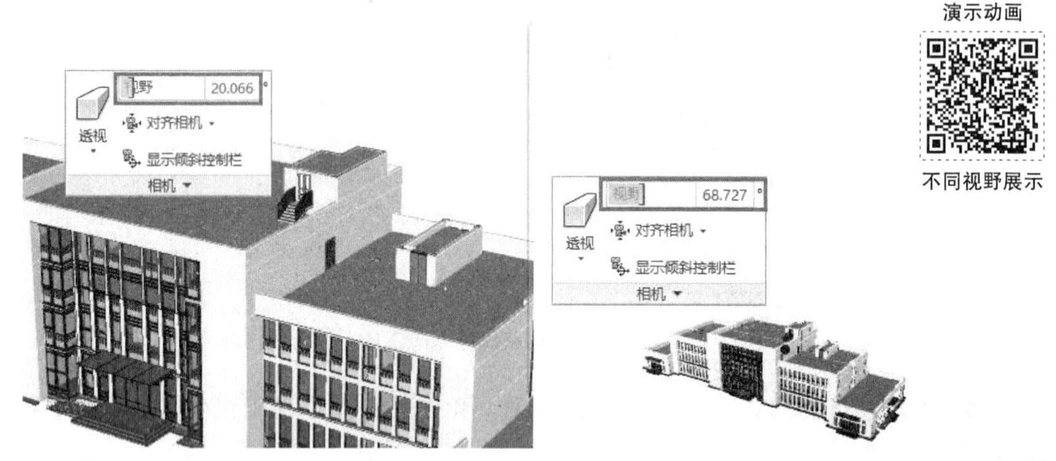

图 3－29　不同视野比较

(3) 对齐相机

当相机位置出现偏差，可利用【对齐相机】命令，快速确定相机位置，将视图切换至指定的相机位置，可沿 X 轴、Y 轴、Z 轴对齐相机位置，如图 3－30 所示。

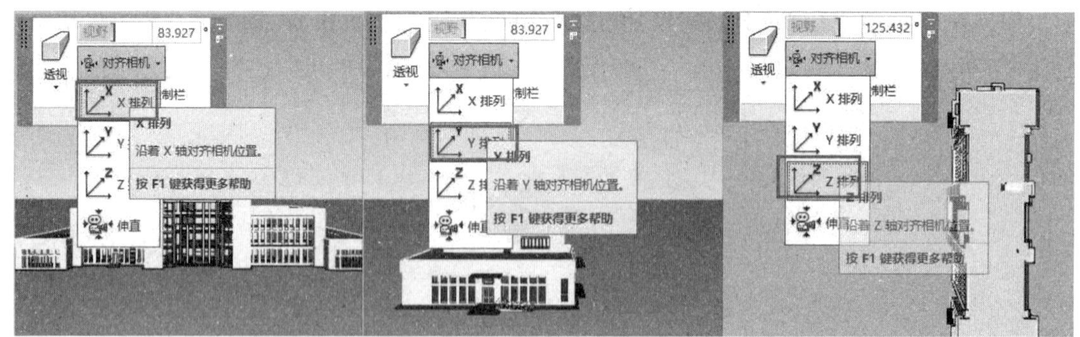

图 3－30　相机 X、Y、Z 排列

将视点向上矢量与其中一个预设轴对齐的步骤：在【场景视图】中，单击鼠标右键，然后单击【视点】，选择【设置视点向上】。单击其中一个预设轴，可将视点向上矢量与其中一个预设轴对齐，调整当前视点视图，在当前场景模型中漫游时，将以上一步选择的轴向作为向上方向进行浏览，如图 3－31 所示。

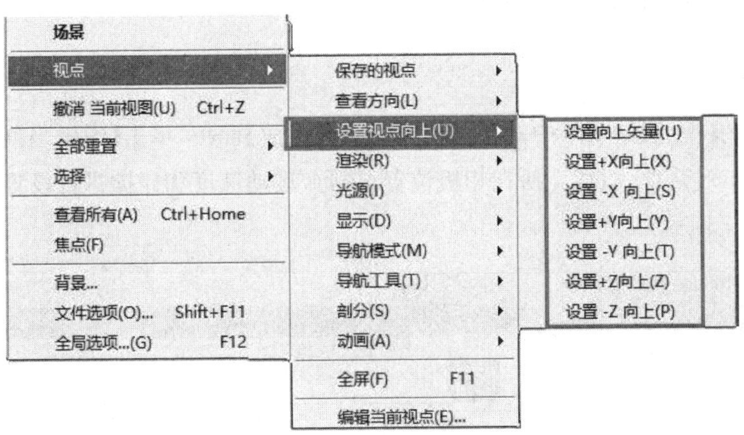

图 3－31　设置视点向上

(4) 倾斜控制栏

将【倾斜】窗口与导航栏上的【漫游】工具一起使用可进行相机滚动。【相机】面板点击【显示相机倾斜】控制栏，点击【漫游】，在【倾斜】窗口上，上下拖动滑块来滚动相机，也可以直接在【倾斜】窗口底部的输入框中键入值。正值将向上旋转相机，而负值则向下旋转相机，也可以滑动滚轮来调整倾斜角度，键入 0 会伸直相机，如图 3－32 所示。

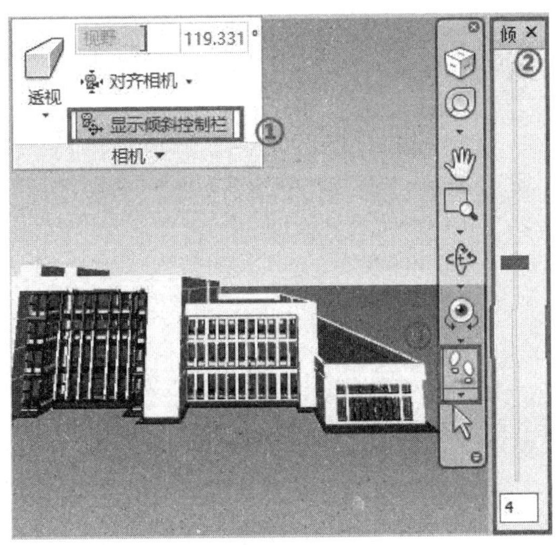

图 3－32　相机倾斜控制

注意：当视点向上矢量保持正立时(即使用【漫游】、【动态观察】和【受约束的动态观察】导航工具时)，此值不可编辑。

(5) 位置、观察点和滚动

点击【相机】面板的下拉三角可进入编辑对话框进行相机位置、观察点和滚动的修改。

在【位置】输入框中键入 X、Y 和 Z 坐标值可将相机移动到输入的坐标位置。

在【观察点】输入框中键入 X、Y 和 Z 坐标值可更改相机的焦点。

在【滚动】输入框中键入值可以围绕相机的前后轴旋转相机。正值将以逆时针方向旋转相机，而负值则以顺时针方向旋转相机。

3. 编辑视点

在功能区的【视点】选项卡中选择【保存、载入和回放】面板，单击【编辑当前视点】，即可打开编辑视点对话框，对视点所在相机位置、视野、运动速度和碰撞进行设置，如图3-33、3-34所示。

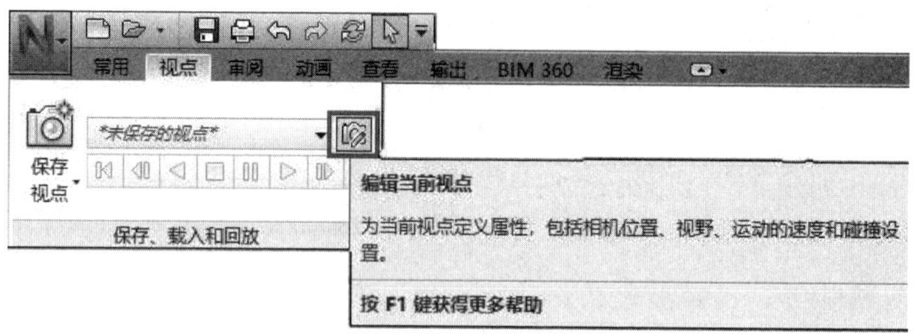

图 3-33　编辑视点

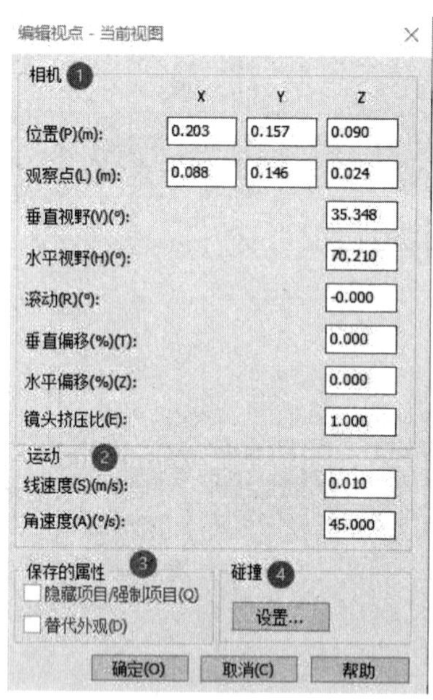

图 3-34　编辑视点对话框

也可在【保存的视点】固定窗口，选择已保存的视点，单击鼠标右键，选择【编辑】进入编辑视点对话框。

（1）相机

说明：①【相机的位置、观察点】：设置同【相机】面板下的编辑设置，通过输入 X、Y 和 Z 的坐标值移动相机位置，更改相机的焦点。

②【垂直视野、水平视野】：调整三维工作空间中相机查看的场景区域的垂直视角和水平视角的值。

值越大，视角的范围越广；值越小，视角的范围越窄，更紧密聚焦。修改【垂直视野】时，会自动调整【水平视野】(反之亦然)。水平视野设置同【相机】面板下的视野。

③【滚动】：围绕相机的前后轴旋转相机。正值将以逆时针方向旋转相机，而负值则以顺时针方向旋转相机，同【相机】面板下的滚动编辑设置。

④【垂直偏移、水平偏移】：将相机位置向对象上方、下方或左侧、右侧(前方、后方)移动距离。

⑤【镜头挤压比】：相机的镜头水平压缩图像的比率，默认值为1。

(2) 运动

说明：①【线速度】：在三维工作空间中视点沿直线的运动速度。最小值为0，最大值基于场景边界框的大小。

②【角速度】：在三维工作空间中相机旋转的速度。

(3) 保存的属性

此区域选项仅适用于保存的视点。

说明：①【隐藏项目/强制项目】：将有关模型中对象的隐藏/强制标记信息与视点一起保存。再次使用视点时，会重新应用保存视点时设置的隐藏/强制标记。

②【替代材质】：将材质替代信息与视点一起保存。再次使用视点时，会重新应用保存视点时设置的材质替换。

(4) 碰撞

通过设置打开【碰撞】对话框，其操作说明详见本模块的3.2节。

图3-35　视点导入导出

4. 视点导入导出

在【保存的视点】窗口中的任意位置处单击鼠标右键，在关联菜单上选择【导入视点】、【导出视点】、【导出视点报告】，即可进行视点导入导出，如图3-35所示。

在场景视图中保存好视点后，可将视点和关联数据导出为XML文件，视点XML文件不包含模型数据，文件很小；也可将其他模型的视点XML文件导入当前场景中，便于项目协同共享；也可导出视点报告HTML文件，其中包含所有保存的视点和关联数据(包括相机位置和注释)的JPEG文件。

演示文件

视点报告XML

5. 视点设置

对于相同视角的视点，可以通过修改构件颜色和材质，对比同方案的表现效果，主要应用【保存的属性】功能。

当希望同一面墙应用不同材质时，如一个红色、一个黄色。可以先调整好视图位置，保存好一个新的视点。在视点上单击鼠标右键，选择【编辑】，进入视点的编辑属性，勾选【保存的属性】的两个选项，如图 3－36 所示。

图 3－36　不同视点属性比较

选择需要调整材质的那面墙体，单击鼠标右键选择【替代项目】，在【替代颜色】中指定红色。在刚创建的视点上单击鼠标右键，选择【更新】。

再创建一个视点，重复上述工作，编辑属性，选择墙体替代颜色，完成视点更新。

2.2　视点剖分

使用 Navisworks，可以在三维工作空间中为当前视点启用剖分，并创建模型的横截面，便于查看三维对象的内部。剖面存储在视点内部，可以在创建视点动画和对象动画时使用显示动态剖分的模型。

通过单击功能区【视点】选项卡【剖分】面板的【启用剖分】，可为当前视点启用和禁用剖分。打开剖分时，【剖分工具】上下文选项卡会自动显示在功能区上，如图 3－37 所示。

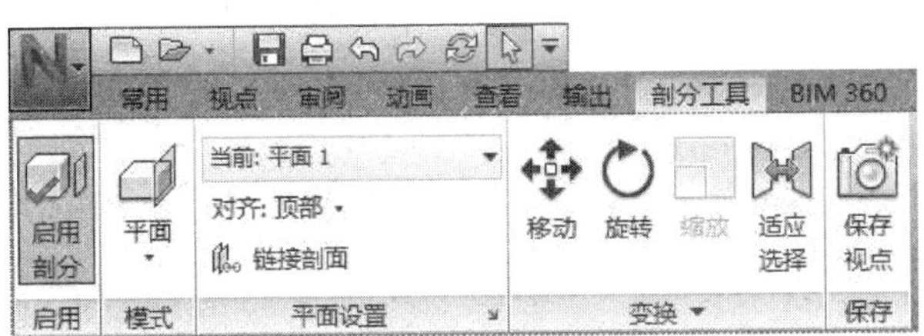

图 3－37　剖分工具

【剖分工具】选项卡【模式】面板中有两种剖分模式:【平面】和【长方体】。

1. 平面

【平面】模式最多可在任何平面中生成六个剖面,映射(顶部、底部、前面、后面、左侧、右侧)六个主要方向。默认情况下,平面 1 的对齐为【顶部】,其他平面与方向对应关系如图 3－38 所示。

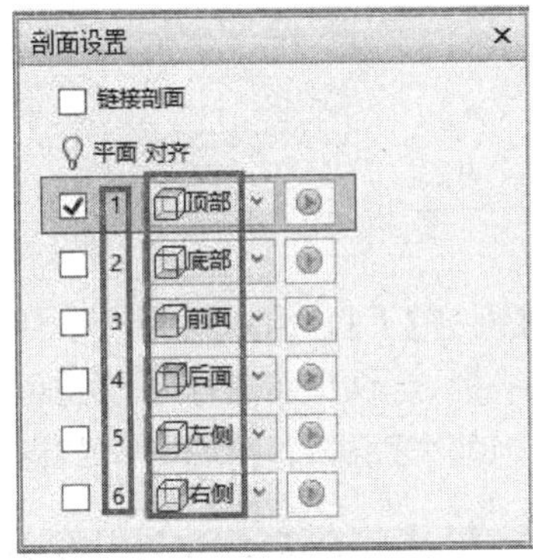

图 3－38　剖面设置

除了这六种固定对齐方式外,还有三种自定义对齐方式,如图 3－39 所示。

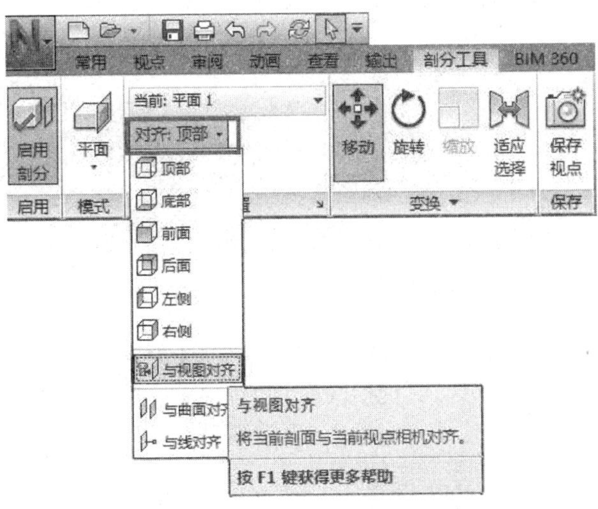

图 3－39　剖分对齐方式

说明：①【与视图对齐】：将当前平面与当前视点相机对齐。

②【与曲面对齐】：拾取一个曲面，并在该曲面"上"放置当前平面，其法线与所拾取的三角形的法线对齐。

③【与线对齐】：拾取一条线，并在该线"上"所单击的点处放置当前平面，并进行对齐，以便其法线就在该线上，从而朝向相机。

(1) 将剖面与预先固定的方向之一对齐

单击【剖分工具】选项卡的【模式】面板，选择【平面】模式，单击【平面设置】面板上的【当前平面】下拉菜单，然后选择需要成为当前平面的平面，如图 3-40 所示。

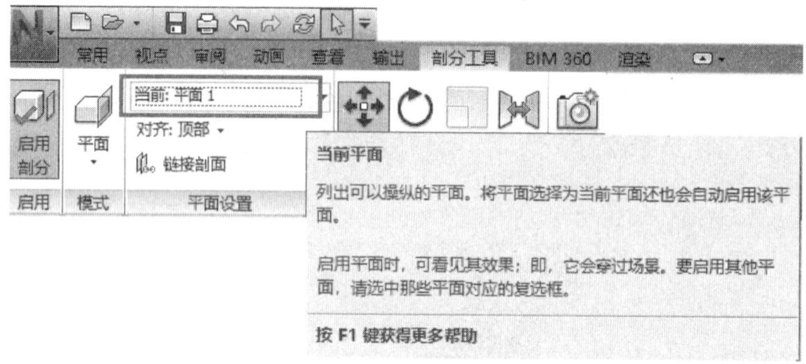

图 3-40 剖分平面设置

单击【平面设置】面板上的【对齐】下拉菜单，选择六个预先固定的方向之一。

选定的平面即可见浅蓝色线框，默认位置处于模型的可视区域的中心，根据需要拖动默认移动、旋转、缩放小控件可对当前平面进行定位操作，如图 3-41 所示。

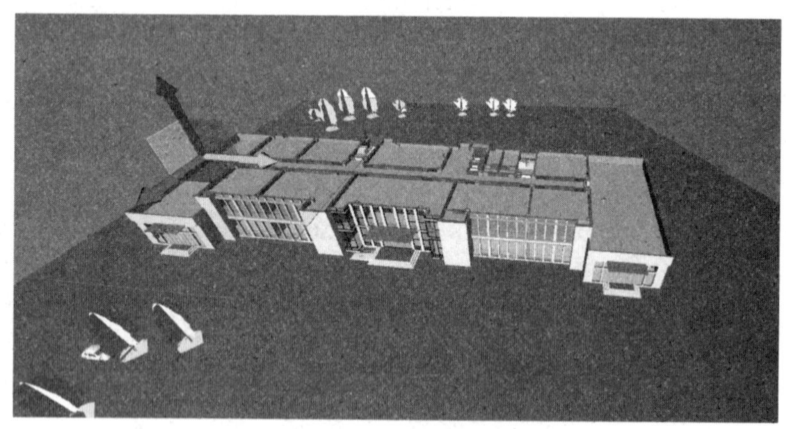

图 3-41 平面剖分模式

要查看启用了哪些平面，点击【平面设置】面板上的【当前平面】下拉菜单，启用的平面在其名称前有一个照亮的灯泡图标；灯泡照亮时，会启用相应的剖面并穿过【场景视图】中的模型进行剖分，一般一次仅可以移动一个平面(当前平面)。

(2) 分视点保存

单击【剖分工具】选项卡【保存】面板下的【保存视点】，可以保存当前剖分的视点。

2. 长方体

【长方体】模式同时显示完整剖面框，能够集中审阅模型的特定区域和有限区域，如图 3－42 所示。

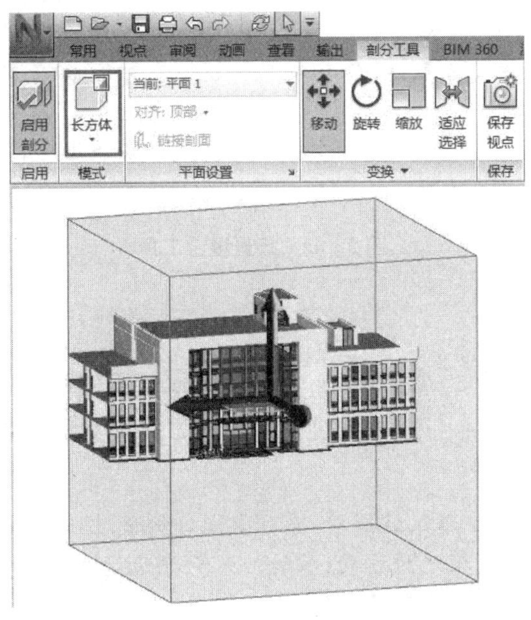

图 3－42 长方体剖分模式

移动剖面框时，在【场景视图】中仅显示已定义剖面框内的几何图形，选择【移动】、【选择】或【缩放】命令，启用小控件，完成剖面框位置的调整。也可利用【变换】面板，通过输入数值的方式对剖面框进行移动、旋转、缩放定位操作。

功能区中的【适应选择】选项，根据当前选定的对象快速设置剖面或剖面框的移动限制。要使用【使用选择】，需在【场景视图】或【选择树】中选择所需剖分出来的对象，然后单击【适应选择】。根据剖分模式，活动剖面或剖面框将移动到当前选择的边界处。

视频微课

漫游与飞行工具应用

任务三 场景漫游

3.1 漫游与飞行

通过【漫游】或【飞行】工具，可以在模型场景中进行漫游导航。在【视点】选项卡下，单击【导航】面板上的【漫游/飞行】下拉菜单中的【漫游】可激活该工具。默认情况下，也可通过 SteeringWheels 上的【漫游/飞行】激活该工具，如图 3－43 所示。

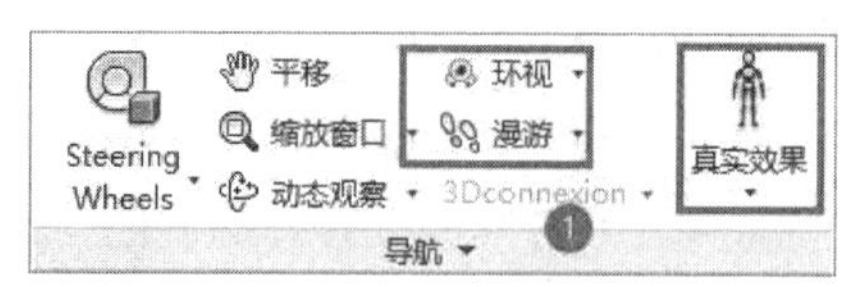

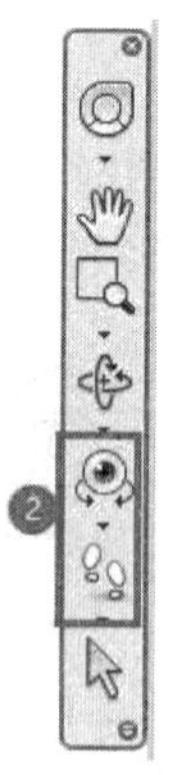

图 3-43　场景漫游工具

1. 漫游

激活【漫游】后，光标将变为【漫游】光标，按住鼠标左键朝要漫游的方向拖动，即可在模型中移动，就像在其中行走一样；也可通过键盘的方向键实现移动。一般情况下，鼠标结合键盘可以更灵活地实现漫游。

注意：在漫游模式下，按住鼠标不动，视点不会自动前进，前后拖动鼠标将指定前进的方向，左右拖动鼠标将改变环视的方向；且始终保持场景视图 Z 方向向上(即保持相机的倾角为 0°)。

在【漫游】中可按住"Shift"键，按住鼠标左键向上或向下拖动调整相机的视图高度；向上或向下滚动鼠标滚轮可调整漫游角度。

要更改【漫游】工具的移动速度、漫游角度和线速度，可利用【全局选项】中【选项编辑器】的【界面】节点下的【SteeringWheels】页面调整，如图 3-44 所示。

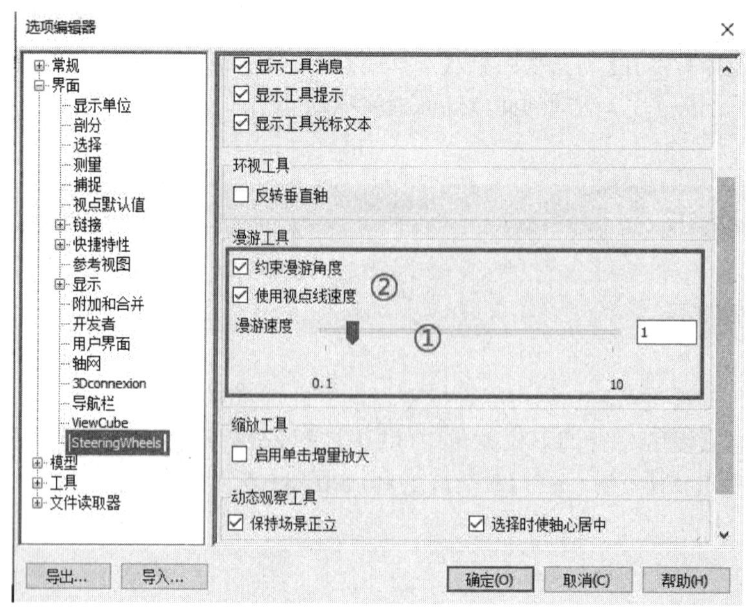

图 3-44　漫游工具设置

说明：①【漫游速度】：使用【漫游速度】滑块可以调整移动速度，向左拖动滑块会降低漫游速度；向右拖动滑块会提高漫游速度。

②【约束漫游角度】：选中【漫游工具】区域中的【约束漫游角度】复选框，可将【漫游工具】约束到向上矢量，保持固定的移动角度。

③【使用视点线速度】：默认情况下，视点中的导航线速度与模型的大小有直接关系。可选中【漫游工具】区域中的【使用视点线速度】复选框，为所有视点设置一个特定的运动速度。

2. 飞行

Navisworks 中飞行和漫游的控制方式非常相似。激活【飞行】后，光标将变为“飞行”光标，按住鼠标左键，实现在模型中移动。

使用键盘上的向上键和向下键分别放大和缩小相机，使用向左键和向右键分别向左和向右旋转相机。

注意：在飞行模式下，只要按下鼠标左键，视点便会自动前进，拖动鼠标将改变飞行的方向，可以按任意角度查看场景。

如需要更改【漫游】或【飞行】时的速度，可以进入【视点】选项卡，然后单击【导航】面板的下拉三角按钮，可以快速调整当前视点运动的线速度和角速度，如图 3－45 所示。

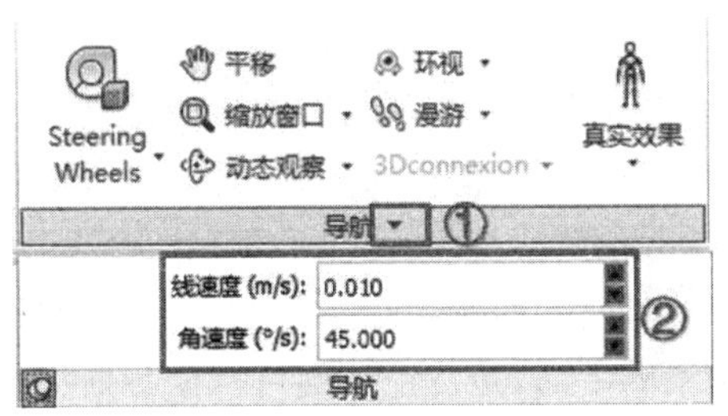

图 3－45 导航速度设置

说明：①【线速度】：设置漫游工具和飞行工具在场景中移动的速度。

②【角速度】：设置漫游工具和飞行工具在场景中转动的速度。

3.2 真实效果设置

演示动画

漫游真实效果

【导航】面板的【真实效果】中可以有选择性地打开特定表现效果，如图 3－46 所示。

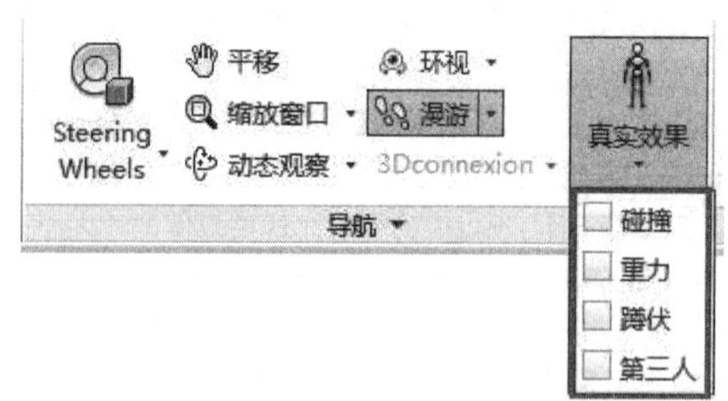

图 3-46　漫游真实效果设置

1. 真实效果

漫游或飞行模式一般要结合【真实效果】，勾选真实效果下拉列表【碰撞】、【重力】、【蹲伏】、【第三人】的复选框，模拟在场景中观察对象和视角。

（1）碰撞

【碰撞】功能只能与漫游和飞行导航工具一起使用，此功能将观察者定义为碰撞量，具有体量，服从某些物理规则限制，在场景中漫游时将产生真实世界碰撞的效果，当遇到不可穿越的物体时会被阻挡。

（2）重力

【重力】功能仅与碰撞一起使用，碰撞提供体量，而重力提供重量，作为碰撞量在场景中漫游的同时将被向下拉，产生真实世界的重力效果，可以走下楼梯或依随地形而走动。

（3）蹲伏

【蹲伏】功能仅与碰撞一起使用，对于在指定高度以下碰撞量无法穿过，如漫游中遇到很低的管道，可以蹲伏在该对象的下面，按住空格键可以使导航继续。

（4）第三人

激活【第三人】功能后，可通过第三人模型体现观察者透视导航场景。

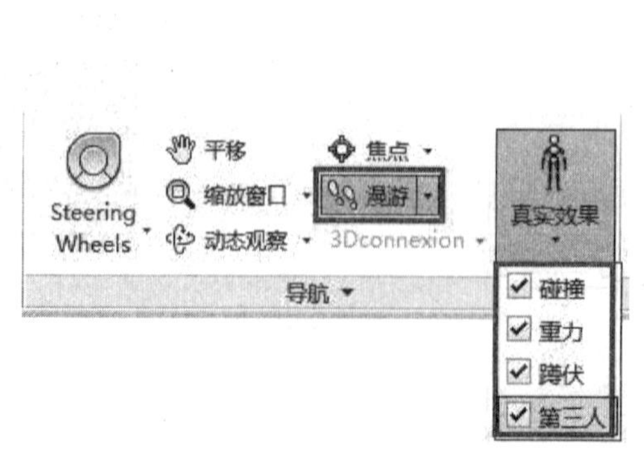

图 3-47　漫游效果

Navisworks 中自定义的虚拟碰撞尺寸可用于检测场景中行走的路线是否存在干涉。例如，对于地下车库，通常需要保持净高在 2.4 m 以上，为确保在行车路线上的净高，用户可以设置虚拟碰撞高度为 2.4 m，当在场景中漫游时，Navisworks 检测到净高不足 2.4 m 的位置，将停止漫游并蹲伏，这样可以确定该位置的净高已小于碰撞高度。该功能在模拟设备安装路径、空间净高等情形时将特别实用。

2. 碰撞设置

在【视点】选项卡的【保存、载入和回放】面板中单击【编辑当前视点】工具，弹出【编辑视点—当前视图】对话框。单击底部的碰撞【设置】按钮，打开【碰撞】设置对话框，如图 3 - 48 所示。

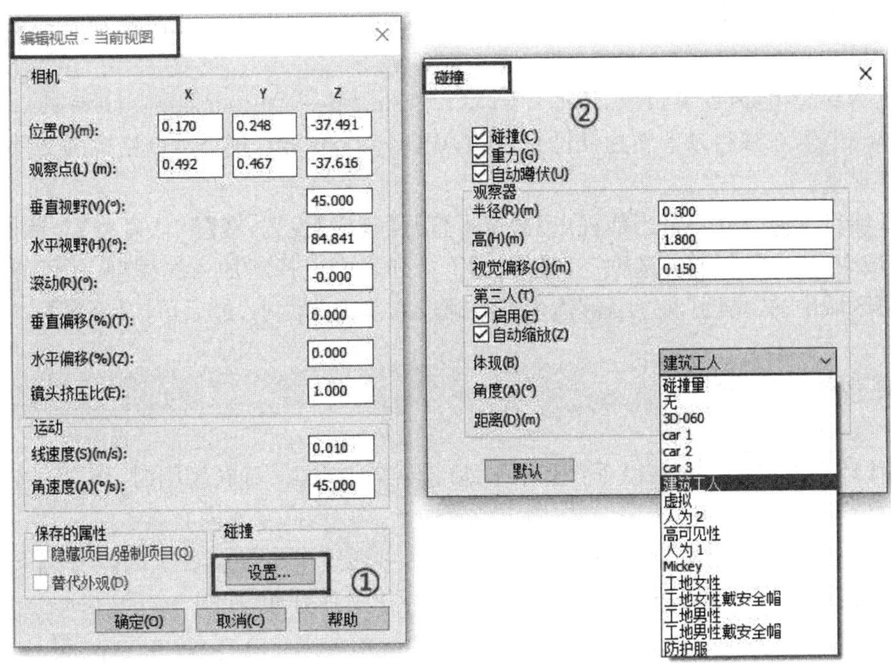

图 3 - 48　碰撞设置对话框

碰撞量默认是一个球体(半径为 r)，可以将其拉伸以提供高度(高度为 h，h⩾2r)，如图 3 - 49 所示。

(1) 观察器

说明：①【半径】：指定碰撞量的半径。

②【高度】：指定碰撞量的高度。

③【视觉偏移】：指定在碰撞体积顶部之下的距离。

(2) 第三人

说明：①【启用】：可使用【第三人】视图。

②【自动缩放】：在视线被某个项目所遮挡时自动从【第三人】视图切换到第一人视图。

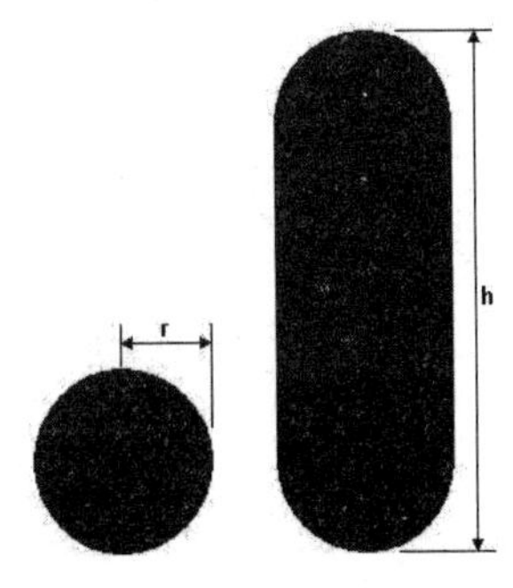

图 3 - 49　碰撞量的半径和高度

（3）体现

指定在【第三人】视图中使用的体现。

说明：①【角度】：指定相机观察体现所处的角度。0°会将相机直接放置到体现的后面；15°会使相机以15°的角度俯视体现。

②【距离】：指定相机和体现之间的距离。

3. 替换第三人

对于第三人，模型可以来自3Dmax、SketchUp、Revit等等，只要能转换成NWD格式的三维文件都可以。

打开在Navisworks中用作替身的文件，调整模型方向与第三人视角一致，另存为NWD格式文件。

浏览Navisworks安装目录，例如："C：\Program Files\Autodesk\Navisworks Manage 2020\avatars\"，在该目录下新建文件夹，跟NWD名字要一致，把NWD格式的文件放到新建的文件夹里。

打开项目文件，从【编辑当前视点】命令下打开【碰撞】设置，在【默认碰撞】对话框的【第三人】区域中，选中【启用】复选框。在【体现】下拉列表中选择新加入的模型，还可通过更改【观察器】区域中的"高度"和"半径"值来更改第三人体现的大小，最后单击【确定】。

3.3 环视

通过【环视】工具，用户可以垂直和水平地旋转当前视图。旋转视图时，用户的视线会绕当前视点位置旋转，就如同转头一样，固定位置向上、向下、向左或向右看。

环视工具涉及【环视】、【观察】、【焦点】等功能，可通过单击导航栏上的【环视】下拉菜单激活环视工具，也可以通过SteeringWheels上的环视工具打开，如图3－50所示。

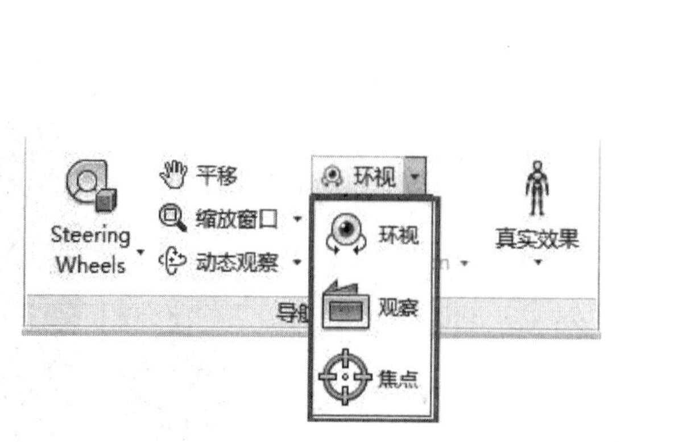

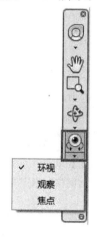

图3－50 【环视】工具

说明：①【环视】：可从当前相机位置环视场景。

② 【观察点】：观察场景中的某个特定点，相机移动以与该点对齐。

③ 【焦点】：观察场景中的某个特定点，相机保持处于原位。处于焦点模式时，单击场景视图中模型上某位置，旋转相机时，会以刚刚单击的点作为视图中心，此点会作为动态观察工具的焦点。

激活【环视】后，可以通过拖动鼠标来调整模型的视图，当光标变为【环视】光标时，按住鼠标左键不动拖动光标，向上、向下、向左或向右实现模型围绕当前视图的位置旋转。激活【观察点】后，光标将变为“观察点”光标，选中模型中某几何图形后，相机移动以与该点对齐。激活【焦点】后，光标将变为“焦点”光标，单击某个项目会旋转相机，以使单击的点处于视图中心。

视频微课

软件辅助工具

任务四　审阅批注

在 Navisworks 中对模型进行浏览和审查时，可以利用【审阅】选项卡中的测量和红线批注工具，进行图元间测量，如净空高度、门窗面积等；对发现的问题进行标记和注释，以便于记录和协调，如图 3－51 所示。

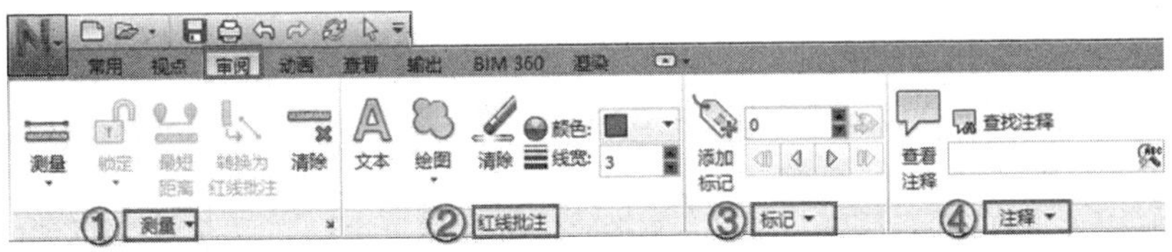

图 3－51　【审阅】选项卡

4.1　测量

1. 测量工具

Navisworks 提供了点到点、点到多点、点直线、累加、角度、面积等多种不同的测量工具，单击【审阅】选项卡下的【测量】面板，点击【测量】命令下拉三角，将显示所有可用测量工具，如图 3－52 所示。

(1) 六大测量工具

说明：① 【点到点】：【点到点】命令可测量两点之间的距离。单击该命令，在【场景视图】中标准测量线的端点表示为小十字符号，单击要测量距离的起点和终点，可选标注标签将显示测量的直线距离，起点到终点在 X、Y、Z 轴三个方向的偏差距离，如图 3－53 所示。在【场景视图】中，单击鼠标右键，可重置测量命令。

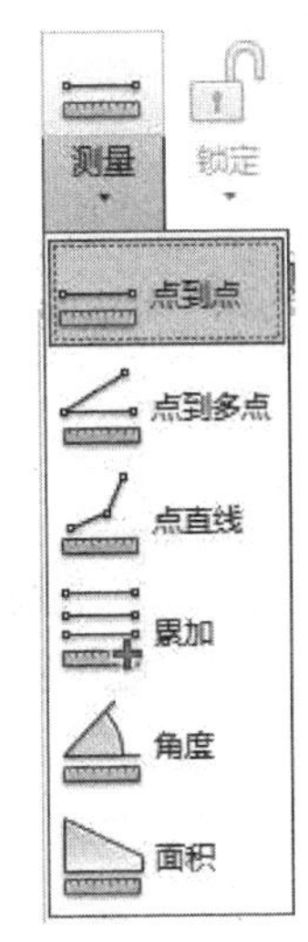

图 3－52　六种测量工具

②【点到多点】:【点到多点】命令可用于测量基准点和各种其他点之间的距离。从【测量】下拉菜单中选择【点到多点】命令后,在场景视图中单击起点和测量的第一个终点,两点之间将显示一条测量线,接着单击要测量的下一个终点,重复以上操作,起点始终保持不变,可测量多个点的距离,标注标签始终显示上一次测量的距离,如图3-54 所示。

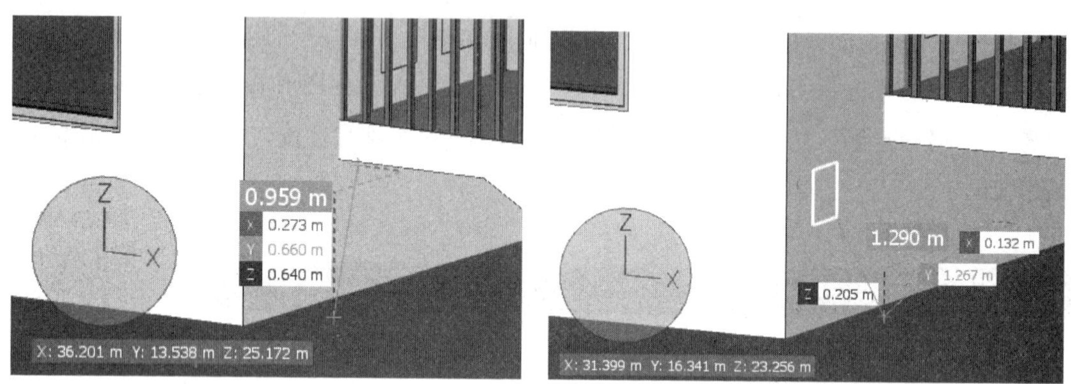

图 3-53 【点到点】测量

图 3-54 【点到多点】测量

注意:如果要更改起点,在【场景视图】中单击鼠标右键,重置选择新起点。

③ 点直线:【点直线】命令可测量一条直线上多个点之间的总距离。从【测量】下拉菜单中选择【点直线】命令后,在场景视图中单击起点和测量的第二个点,再单击下一个点,重复此操作以测量整条线,标注标签显示总距离,如图 3-55 所示。

④【累加】:【累加】命令可计算多个点到点测量的总和。从【测量】下拉菜单中选择【累加】命令后,在场景视图中单击要测量的第一个距离的起点和终点,再单击要测量的下一个距离的起点和终点,重复以上操作,标注标签显示所有点到点测量的总和,如图3-56 所示。

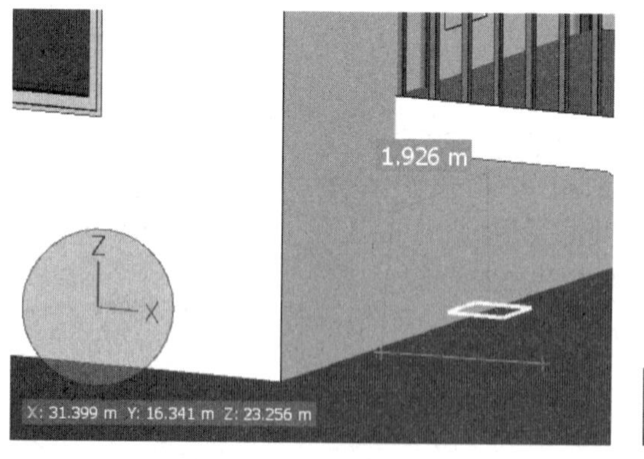

图 3-55 【点直线】测量

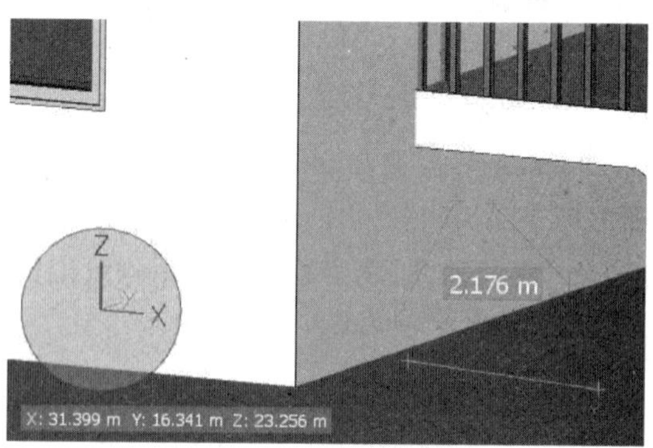

图 3-56 【累加】测量

⑤【角度】:【角度】命令可测量两条线之间的夹角。从【测量】下拉菜单中选择【角度】命令后，在场景视图中单击两点拉出一条直线，再点击要测量角度的另一条线，角度数值在两条线交叉处出现，如图 3－57 所示。

⑥【面积】:【面积】命令可计算平面上的面积。从【测量】下拉菜单中选择【面积】命令后，在场景视图中，单击要计算面积的平面的一系列点，标注标签将显示自第一点起绘制的周界的面积，如图 3－58 所示。

图 3－57　【角度】测量　　　　**图 3－58　【面积】测量**

注意：为保证计算的准确性，所有选取的点必须在同一个平面上。

（2）更改测量线的线宽和颜色

测量距离后，点击测量面板右下角 ，启动【测量工具】选项，将显示测量项的起点、终点、差值、距离等详细信息，如图 3－59 所示。

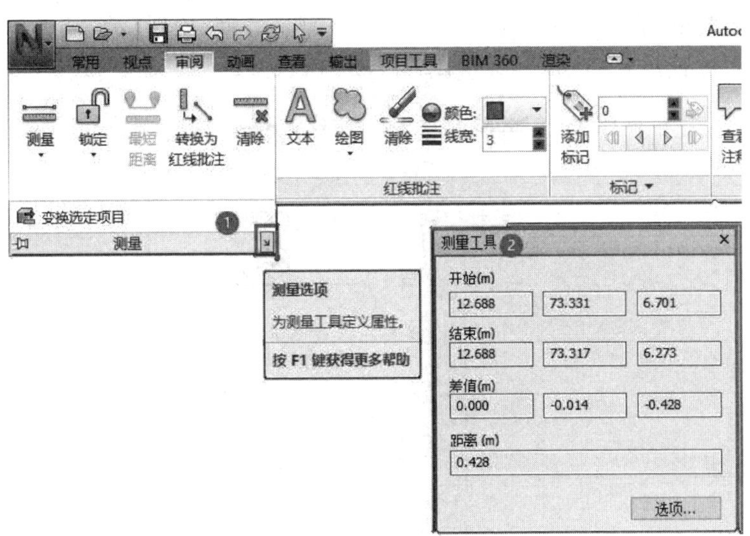

图 5－59　测量选项

单击【测量工具】面板右下角【选项】，即可打开全局选项的【选项编辑器】，进入【界面】节点下的【测量】页面，可更改测量线的线宽、颜色、锚点样式等，如图 3－60 所示。【在场景视图中显示测量值】复选框可用于启用和禁用标注标签。

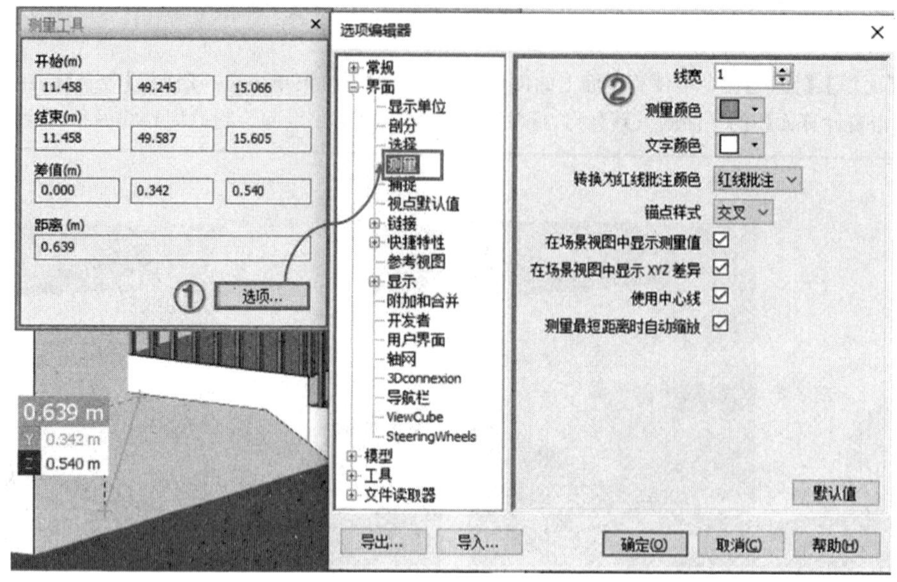

图 3-60　测量编辑

2. 锁定

测量时，某些对象几何图形可能会妨碍精确测量。使用锁定功能后，光标只能沿着选中的轴移动测量，确保测量的几何图形相对于所创建的第一个测量点保持一致的位置，防止移动或编辑测量线或测量区域。

要使用锁定功能，先要从测量工具中选择一种测量类型，激活【锁定】工具后，再从下拉列表中选择将尺寸锁定到哪一个表面，如图 3-61 所示。

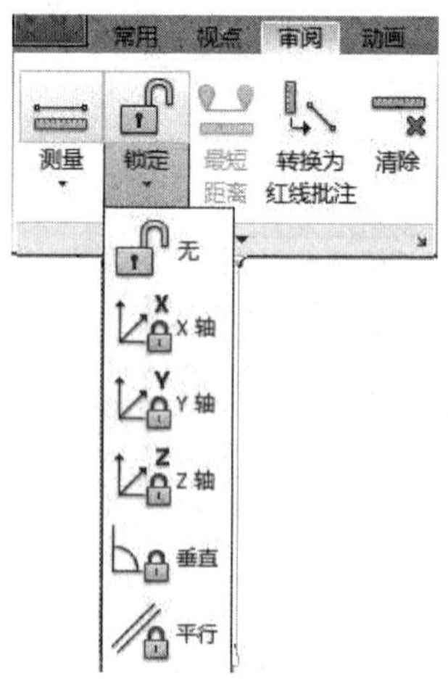

图 3-61　【锁定】工具

(1) X/Y/Z 轴锁定

如要测定窗户离地的高度,选择【点到点】测量工具后,激活锁定 Z 轴,第一个选择点为楼板,第二个选择点为窗户底部,如图 3-62 所示。

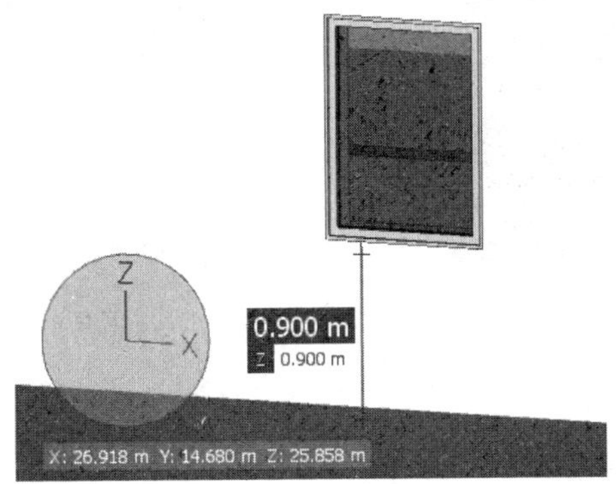

图 3-62　Z 轴锁定

不同的维度用不同的颜色表示,用来提示选中的测量对象位于哪个轴或表面上,X/Y/Z 轴分别对应红色、绿色和蓝色,如图 3-63 所示。

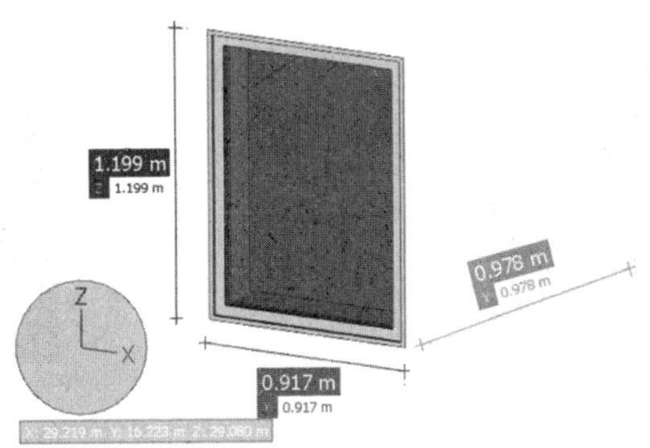

图 3-63　X/Y/Z 轴锁定

测量多个点时,可以通过按快捷键在不同的锁定模式之间切换,X/Y/Z 轴锁定分别对应 X/Y/Z 键。

> 注意:Z 轴、平行和垂直锁定不适用于二维图纸。使用二维图纸时,只有 X 轴和 Y 轴锁定可用。

(2) 垂直锁定和平行锁定

① 垂直:与当前所选定的面的垂直方向进行测量,由黄绿色测量线表示,可按"Ctrl"键,如图 3-64 所示。

② 平行:与当前所选定面的平行方向进行测量,由品红色测量线表示,可按"Ctrl"键,如图 3-65 所示。

图 3－64　垂直锁定

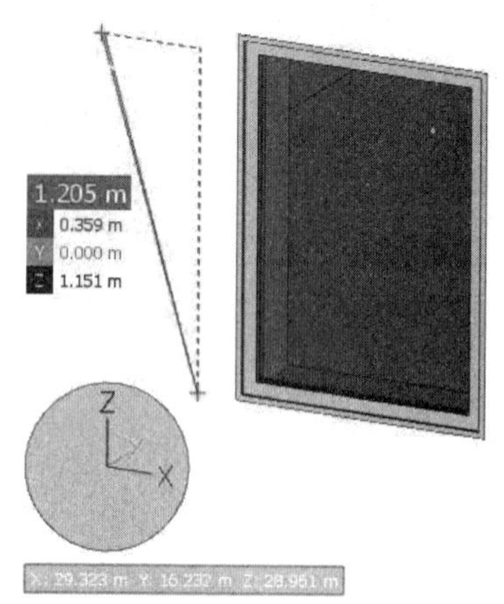

图 3－65　平行锁定

3. 最短距离

在场景视图中按住“Ctrl”键选中需要进行测量的两个对象，点击【测量】面板中的【最短距离】按钮，将自动测量，标注标签显示两个选中对象之间的最短距离，如图 3－66 所示。

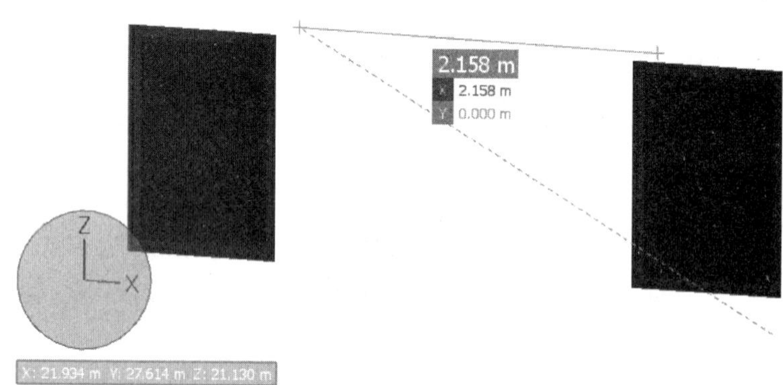

图 3－66　最短距离

4. 转换为红线批注

使用测量工具，再进行下一个测量命令时之前的测量数值标注会消失。要保持测量数据，可以将测量转换为红线批注，转换后，将清除测量本身，线和文字将存储在当前视点中，如图 3－67 所示。

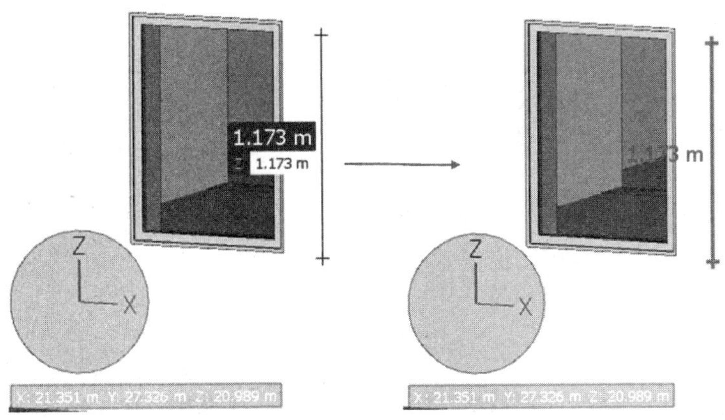

图 3-67　转换为红线批注

5. 清除

对于测量数据，可以单击鼠标右键重置测量，也可利用【清除】命令清除当前的测量值。

6. 变换选定对象

在对测量对象进行测量后，选中测量对象，点击【变换选定项目】，选定对象将根据测量值进行移动和旋转，如图 3-68 所示。

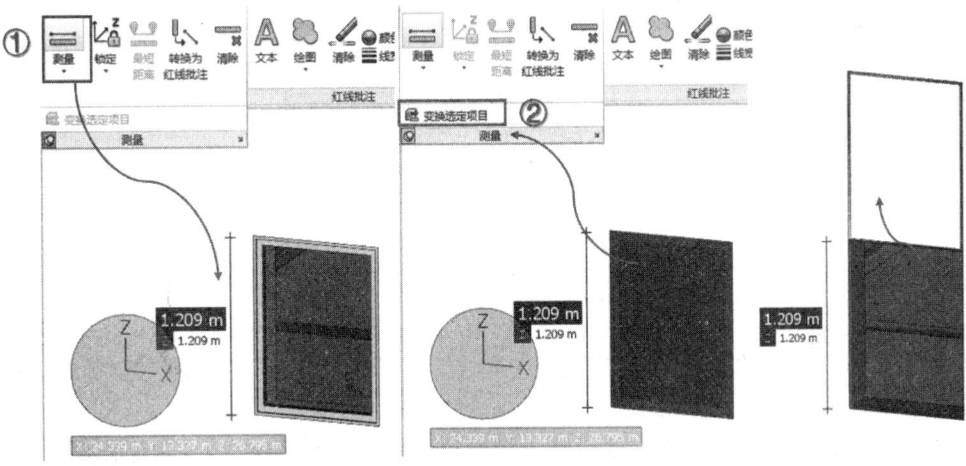

图 3-68　变换选定对象

要将选定对象恢复原位，点击【项目工具】选项卡【变换】面板中的【重置变换】。

4.2　红线批注

使用【审阅】选项卡上的【红线批注】面板可利用红线进行批注，添加文字注释来标记视点和碰撞结果，如图 3－69 所示。

图 3－69 【红线批注】面板

1. 添加文字

单击【审阅】选项卡的【红线批注】面板上的【文本】，在【场景视图】中，单击要放置文字的位置，在提供的框中输入注释，然后单击【确定】，【场景视图】将出现输入的文字，并被添加到选定的视点，如图 3－70 所示。

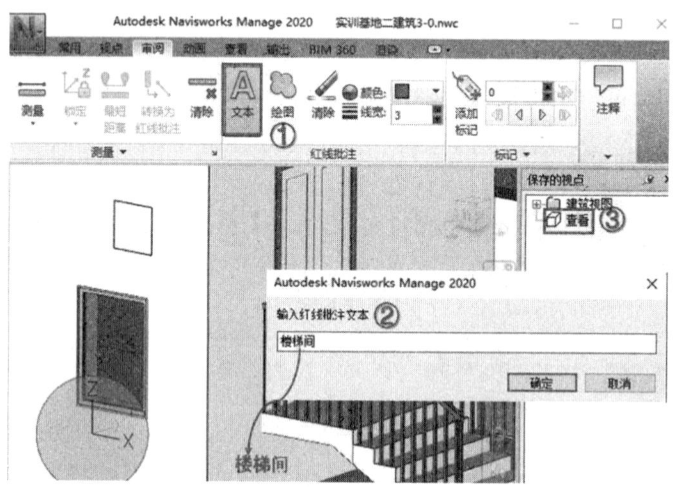

图 3－70 添加文字

注意：使用红线批注中的文字工具只能在一行中添加文字。要在多行上显示文字，要分别添加每行文字。

如果要移动添加的文字，在红线批注上单击鼠标右键，单击【移动】，单击要移动到的其他位置，会将文字移到此相应的位置。

如果要编辑、删除文字，在红线批注上单击鼠标右键，单击【编辑】、【删除】命令。

2. 绘制图形

单击【审阅】选项卡下【红线批注】面板内【绘图】下拉菜单，可选择绘图的类型，如图 3－71所示。

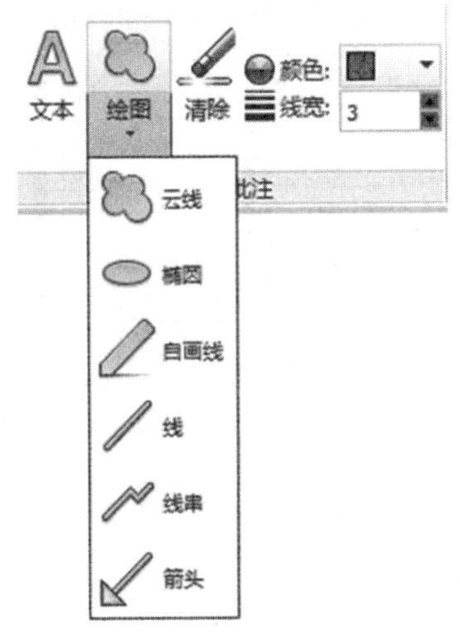

图 3-71　绘图

(1) 云线

云线是由多段圆弧组成，单击【云线】命令后，在场景视图中单击云线第一段圆弧的起点和终点，再次单击时，会添加一个新点，形成新的圆弧，单击鼠标右键终止云线，绘制的云线将与视点一起保存。

按顺时针方向单击可绘制常规弧，按逆时针方向单击可绘制反向弧，如图 3-72 所示。

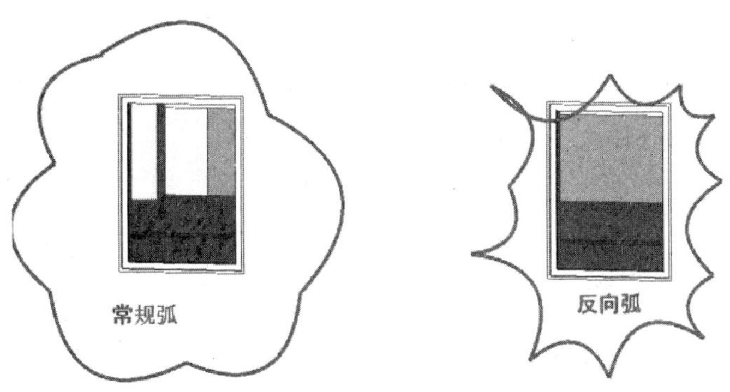

图 3-72　绘制云线

(2) 椭圆

单击【椭圆】命令后，在场景视图中单击一下，确定椭圆的起始位置，同时拖动一个框确定椭圆的轮廓范围，释放鼠标后，自动保存视点。

(3) 自画线

单击【自画线】命令，按住鼠标左键，在场景视图中拖动鼠标绘制形状，如图 3-73 所示。

(4) 线

【线】命令用于绘制多段直线。单击【线】命令，在场景视图中，单击线的起点和终点，形成一条直线，多次单击绘制，如图 3-74 所示。

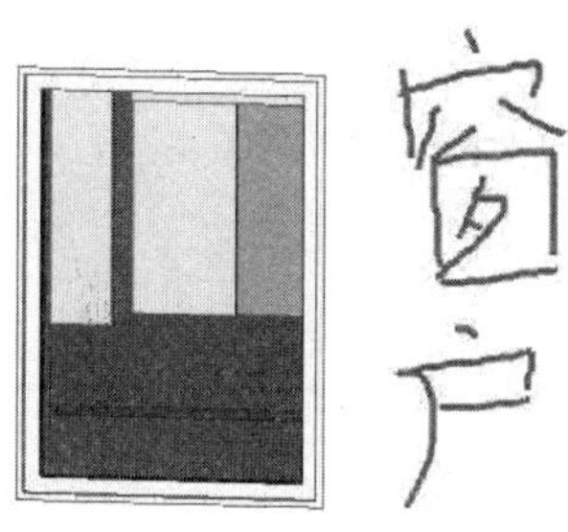

图 3-73 【自画线】命令

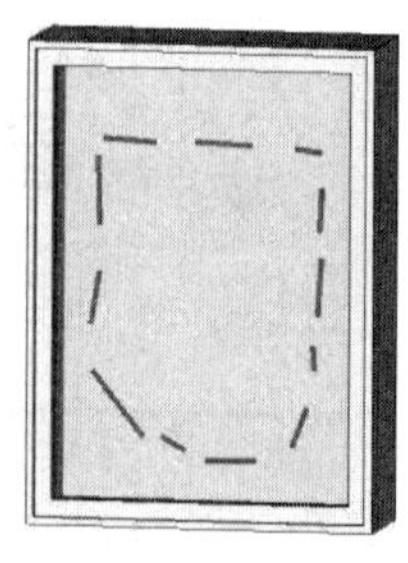
图 3-74 【线】命令

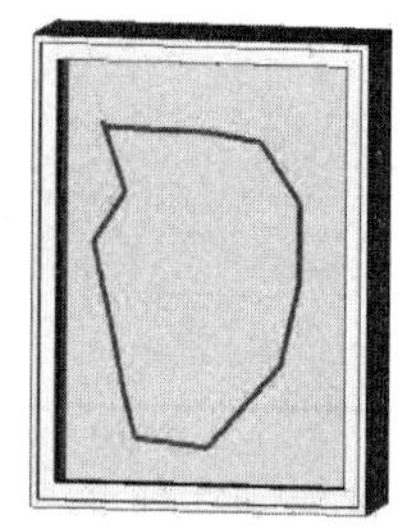
图 3-75 【线串】命令

(5) 线串

【线串】命令用于绘制多段连续直线。单击【线串】命令，在场景视图中，单击起点，多次单击，完成连续多段线条，如图 3-75 所示。

(6) 箭头

单击【箭头】命令，在场景视图中，单击箭头的起点和终点。

3. 清除

单击【视点】选项卡下【保存、载入和回放】面板内【保存的视点】窗口，可查看所有保存的视点。选择要审阅的视点，单击【审阅】选项卡下【红线批注】面板内的【清除】命令，在要删除的红线批注上拖动一个框，然后释放鼠标，就可以删除红线批注。

4. 线宽和颜色

通过【线宽】和【颜色】控件可以修改红线批注设置，线宽仅适用于【绘图】命令中的线，不影响红线批注文字，红线批注文字具有默认的大小和线宽，不能进行修改。颜色适用于红线批注文字和绘图线条颜色。

4.3 标记

利用【审阅】选项卡的【标记】面板，可以添加、管理、审阅标记，方便识别。

1. 添加标记

单击【添加标记】命令，在【场景视图】中，单击要标记的对象，再点击一次确定标记 ID 放置位置，会添加标记，单击两点之间由引线连接。

此时弹出【添加注释】菜单，输入要与标记关联的文字，从下拉列表中设置标记的【状态】，然后单击【确定】。自动保存视点并命名为“标记视图 X”，其中“X”是标记 ID，如图 3-76 所示。

在进行模型审阅时，对于项目中发现的问题，可以使用标记，添加注释说明问题，并保存到视点中，将文件保存为 NWF 文件，就可以实现文件在团队中的传递，审阅注释，确保问题的解决。

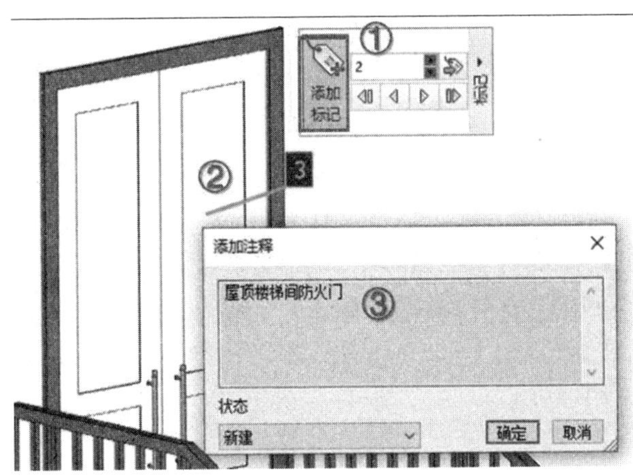

图 3－76　添加标记

2. 查看标记

单击【视点】选项卡【保存、载入和回放】面板【保存的视点】工具启动器，在【保存的视点】窗口中可查看到所有的视点，点击该视点，在【场景视图】中将显示附加的标记。

使用【标记】面板上【标记 ID】可按 ID 编号查找标记，在文本框中输入标记 ID，单击【转至标记】，将自动转到相应视点，如图 3－77 所示。

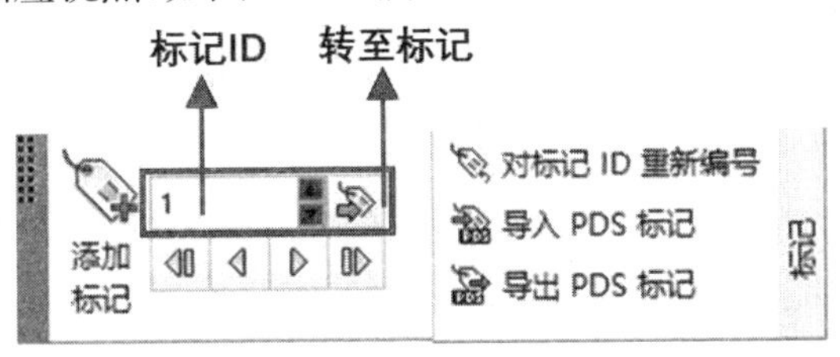

图 3－77　查看标记

在下方使用小控件实现不同标记之间导航。

注意：【第一个标记】：查找场景中的第一个标记。【下一个标记】：查找当前标记后面的标记。【上一个标记】：查找当前标记前面的标记。【最后一个标记】：查找场景中的最后一个标记。

对于同一区域添加的标记会保存在同一视点中，要将不同 ID 编号的标注保存在不同的视点中，可以点击【标记】面板下拉三角，单击【对标记 ID 重新编号】，实现标记重新编号。

PDS 标记信息包含唯一 ID、保存的视点和相应的注释，可利用【导出 PDS 标记】、【导入 PDS 标记】实现标记信息的导入导出。

4.4 注释

1. 添加注释

视点、视点动画、集合、碰撞结果、Timeliner 任务中都可以添加注释。单击【视点】选项卡下的【保存、载入和回放】面板的【保存的视点】工具启动器，打开【保存的视点】窗口，在视点上单击鼠标右键，选择【添加注释】，在【添加注释】窗口中，输入要添加的注释，修改状态，单击【确定】。

视点动画、集合、碰撞结果、Timeliner 任务添加注释方式同视点，在相应对象上单击鼠标右键，选择【添加注释】即可。

2. 查看注释

点击【查阅】选项卡【注释】面板的【查看注释】命令，出现【注释】窗口，转到注释的源，如打开【保存的视点】窗口，点击已保存标记的视点时，【注释】窗口中将显示关联的注释，显示具体信息，如图 3－78 所示。

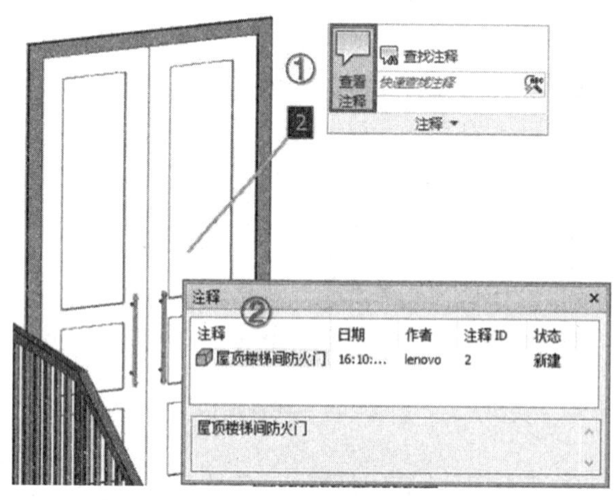

图 3－78　查看注释

3. 查找注释

单击【审阅】选项卡【注释】面板的【查找注释】命令，打开【查找注释】窗口，设置搜索条件后，单击【查找】。

【查找注释】窗口顶部的三个选项卡可以设置搜索条件，基于注释数据（文字、作者、注释ID、状态）、注释修改日期和注释来源来搜索注释和标记，如图 3－79 所示。

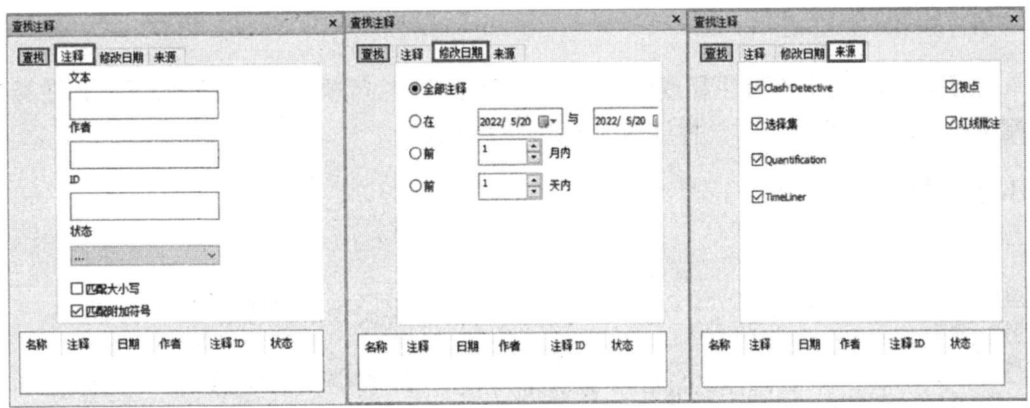

图 3－79　【查找注释】窗口

如要查找标记，打开【查找注释】窗口后，单击【来源】选项卡，选中【红线批注标记】复选框，并清除其余复选框，单击【查找】后，在【查找注释】窗口底部列表框中会将已找到的结果显示出来，如图 3－80 所示。

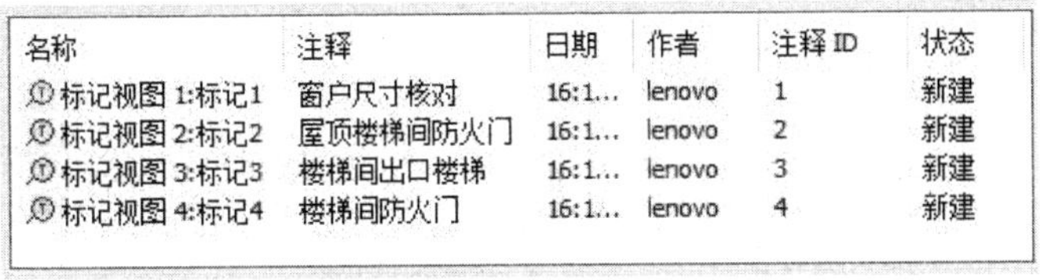

名称	注释	日期	作者	注释 ID	状态
标记视图 1:标记1	窗户尺寸核对	16:1…	lenovo	1	新建
标记视图 2:标记2	屋顶楼梯间防火门	16:1…	lenovo	2	新建
标记视图 3:标记3	楼梯间出口楼梯	16:1…	lenovo	3	新建
标记视图 4:标记4	楼梯间防火门	16:1…	lenovo	4	新建

图 3－80　查找标记

在【注释】面板【查找注释】下方有【快速查找注释】文本框，键入要搜索的字符串，单击【快速查找注释】，将打开【查找注释】窗口，显示与输入的文字匹配的所有注释的列表，在列表中的注释上单击场景视图将转到相应的视点，如图 3－81 所示。

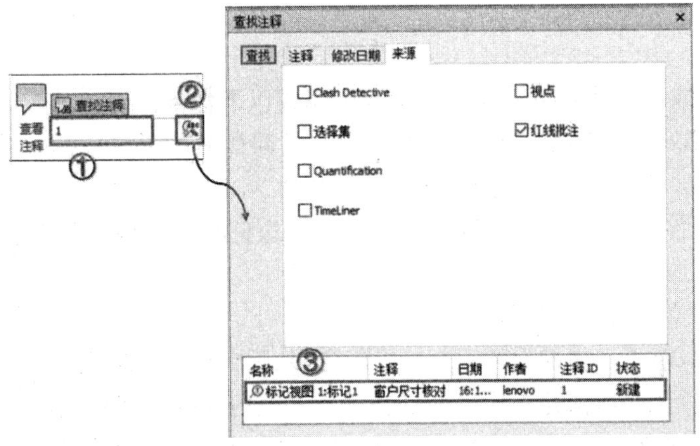

图 3－81　快速查找注释

4. 编辑、删除注释

在【注释】窗口中查看注释或标记，单击鼠标右键，然后单击【添加注释】、【编辑注释】、【删除注释】，可根据需要对注释进行添加、编辑和删除。

【小结·思维导图】

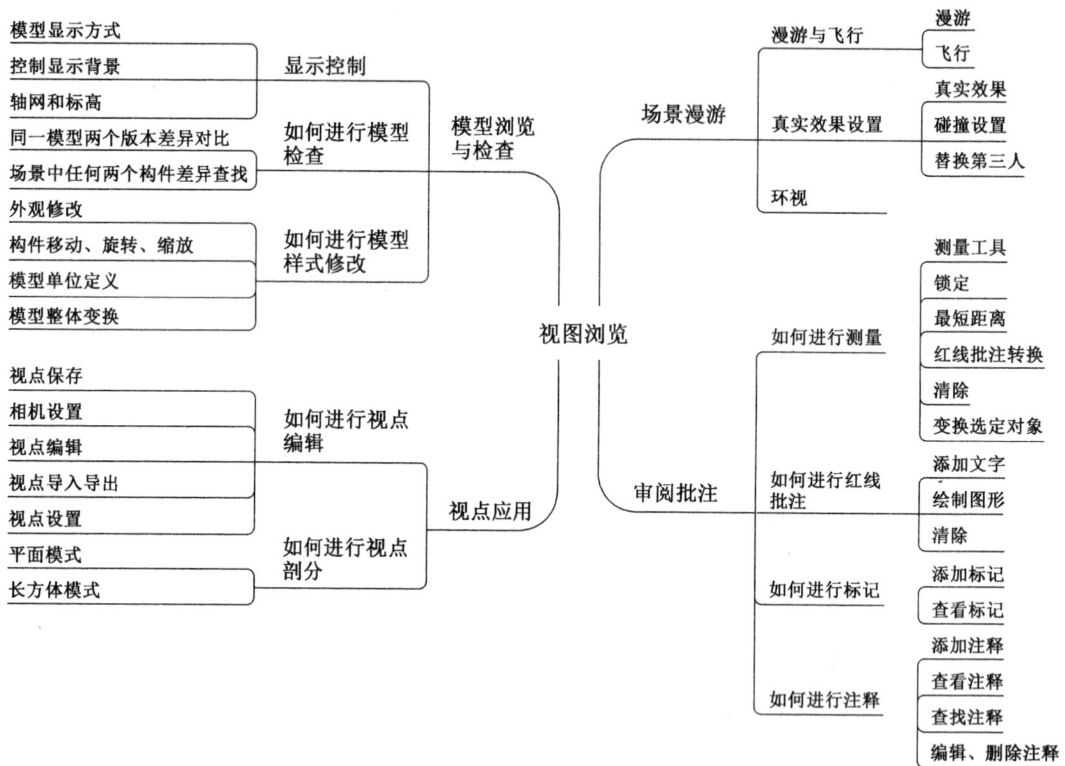

【拓展演练】

请扫码下载练习文件，并在 Navisworks 中完成以下任务：

1. 打开练习文件中建筑模型，将模型显示方式调整为：着色模式，背景模式调整为：地平线，显示轴网，标高固定在一层；

2. 将练习文件中的车整合到建筑模型中，通过变换工具将车放在合适位置；

3. 进入二层室内，保存以下视点：

① 室内楼梯，能看到楼梯全貌；② 二层阳台，从阳台往下看地面；

4. 对模型进行剖分，保存一层平面剖切视点和室内楼梯剖切视点；

5. 新建漫游视点文件夹，保存环绕建筑一圈漫游视点，室内漫游视点；

6. 测量窗户尺寸及面积，转换为红线标记，并添加测量数据注释；

7. 将视点导出为 XML 格式。

课后习题/
练习文件

模块三/
拓展练习文件3

【自我评价】

请根据对软件操作掌握程度，在自我评价量表上打分。

序号	评价指标	分值(0～10分)
1	我能够调整模型和图元的显示控制模式，修改背景样式、轴网和标高的显示样式	
2	我能够使用比较工具查找模型、构件的差异	
3	我能够修改模型图元的颜色、透明度，并重置	
4	我能够对构件的位置、尺寸、角度、单位进行修改	
5	我能够调整相机位置保存、编辑视点	
6	我能够使用剖分工具进行平面和三维剖切	
7	我能够设置真实效果进行漫游、环视飞行	
8	我能够使用测量工具进行距离、角度等测量，并转换为红线批注	
9	我能够对模型中的问题添加文字和图形批注	
10	我能够为选定的对象、视点添加标记、注释并查看	
总分		
备注	（采取措施）	

模块四

图元与选择集管理

【知识目标】

1. 掌握图元选择工具；
2. 掌握集合的创建、更新；
3. 了解不同需求下集合的分类。

知识拓展

在方寸屏幕中“建”高楼

【能力目标】

1. 能够利用选择工具对图元进行选择、编辑和修改；
2. 能够根据选择构件的不同，调整选取精度；
3. 能够利用集合工具创建选择集；
4. 能够利用特性、查找工具创建搜索集；
5. 能够根据使用要求，创建不同集合分类。

【素质目标】

通过不同分类集合创建的实践操作，让学生学会分解问题，寻求不同解决方案，提高学生的逻辑思维能力，提升独立思考和解决问题的能力。

【任务介绍】

任务一　图元的选择：选取精度控制；图元可见性控制；图元选择工具；图元属性查找；
任务二　集合的创建、更新：选择集、搜索集的创建；集合更新与传递；
任务三　集合分类：外观集合、材质集合、碰撞集合、可见性集合、施工模拟集合。

【任务引入】

Navisworks 中使用图元选择功能，可以对某个图元、多个图元或整个模型进行选择和编辑。而 Navisworks 中必不可少的功能就是集合，是后续做碰撞检测、渲染、动画、施工进度模拟、算量等的基础。集合的创建可以帮助项目快速定位、选择所需的项目模型和信息，更好地组织、管理、共享、使用项目数据，提高工作效率。

思考：

1. Navisworks 软件中有哪些方法可以同时选中多个构件？
2. 根据 Navisworks 的功能模块，可以创建哪些集合？

练习文件

图元及选择集

任务一　图元的选择

1.1　选择控制

1. 选取精度控制

在场景视图中单击某一项目时，项目级别可能是整个模型、图层、实例、组或者几何图形，为方便查找和选择项，需要确定选取精度，默认选取精度指定【选择树】中对象路径的起点。

可以在【常用】选项卡下【选择和搜索】面板的下拉菜单，自定义默认选取精度，如图4－1所示。

或者从应用程序按钮的【选项】，进入【选项编辑器】的【界面】节点，在【选择】页面的【方案】框中为对象路径选择必需的起点。

也可以在【选择树】中的任何项目名称上单击鼠标右键，然后单击【选择设置】选取精度，如图4－2所示。在按住"Shift"键的情况下，再同时用鼠标点击模型，会在不同的模型精度之间进行轮回切换。

视频微课

图元选项及外观/
图元可见性及外观配置

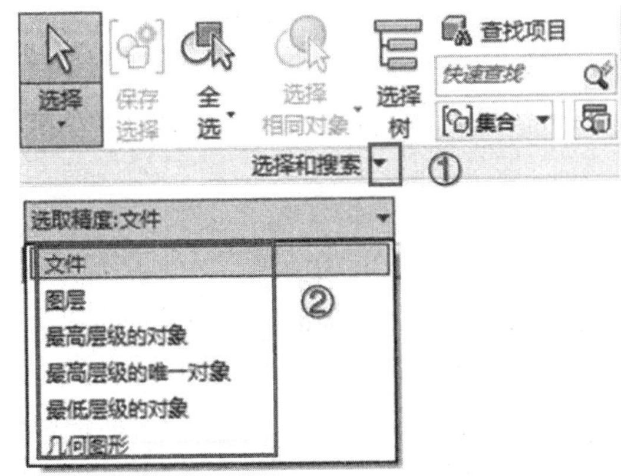

图 4－1　选取精度设置 1

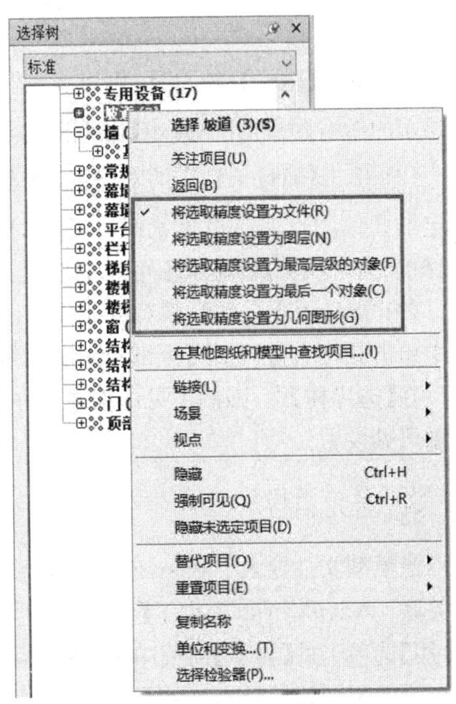

图 4－2　选取精度设置 2

说明：① 文件：将选中处于当前文件级别的所有对象，单击选择时选择的是整个项目。
② 图层：将选择图层内的所有对象，单击选择时选择的所选构件所属楼层。
③ 最高层级的对象：图层节点下的最高级别对象，单击选择时选择的所选构件，精确到族。
④ 最低层级的对象：始于【选择树】中的最低级别对象，是默认选项。
⑤ 最高层级的唯一对象：始于【选择树】中的第一个唯一级别对象（非多实例化）。
⑥ 最后一个对象：单击选择时选择所选构件中的共享嵌套族。
⑦ 几何图形：始于【选择树】中的几何图形级别，单击选择时选择与所选构件材质相同的所有构件。

2. 图元可见性控制

在场景浏览时，可利用【常用】选项卡下的【可见性】面板，根据需要对视图中的图元进行隐藏、显示等可见性控制，如图 4-3 所示。

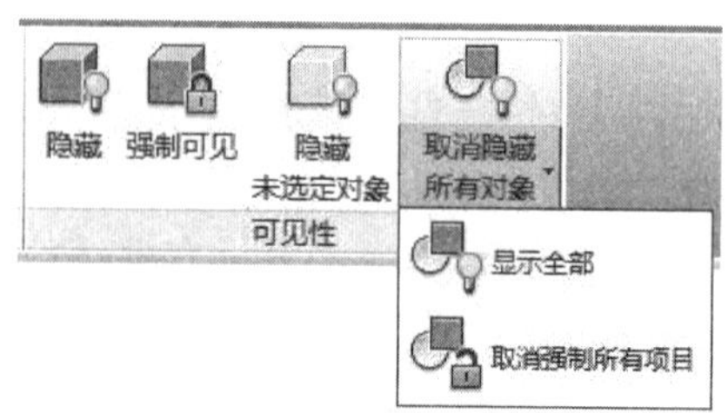

图 4-3 【可见性】面板

（1）单击【隐藏】工具，可以隐藏当前选择中的对象图元；要显示选定对象，可以选择要显示的所有隐藏的项，点击【隐藏】工具。

（2）单击【隐藏未选定的对象】工具，可以隐藏除当前选定项目之外的所有项目，只有选定的几何图形保持可见状态。在【选择树】中，标记为隐藏的项目显示为灰色，再次单击【隐藏未选定项目】可显示不可见的对象。

（3）要显示所有的隐藏对象，在【显示全部】下拉菜单下点击【显示全部】，或者在场景视图中单击鼠标右键，选择【全部重置】中的【显示全部】。

在【选择树】中，强制可见的对象显示为红色，再次单击【强制可见】，将取消选定对象的强制可见设置。

3. 图元属性

当模型文件导入 Navisworks 时，会自动转换模型【实例属性】等信息与场景中的图元自动关联。Navisworks 提供了【特性】工具窗口，用于显示已导入场景中图元的关联特性，在【常用】选项卡的【显示】面板中单击【特性】工具，将弹出【特性】对话框。【特性】对话框中根据图元的不同特性类别，将图元的特性组织为不同的选项卡。

例如，在【元素】选项卡中，显示所选择图元的【元素】类别的特性，类似于 Revit 中图元的实例属性，显示【族与类型】、【底部偏移】、【面积】等信息。

选择图元对象时，不同的选取精度决定不同的特性。如图 4-4 所示，分别设置选取精度为【最高层级的对象】和【几何图形】时，【特性】对话框中显示的对象图元特性不同。

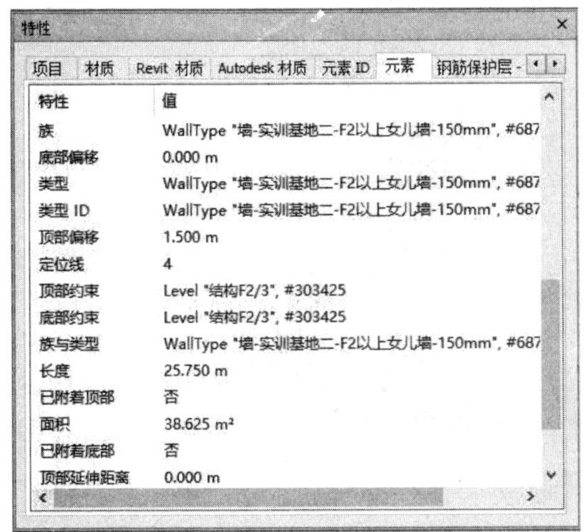

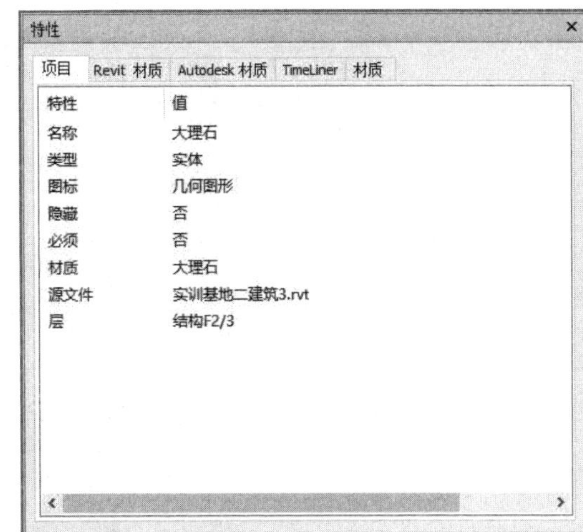

图 4－4　不同选取精度的特性

在使用导入的 Revit 项目文件时，大多数情况下设置为【最高层级的对象】和【几何图形】选取精度，在视图窗口中看到的图元选择状态相同，但显示的特性信息完全不同。

1.2　图元的选择

1. 选择工具

【常用】选项卡下【选择和搜索】面板中提供两个选择工具：【选择】和【选择框】，可用于控制选择几何图形的方式，如图 4－5 所示。

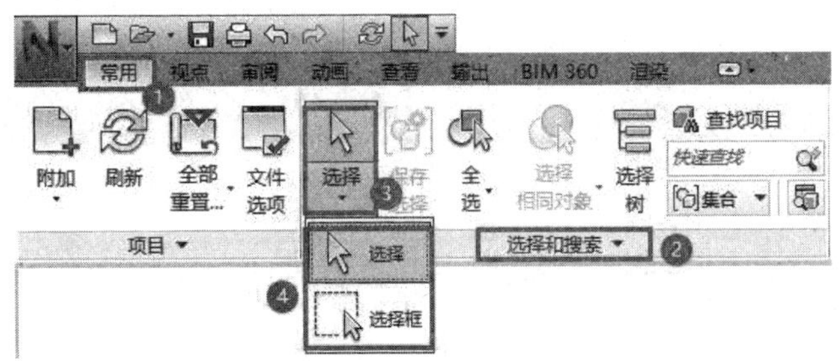

图 4－5　图元选择工具

注意：图元选择时选取精度应为几何图形。

（1）【选择】模式

使用【选择】模式，可通过鼠标点击在【场景视图】中选择项目。选择单个项目后，视图中默认以蓝色亮显显示被选中的图元，【特性】窗口中就会显示其特性，如图 4－6 所示。

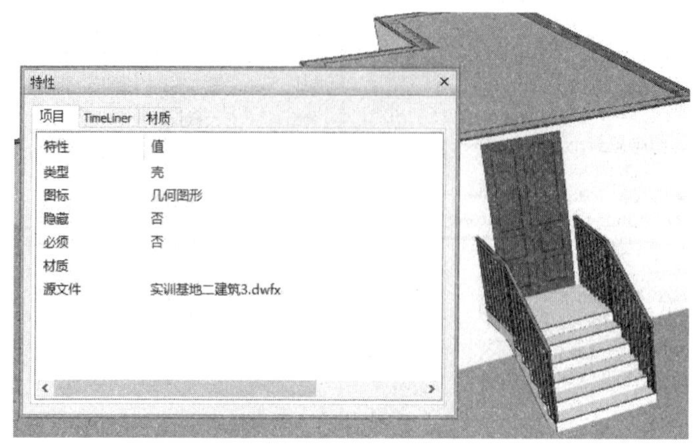

图 4-6 "选择"模式

在选择模式下,可按住"Ctrl"键单击场景中的项目,实现多个图元的选择。要从当前选择中去除项目,可按住"Ctrl"键并再次单击要去除图元;或按"Esc"键从当前选择中去除所有项目。

(2)【选择框】模式

在【选择框】模式中,围绕要进行选择的区域拖动矩形框,可以选中完全在矩形框内的多个项目,如图 4-7 所示。

图 4-7 "选择框"模式

拖动矩形框,同时按住"Shift"键,可选择框内的和与框相交的所有项目。按"Esc"键去除当前所有选择项目。

注意:当选择工具为【选择】时,无法进行区域选择。在"选择"模式下,按住空格键可将选择工具切换为【选择框】工具,通过框选来选择图元。松开空格键后,选择工具将回到【选择】工具,同时保留已选中的图元项目。

2. 快速选择命令

在【选择和搜索】面板,有四个选择命令:【全选】、【取消选定】、【反向选择】及【选择相同对象】,如图 4-8 所示。

(1) 全选

可以使用【全选】命令选择当前场景中的全部图元。

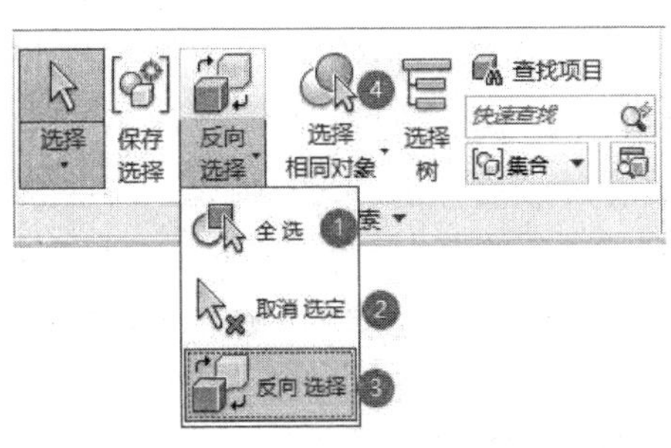

图 4 - 8　快速选择命令

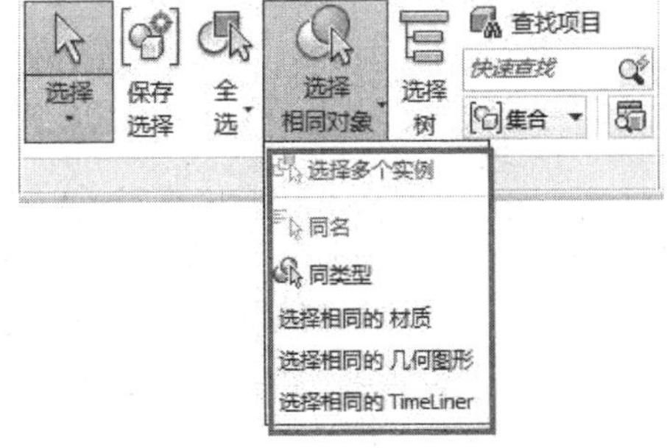

图 4 - 9　【选择相同对象】命令

(2) 取消选定

【取消选择】命令则取消当前选择集，其作用与按“Esc”键作用相同。

(3) 反向选择

使用【反向选择】命令用于选择当前场景中所有未选择的图元，当前选定的项目取消选定，而当前未选定的项目变为选定的。

(4) 选择相同对象

在场景视图中选择项目后，【选择相同对象】命令处于激活状态，可选择与当前选定项目具有相同名称、类型及特性的所有项目操作，如图 4 - 9 所示。

说明：①【选择多个实例】：选择在模型中出现的当前选定几何图形组的所有实例。

②【选择相同的名称】：选择模型中与当前选定的项目具有相同名称的所有项目。

③【选择相同的类型】：选择模型中与当前选定的项目具有相同类型的所有项目。

④【选择相同的特性】：选择与当前选定的项目具有相同特性的所有项目。此特性可以是当前附加到项目的任何可搜索特性，例如材质、链接、变换等。

3. 选择树

单击【常用选项卡】，点击【选择和搜索】面板中的【选择树】按钮，激活【选择树】工具窗口，如图 4 - 10 所示。

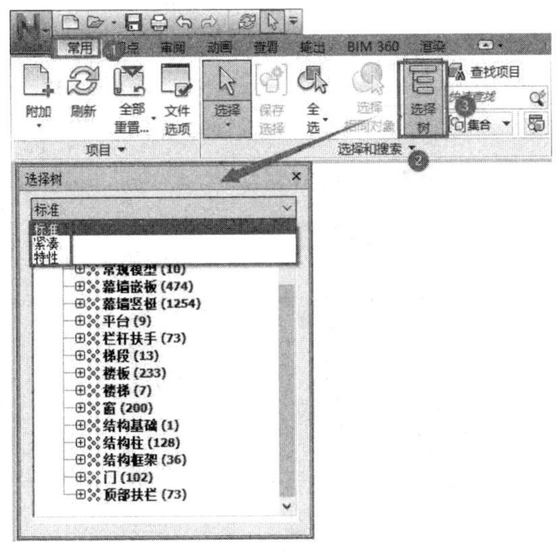

图 4 - 10　【选择树】工具

【选择树】是一个可固定窗口，左边会出现一个类似 Windows 文件夹树形结构的边框，可显示模型结构的各种层次视图点，选任意一个内容，在模型中就会高亮显示出来。对于导入的 Revit 模型文件，选择树中将显示所有的几何图形，按照结构层次排列。

注意：Navisworks 将 Revit 族中定义的材质名称作为最基本的几何图元。而当 Revit 的项目(“＊ .rvt”格式的文件)导入 Navisworks 时，Navisworks 将按族中定义的材质名称将图元进行合并。即在同一个族实例中，材质名称相同的图元将合并为同一个几何图元，以减少导入 Navisworks 中模型图元的数量。

打开【选择树】工具窗口后，可从下拉列表中选择【标准】选项，默认情况下，选择树提供三个选项：标准、紧凑、特性，在建立集合的基础上，选择树下拉列表出现第四个选项：集合，如图 4－11 所示。

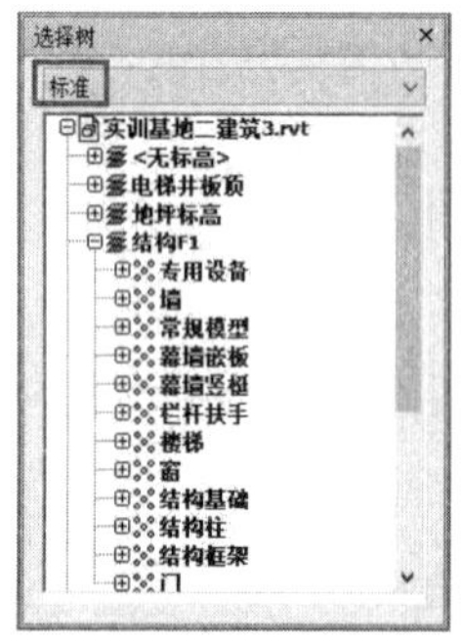

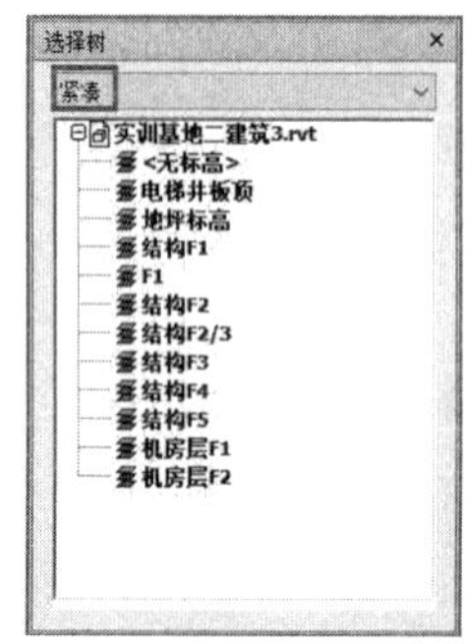

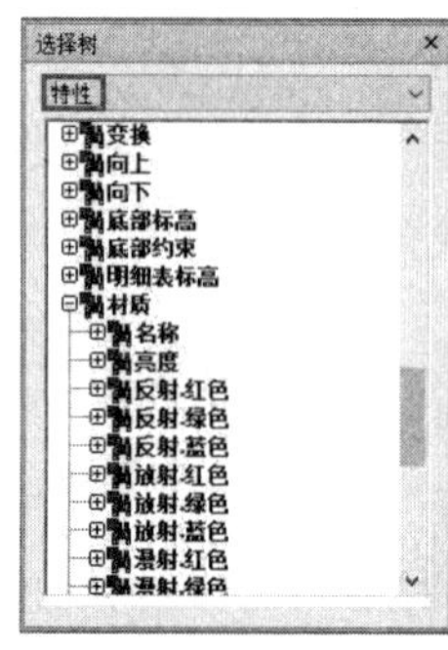

图 4－11　选择树选项

(1) 标准

显示默认的树层次结构(包含所有实例)，按照楼层和构件以及类型名称等分类，层次可以按字母顺序进行排序。

(2) 紧凑

简化显示标准层次，省略各种项目。如要自定义【紧凑】下选择树的内容，可以在【选项编辑器】中，展开【界面】节点单击【选择】页面，选择【紧凑树】框中所需的细节级别，【模型】将树限制为仅显示模型文件；【图层】将选择树向下展开到图层级别；【对象】向下展开到对象级别，但是没有在【标准】选项卡上显示的实例化级别，如图 4－12 所示。

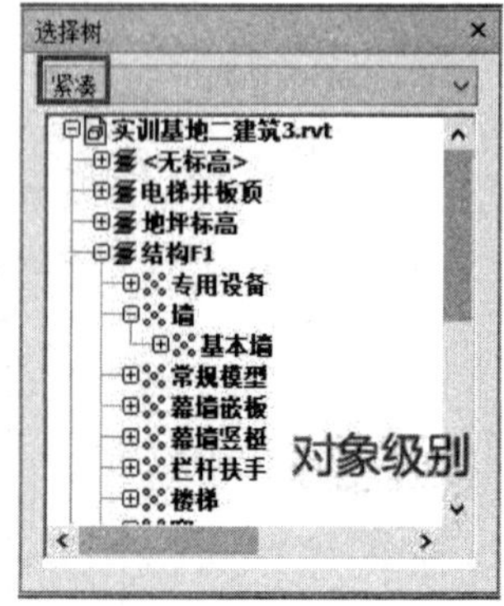

图 4－12　自定义“紧凑”选项

(3) 特性

显示基于项目特性的层次结构，方便按项目特性轻松地手动搜索模型。

(4) 集合

显示新建的选择集和搜索集合。

在选择树中不同的图标用于表示不同的层级结构，详细说明见表 4 - 1。

表 4 - 1　选择树层级结构

层级等级	图标	层级说明
1		模型，场景项目文件名称或源模型文件名称
2		CAD 图层，如导入的 Revit 模型表示标高
3		图元集合，如导入的 Revit 模型表示对象类别，其中可能包含其他任何几何图形
4		对象组，如导入的 Revit 模型表示族的类型
5		实例组，如导入的 Revit 模型表示族的名称
6		复合对象，由一组几何图形项目表示
7		实例化的几何图形，主要用于显示如 3D Studio 中的实例
8		基本几何图形，如 Revit 中相同材质的族实例几何图元
		已保存的选择集。
		已保存的搜索集。

单击【选择树】中的对象可对应选择【场景视图】中对应的几何图形。要同时选择多个项目，需要配合使用“Shift”和“Ctrl”键；使用“Ctrl”键可以逐个选择多个项目，而使用“Shift”键可以选择选定的第一个项目和最后一个项目之间的多个项目；按“Esc”键可取消选择【选择树】中的对象。

4. 查找项目

通过【查找项目】，可以搜索模型文件中具有公共特性或特性组合的项目。单击【常用】选项卡，点击【选择和搜索】面板的【查找项目】，进入【查找项目】对话框，如图 4 - 13 所示。

图 4－13 【查找项目】对话框

在【查找项目】对话框，左侧窗格包含【查找选择树】，顶部的下拉列表，可以选择开始搜索的项目级别：标准、紧凑、特性，与【选择树】窗口中的选项相同。

右侧窗格中，可以添加搜索语句，通过按钮可以查找场景中符合条件的项目，并以 XML 文件格式导入和导出搜索参数。

说明：①【类别】：从下拉列表中选择选中项目中包含的类别名称。

②【特性】：从下拉列表中选择选中类别内场景中的特性。

③【条件】：为搜索选择的条件运算符，包含等于(＝)、不等于(≠)、大于(＞)、大于或等于(≥)、小于(＜)、小于或等于(≤)、包含、通配符、已定义、未定义。

④【值】：可以在此框中随意键入一个值，或者从下拉列表中选择一个预定义的值。

⑤【区分大小写】：如果要在搜索期间考虑所测试值的字母大小写，需选中此复选框，会影响搜索中的所有语句。

⑥【剪除页底结果】：如果要在找到第一个符合条件的对象后立即停止搜索“查找选择树”的分支，请选中此复选框。

⑦【搜索】：指定要运行的搜索类型。

要进行对象的查找，要针对搜索范围和条件，在【查找项目】对话框左侧窗格选择搜索级别，选中符合条件的构件。在右侧窗格，输入条件。具体的条件可以根据图元的特性进行筛选，点击查找全部就可以按照设定的条件筛选符合条件的对象。

打开练习文件“4.1 图元的选择. nwf”文件，如要查找项目中所有的 C1，先从【选择和搜索】面板下拉菜单将选取精度调整为几何图形，打开【常用】选项卡下【显示】面板的【特性】，选中一个 C1 的图元后，该图元的所有特性都可以在特性窗口显示。打开【查找项目】对话框，在左侧搜索范围为标准，选中整个模型文件；在右侧窗格输入条件，条件的选定根据 C1 的显示特性确定。

单击【类别】列，然后从下拉列表中选择特性类别名称，例如“项目”。

在【特性】列中，从下拉列表中选择特性名称，例如“名称”。

在【条件】列中，选择条件运算符，例如“＝”。

在【值】列中，键入要搜索的特性值，例如“C1”。

单击【查找全部】按钮，搜索结果将在【场景视图】和【选择树】中高亮显示，如图 4－14 所示。

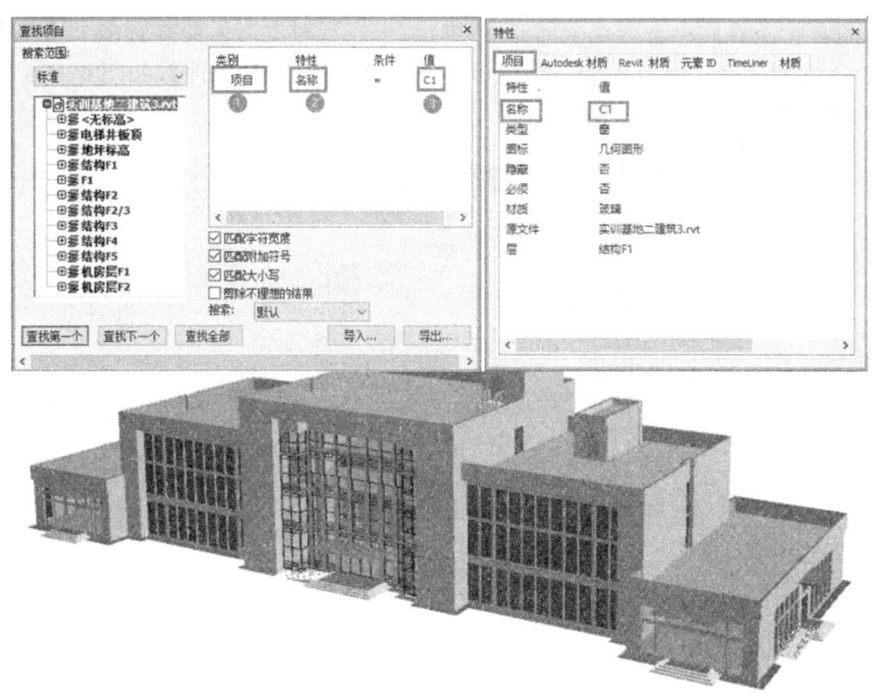

图 4－14　查找 C1

如要查找满足多个条件对象，如 F2 层的 C1 时，需在原有的条件下多添加一行新的条件，限定窗户的层在 F2 层，如图 4－15 所示。

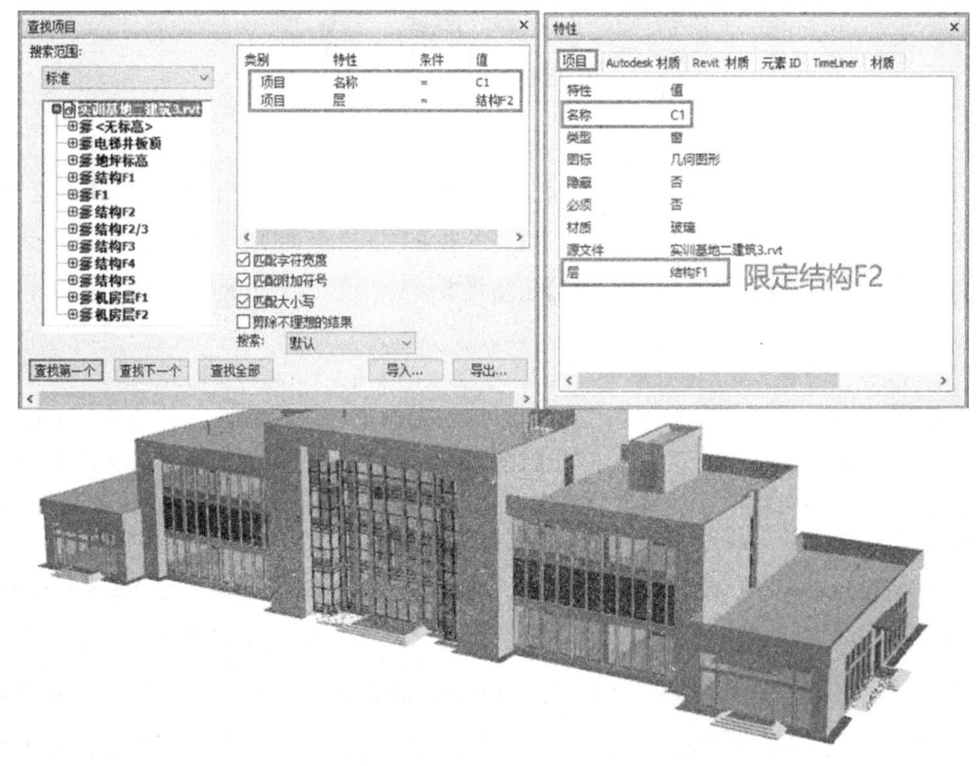

图 4－15　查找结构 F2 层 C1

如设置多个条件后点击查找全部的话，弹出“未发现对象”，需要查看多个条件之间的关系，在第二个条件上单击鼠标右键，选择【OR 条件】或者【NOT 条件】，如图 4－16 所示。默认情况下，所有条件之间都是 AND 关系。

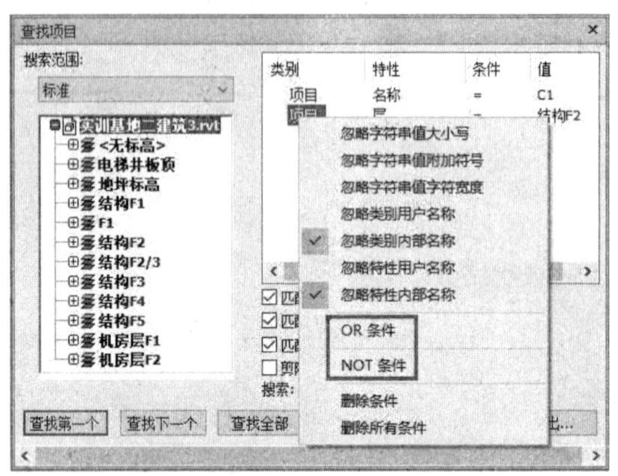

图 4－16　查找条件关系设置

5. 快速查找

【快速查找】功能可以查找当前项目场景中任意位置的特性值，在【常用】选项卡的【选择和搜索】面板中【查找项目】下的【快速查找】功能输入框进行快速查找，如图 4－17。

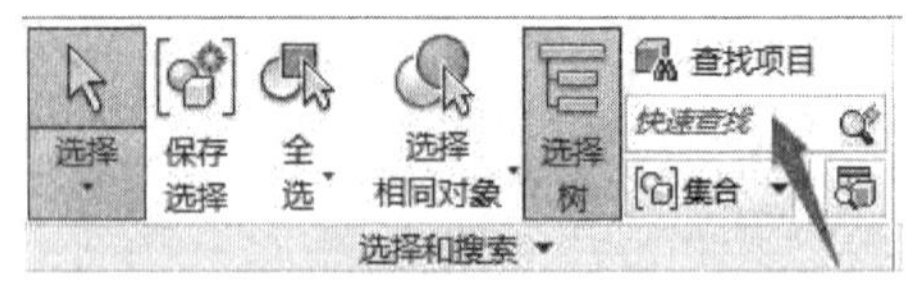

图 4－17　【快速查找】输入框

在【快速查找】输入框中输入要在所有项目特性中搜索的任意字段值，单击【快速查找】按钮，Navisworks 将自动在当前场景和【选择树】中进行查询匹配，并选择所查找到第一个包含该值的图元，再次点击【快速查找】按钮将继续查找下一个匹配项目查找。

6. 选择检验器

选择检验器显示所有选定对象的列表，可以根据设定的快捷特性对选择集中的图元进行特性查看。选择模型中的对象后，单击【选择和搜索】面板中的【选择检验器】工具，可在打开的【选择检验器】对话框分别列出当前选择集中所有图元的对象级别以及快捷特性，如图 4－18 所示。

快捷特性定义可在【选项编辑器】中打开【快捷特性定义】进行设置。单击【选择检验器】对话框中的【显示项目】按钮可以将选定的图元自动缩放至方便详细查看其位置和几何信息的大小；单击【取消对象】按钮，可以取消选择的对象，并将该项目从【选择检验器】窗口中删除；第三个图标根据选定对象的不同有区别，显示的是对象的层级，与选择树中的层级一致，详见表 4－1。

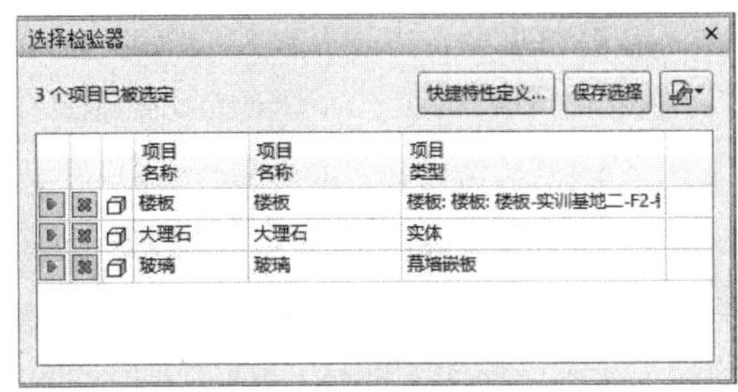

图 4－18　选择检验器

完成选择检查后，单击【保存选择】按钮可将当前选择以选择集的方式保存在【集合】面板中。点击【导出】按钮可将选择内容导出为 CSV 文件。

视频微课

集合的创建与管理

任务二　集合创建、更新

2.1　集合的创建

Navisworks 中的集合是具有某种特定属性的模型的总体，可以是所有楼层的建筑外墙、一层的 C1，也可以是某一层所有的结构构件等。Navisworks 中可以将选中的具有共同特征的构件保存为集合记录，一种方式是保存为选择集，通过手动选择构件形成集合，由图标进行标识；第二种是搜索集，通过【查找项目】设置特定条件创建的集合，由图标进行标识。

单击【常用】选项卡【选择和搜索】面板的【集合】，从下拉列表中选择【管理集】，进入【集合】窗口，如图 4－19 所示。

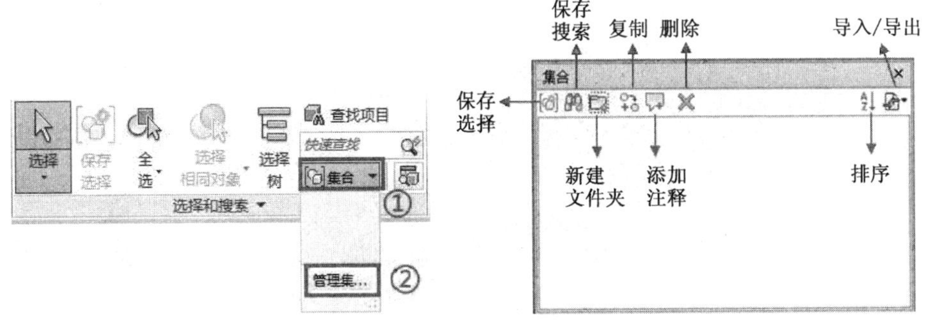

图 4－19　【集合】窗口

说明：①【保存选择】：将当前选择在列表中另存为新选择集，此集包含当前选定的所有几何图形。

②【保存搜索】：将当前搜索在列表中另存为搜索集，此集包含当前的搜索条件。

③【新建文件夹】：在选定项目的上方创建文件夹。

④【复制】：在层次中的同一点处创建所有选定项目的副本。如果复制了文件夹，则还会复制该文件夹的所有内容。副本与原始项目同名，但具有"X"后缀，其中"X"是下一个可用编号。

⑤【添加注释】：为选定项目打开【添加注释】对话框。

⑥【删除】：删除选定的项目。

⑦【排序】：按字母顺序对【集合】窗口的内容排序。

⑧【导入导出】：导入和导出搜索集，导入 PDS 显示集。Intergraph PDS 中的标记信息包含唯一 ID、保存的视点和相应的注释。

1. 选择集

选择集是通过手动方式指定的模型集合，一般没有特定的规则，是根据后期动画、进度模拟等要求而需要对某些构件进行特殊处理的集合。

在练习文件"4.2　集合创建.nwf"文件中，打开【集合】窗口后，就可以创建集合了，如创建电梯间顶层外墙的选择集，有以下两种方式。

第一种方法是，在场景视图中选中需要创建成一个集合的构件，可以按住"Ctrl"键并多次点选的方式选中所有的电梯间顶层外墙，所有构件蓝色亮显后，按照鼠标左键，将构件拖动至【集合】窗口，【集合】窗口会生成一个命名为"选择集"的集合，在该集合名称上单击鼠标右键，重命名为"电梯间顶层外墙"，就完成了选择集的创建，如图 4-20 所示。

图 4-20　选择集的创建方法 1

第二种方法是，在选中所有的电梯间顶层外墙，所有构件蓝色亮显后，在【集合窗口】单击鼠标右键，选中【保存选择】后，生成一个命名为"选择集"的集合，在该集合名称上单击鼠标右键对集合重命名，如图 4-21 所示。

图 4－21 选择集的创建方法 2

注意：在进行集合创建前，要确认选取精度的设置。如需要选择的是窗户的窗框、玻璃等构件单独选择，选取精度必须是【几何图形】，如选取的构件是一个整体，选取精度可以为【最高层级的对象】。

2. 搜索集

搜索集可以指定的信息条件，对当前场景中的各图元进行匹配检索，保存搜索条件或者项目特性，并根据搜索条件的变化实时更新集合状态。

在创建搜索集前，需要使用前面的练习文件，打开【集合】窗口下的【查找项目】对话框的【特性】工具窗口。

(1) 所有窗户

根据 4.1.1 中“查找项目”的使用方法，利用构件的【特性】窗口确定搜索条件。要完成所有窗户的查找，需要先把模型选取精度设置为“最高层级的对象”，选中多个窗户，查看“比较特性”，找到多种窗户的共同属性，如【元素】选项卡中的“类别”、【Revit 类型】选项卡中的“类别”等都可以作为设置条件。

所有窗户在【特性】窗口的【元素】选项卡中类别都为窗，在【查找项目】窗口设置【类别】为“元素”，【特性】为“类别”，【条件】为“＝”，【值】为“窗”，点击【查找全部】，在此条件下可以完成全部窗户的搜索，在【集合窗口】单击鼠标右键，选择【保存搜索】并重命名为“所有窗户”，如图4－22 所示。

(2) F1 层的窗户

在所有窗户的基础上，需要确定标高在 F1 层，这两个条件是同时满足的，选择 F1 层的窗户和其他楼层的窗户，查看不同楼层窗户之间的关于楼顶定位的特性信息，如【项目】选项卡中的“层”、【元素】选项卡中的“标高”、【标高】选项卡中的“名称”等。

在【查找项目】窗口所有窗户搜索设置的条件基础上，增加楼层定位条件，设置【类别】为“标高”，【特性】为“名称”，【条件】为“＝”，【值】为“结构 F1”，默认情况下，两个条件为

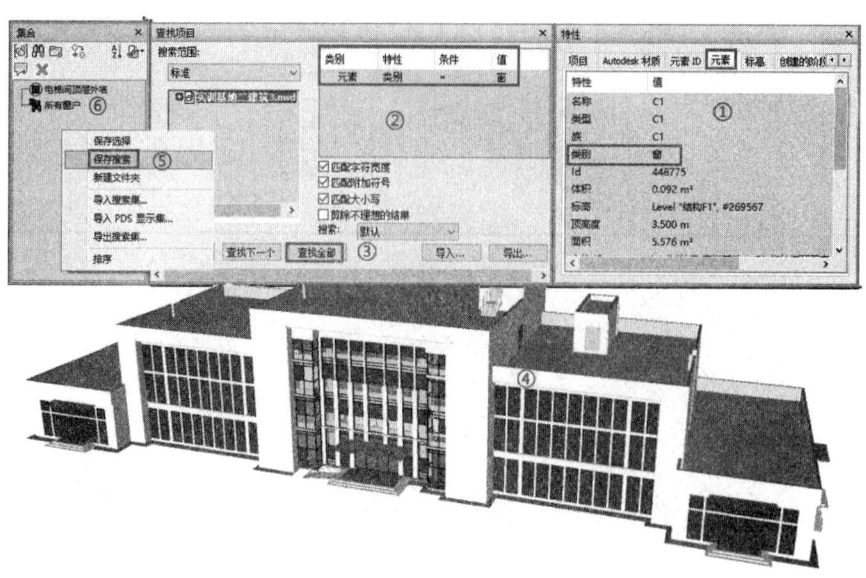

图 4-22 搜索集"所有窗户"

"AND"关系，点击【查找全部】，完成所有 F1 层的窗户的搜索，在【集合窗口】单击鼠标右键，选择【保存搜索】并重命名为"F1 层的窗户"，如图 4-23 所示。

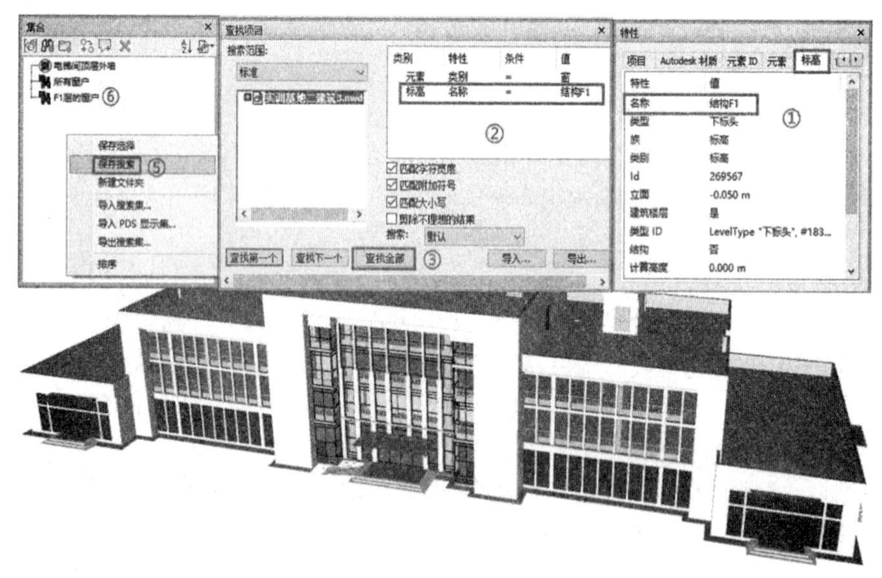

图 4-23 搜索集"F1 层的窗户"

2.2 集合更新与传递

1. 集合更新

(1) 选择集的更新

集合创建完成后，如发现有构件多选或者少选了，就需要进行集合的更新、修改。

在【集合】窗口找到要更新的选择集，点击集合名称，默认情况下选中的集合构件在场景视图中以蓝色亮显出来，利用“Ctrl”和“Shift”键手动增加或减少构件，选择完成后，再到【集合】窗口的选择集上单击鼠标右键，选择【更新】命令，如图 4－24 所示。

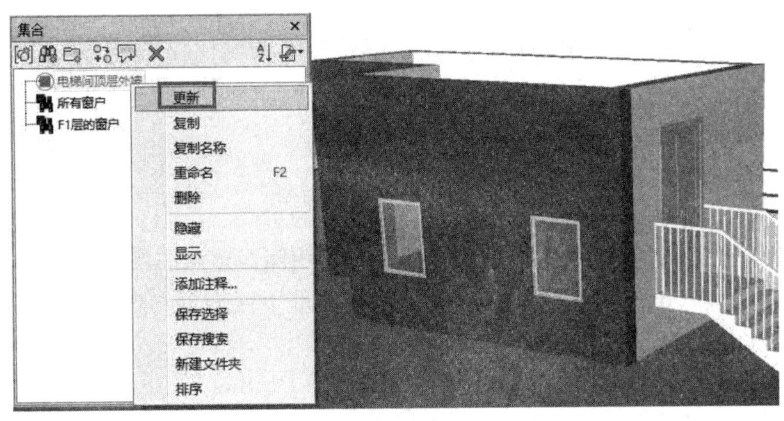

图 4－24　选择集的更新

（2）搜索集的更新

搜索集的更新流程与选择集类似，在【集合】窗口找到要更新的搜索集，在【查找项目】中修改查找规则，查找完成后，在【集合】窗口找到要修改的搜索集，单击鼠标右键选择【更新】命令。

2. 集合传递

集合传递又称为集合共享，在一个子项目中建立一套选择集或者搜索集后，该集合可以单独保存下来，其他子项目文件可以不用重新建立集合。

一种方式是在【集合】窗口右上角点击【导入/导出】按钮，选择【导出搜索集】；另一种在【集合】窗口已建立集合下方的空白位置单击鼠标右键，选择【导出搜索集】，选择保存位置，另存为 XML 格式的文件，如图 4－25 所示。

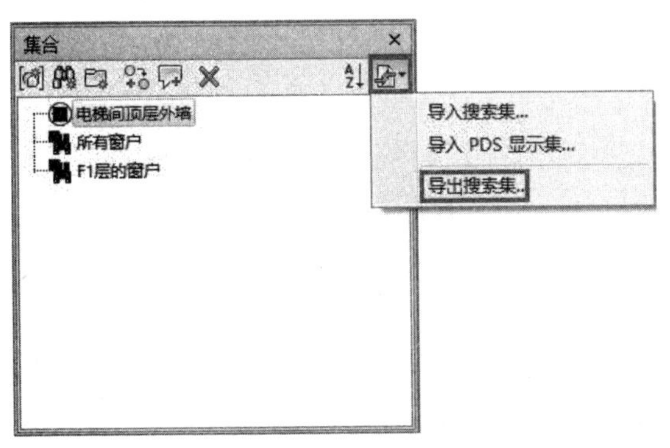

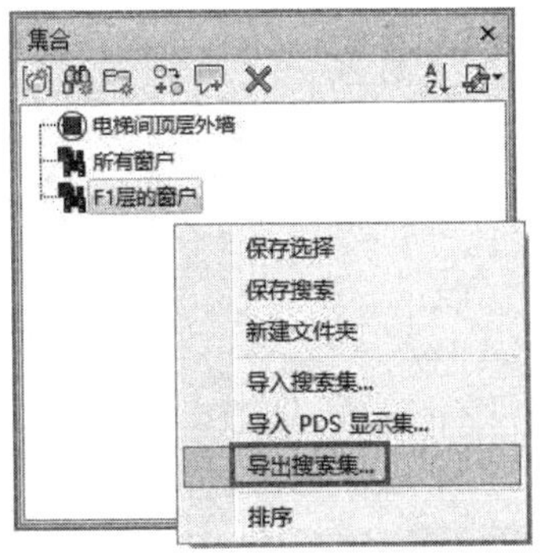

演示文件

搜索集XML

图 4－25　集合传递

对应需要导入搜索集的文件，使用以上两种方式导入搜索集，将集合状态从一个文件传递到另一个文件。

注意：集合传递前，需要不同项目之间各种构件的命名、材料说明等标准和规范一致。

任务三 集合分类

集合的创建是为渲染、碰撞、动画、进度模拟等功能的实现提供准备的，针对不同的用处，可以将集合进行分类。

3.1 外观集合

外观集合，是为了快速修改模型外观的颜色和透明度而定制的集合，通常要配合外观配置器(Appearance Profiler)一起使用。外观配置器是基于搜索集和选择集及特性值设置自定义外观配置文件，对模型中的对象进行颜色编码。

打开【常用】选项卡【工具】面板上的【Appearance Profiler】外观配置器，打开外观配置器对话框，如图 4-26 所示。

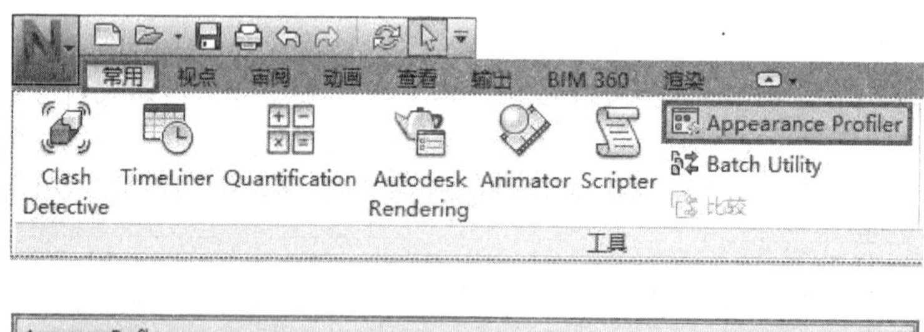

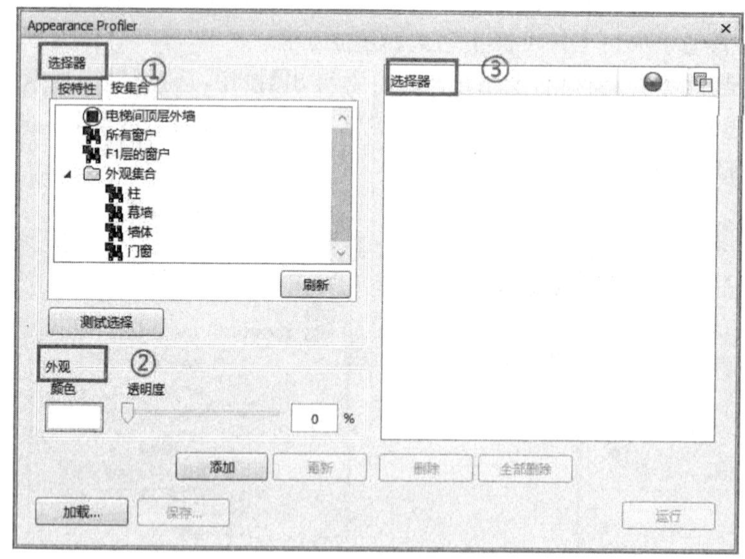

图 4-26 【Appearance Profiler】对话框

1. 选择器区域

选择器区域可以定义和测试外观配置使用对象的选择标准，分为特性、集合两种方式。

(1) 按特性

按【特性】对应于图元的特性信息，类别中输入搜索依据的特性类别，即【项目】、【元素】、【标高】等选项卡；特性中输入搜索所依据的特性类型，即类别选项卡下的对应特性名称，如“名称”“类型”“族”“层”等；“等于/不等于”使用此下拉列表选择合适的条件运算符，输入要搜索的特性的值，如图 4-27 所示。

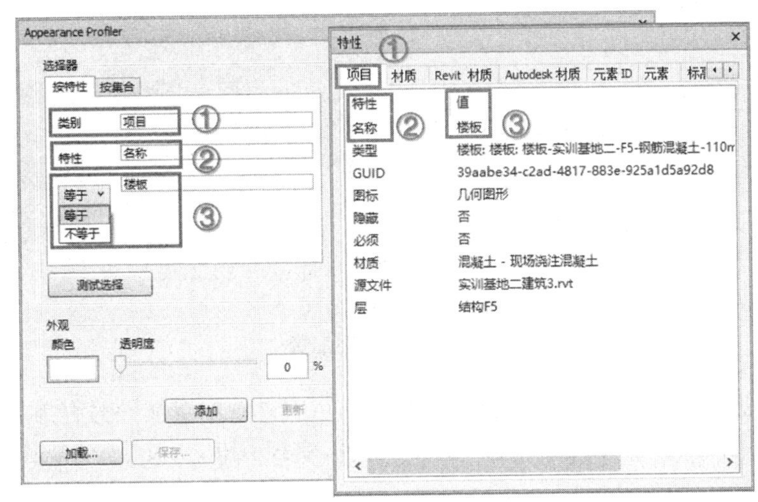

图 4-27　选择器“按特性”

(2) 按集合

【集合】选项可以打开当前文件中创建的所有搜索集和选择集，如集合有更改，单击【刷新】按钮更新。

先在【集合】窗口空白位置单击鼠标右键，选择【新建文件夹】命令新建一个外观集合文件夹，结合【构件选择】、【选择树】、【查找项目】、【特性】创建所有的墙体、幕墙、门窗、柱等集合，并将其放在材质集合文件夹下，如图 4-28 所示。

定义好搜索标准后，单击【测试选择】按钮，所有符合标准的对象都会被选定。

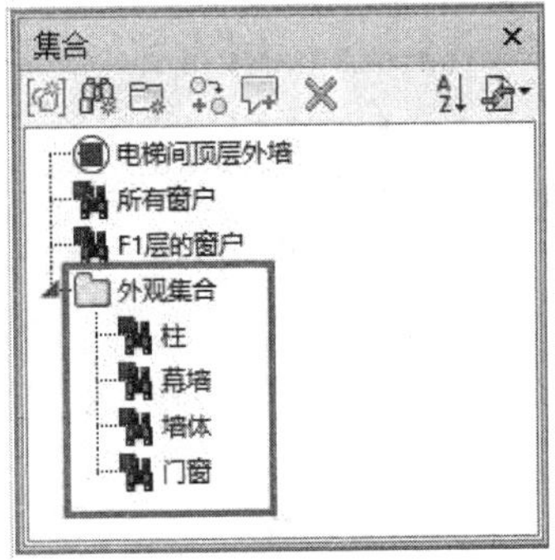

图 4-28　材质集合创建

2. 外观区域

外观区域中配置颜色、透明度。使用颜色选取器选择将用来替代所选对象外观的颜色；使用透明度滑块选择将用来替代所选对象外观的透明度级别，也可以在相应的框中输入透明度值。值越大，对象透明度越高；值越小，对象透明度越低。

对外观集合中的创建好的集合设置颜色和透明度，设置完成后，点击【添加】按钮后，配置好的外观会显示在选择器列表中。

3. 选择器列表

【选择器】列表会显示所有已配置好的外观，可利用外观下的【添加】、【更新】、【删除】、

【全部删除】按钮进行外观选择器的修改，所有集合的外观配置好后，点击右下角的【运行】按钮，设置好的颜色、透明度外观就会应用到模型中，如图 4－29 所示。

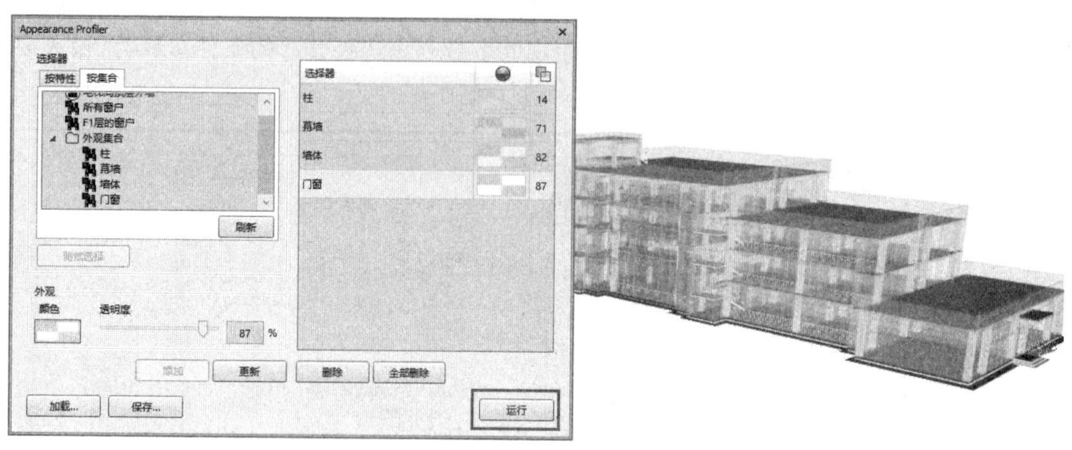

图 4－29　外观配置

点击【外观配置器】对话框左下方【保存】按钮，可将外观配置文件另存为 DAT 文件；点击【加载】按钮可以从外部导入外观配置 DAT 文件，实现 Autodesk Navisworks 用户之间共享。

注意：如运行模型外观未显示配置，将模型渲染样式修改为【着色】状态。

如要将模型颜色、透明度显示恢复原始状态，从选择树中选择模型，从【项目工具】选项卡【外观】面板点击【重置外观】，可恢复原始的颜色、透明度显示效果。

3.2　其他集合

其他根据功能应用需要创建的集合有：材质集合、碰撞集合、可见性集合、施工模拟集合。

1. 材质集合

在进行渲染时，主要针对不同的材质设置贴图、纹理、反射、折射等参数。在进行材质渲染前，可以针对构件建立不同材质集合，主要针对的是子构件，如门的门框、面板、门窗玻璃等等，如图 4－30 所示。

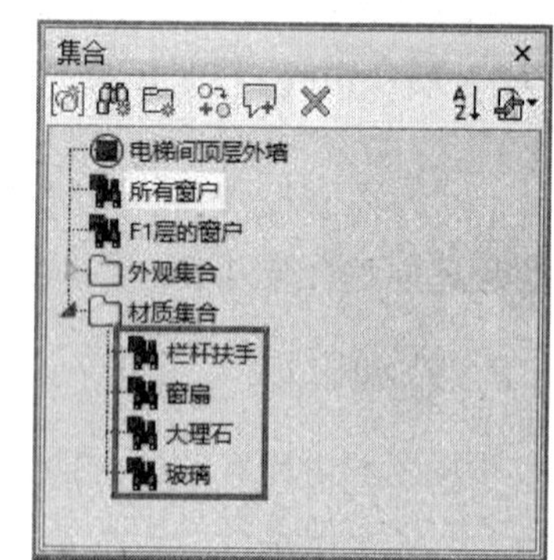

图 4－30　材质集合

在创建材质集合时，尤其需要注意的有以下几点：

(1) 在 Navisworks 中要将子构件独立出来，并能对各子构件设置独立材质，需要在 Revit 模型创建时为独立构件族，各子构件独立创建，并设置了独立的材质参数和材质。

(2) 在 Navisworks 里如要对模型的墙体、楼板以及屋顶等具有复合构造层和做法的构件设置不同的材质，需要在 Revit 环境当中使用零件功能把墙体、楼板或屋顶这些构件进行拆分，在导出 Navisworks 文件的时候，导出设置里【转换结构件】复选框一定要勾选。

(3) 要选择子构件，模型选择的精度应设置为【几何图形】。

2. 碰撞集合

碰撞集合是配合进行碰撞检测的集合体。应当按照碰撞检测规则，进行专业分类来创建集合，如建筑的吊顶和门窗，结构的结构柱、结构梁、剪力墙，暖通的空调灰缝、送风、采暖等等。

3. 可见性集合

【常用】选项卡的【可见性】面板可进行构件的隐藏显示，但要取消隐藏时，只能取消所有隐藏对象，如只想恢复一部分构件，就需要取消隐藏后，再将不需要显示的构件隐藏。

为方便显示，也利用集合创建常用需要隐藏的集合，用于多个不同类型构件的隐藏。

4. 施工模拟集合

施工模拟集合是结合 TimeLiner 施工进度模拟工具的使用，将模型对照施工进度进行划分的集合，需要根据施工段、施工工序的要求，进行不同层构件的划分。

【小结 · 思维导图】

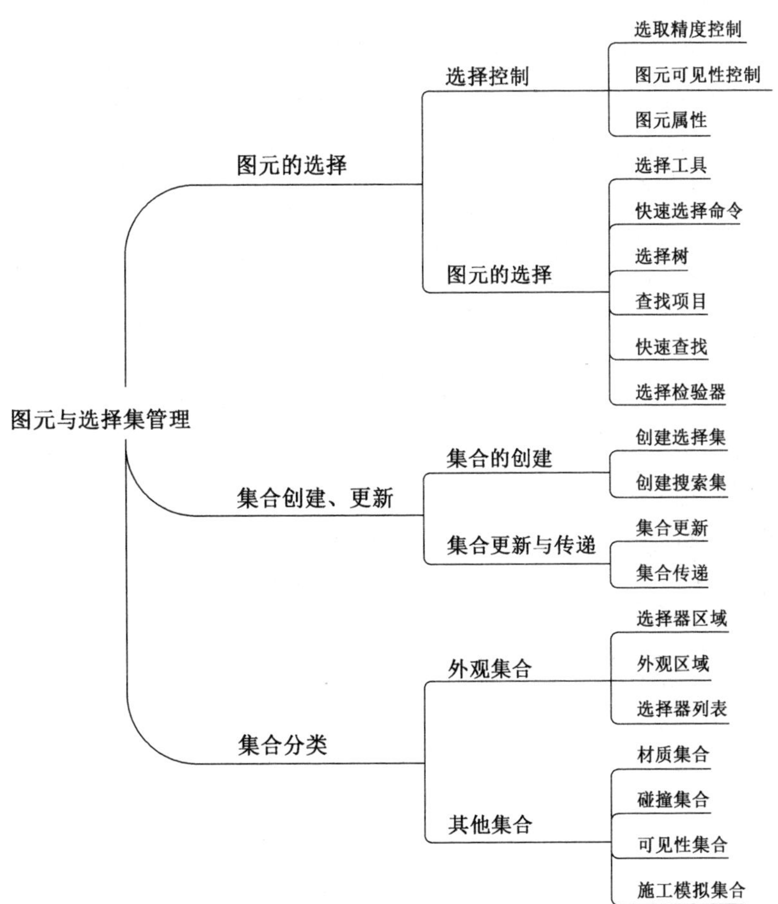

【拓展演练】

请扫码下载练习文件，并在 Navisworks 中完成以下任务：

1. 将练习文件中的建筑和结构模型进行整合；
2. 创建以下选择集：① 一层外墙；② 一层楼板；
3. 创建以下搜索集：① 所有窗户；② 一层 C1；
4. 创建建筑外观集合，并按下面要求修改其外观、透明度：

① 墙体（黄色、透明度 90%）；② 窗户（白色、透明度 90%）；③ 门（紫色）；④ 幕墙（橘黄）；⑤ 楼板（灰色、透明度 90%）；

5. 按照结构工艺要求，分层创建结构模型搜索集（施工模拟集合），包含结构柱、结构梁；
6. 导出 XML 格式搜索集。

课后习题/
练习文件

模块四/
拓展练习文件4

【自我评价】

请根据对软件操作掌握程度，在自我评价量表上打分。

序号	评价指标	分值(0～10 分)
1	我能够根据选取对象调整选取精度	
2	我能够利用可见性面板选择、隐藏、显示单个或多个构件	
3	我能够利用选择工具、快速选择命令、选择树选取特定对象	
4	我能够查看图元特性，并利用查找项目搜索符合条件的项目	
5	我能够利用选择工具创建选择集	
6	我能够利用特性、查找项目工具创建搜索集	
7	我能够对已创建的集合进行更新	
8	我能够导入、导出搜索集，进行集合的传递	
9	我能够使用外观配置器对模型中对象进行颜色、透明度编码	
10	我能够选择合适的方法创建不同类型的集合	
总分		
备注	(采取措施)	

应用篇

模块五

碰撞检测

【知识目标】

1. 掌握 Clash Detective 窗口和工具栏；
2. 掌握碰撞检测的规则设置；
3. 掌握碰撞检测流程及结果导出。

【能力目标】

1. 能够对项目、集合或整个模型进行碰撞检测；
2. 能够使用 Clash Detective 窗口对模型进行碰撞检测，并能够对检测后的模型返回到 Revit 中修改；
3. 能够使用审阅功能为碰撞结果添加红线批注和注释；
4. 能够在软件中将碰撞检测结果上报、反馈给相应责任人；
5. 能够导入、导出不同格式的碰撞检测分析报告。

【素质目标】

通过碰撞检查案例和实践操作，培养学生高度的责任心，细致严谨、精益求精的工匠精神。

【任务介绍】

任务一　了解 Clash Detective 工具：测试；规则；选择；结果；报告；

任务二　碰撞检测应用：模型导出与整合；创建碰撞集合；运行碰撞检测；碰撞结果管理。

【任务引入】

通过二维 CAD 图纸检查管线碰撞问题，专业审图人员也很难发现全部问题，不仅耗时，工作效率还低。结合 BIM 三维模型及 Navisworks 软件对机电管线进行碰撞检测，能够直观展现管线综合的问题，及时调整并进行三维管线优化。

某市水厂项目厂内工艺管线及机电管线里程长，布置密集，空间限制大，机电安装困难。项目通过 Navisworks 软件进行模型碰撞检查，针对性排查出模型交叉冲突 562 处，向设计反馈进行图纸深化设计，减少了图审工作量、节约时间，同时优化管线设计，避免后期返工，综合节约工期约 40 天，节省人工费用 36 万，返工及优化措施费约 20 万，材料、机械费约 15 万，合计节约费用 71 万元。

某地医院总建筑面积 18.8 万平方米，建设工期 980 天，机电安装方面给排水、暖通、消防、智能化、电气全专业全线综合排布，使用 Navisworks 软件提前发现并解决物理碰撞及工序碰撞共 301 处，管线占高平均压缩 25 cm，提高层间净高 6%，同时形成墙体留洞图、辅助砌体墙排砖深化设计，针对重要管井做重点优化，减小管井留洞尺寸，减轻对结构的影响。

思考：

1. 三维碰撞检查的优势是什么？
2. Navisworks 软件碰撞检查后，如何将结果反馈给相应责任人？
3. 软件中如何对碰撞结果进行处理？

碰撞检测问题是 BIM 应用的技术难点，也是 BIM 技术应用初期最易实现、最直观、最易产生价值的功能之一。应用 BIM 技术进行碰撞检测，可以在设计阶段实现避免空间冲突，优化专项施工方案，减少后期返工现象等功能。

Revit 中有模型碰撞检测功能，最大的优势是可以在建模时就进行检查，即时性比较强，但 Revit 对于较大的项目整合模型的检查，需消耗的电脑资源量较大，对电脑配置要求比较高，并且 Revit 目前只能处理硬碰撞，也就是模型对象必须是有物理上的碰撞才能检查出来。

Autodesk Navisworks Manage 中也提供了 Clash Detective（碰撞检测）模块，对同样的模型进行整合和碰撞检测消耗的电脑资源比 Revit 要少得多。Navisworks 可以根据指定的规则，完成三维场景中图元间的碰撞和冲突检测，并允许用户对碰撞的结果进行管理。同时 Navisworks 还提供了测量、红线标记等审阅工具，方便对场景中发现的问题进行红线标记与说明。

任务一　了解 Clash Detective 工具

练习文件

碰撞检测工具

扫描二维码下载练习文件中的"5.1 实训基地—整合模型.nwf"文件，在【常用】选项卡的【工具】面板激活【Clash Detective】窗口，进入【Clash Detective】对话框，首次打开后添加碰撞检测前，该对话框为灰色，点击右上方【添加检测】按钮新建一个碰撞测试，如图 5-1 所示，将激活碰撞检测。

新建碰撞测试对话框包含【测试】面板和【规则】、【选择】、【结果】、【报告】四个选项卡，如图 5-2 所示。

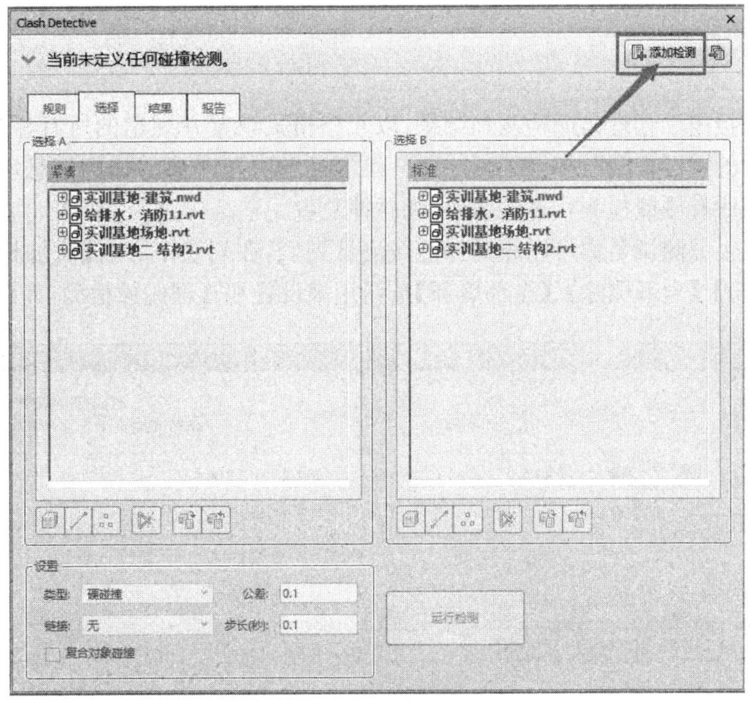

图 5－1　【碰撞检测】对话框

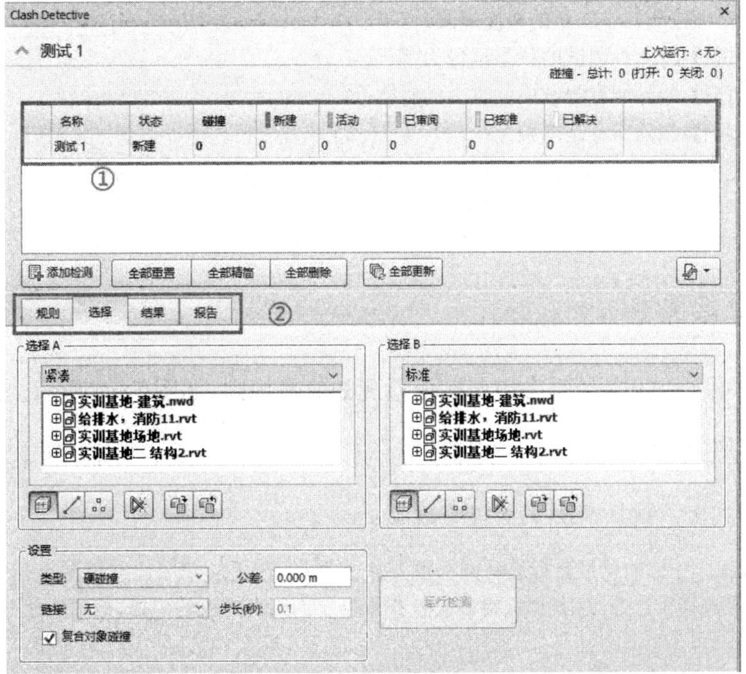

图 5－2　新建碰撞测试

1.1 “测试”面板

“测试”面板用于管理碰撞检测和结果，以表格格式设置并列出的所有碰撞检测已打开(“新建”“活动的”“已审阅”)和已关闭(“已核准”“已解决”)碰撞的详细信息，在列表右上方始终显示有关所有碰撞检测状态的摘要，如碰撞总数。

点击列表上部测试名称可以收拢并隐藏测试列表，在列表下方有【添加检测】、【全部重置】、【全部精简】、【全部删除】、【全部更新】按钮用来设置和管理碰撞检测，如图 5-3 所示。

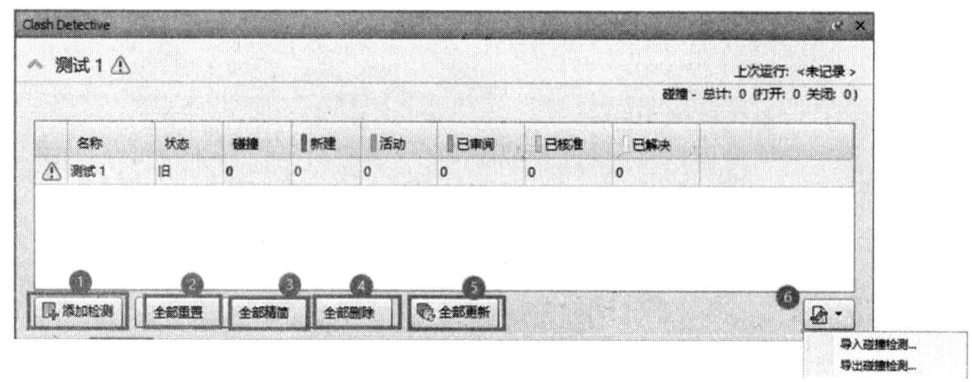

图 5-3 “测试”面板

说明：①【添加检测】：添加新的碰撞检测；
②【全部重置】：将所有测试的状态重置为“新”；
③【全部精简】：删除所有测试中已解决的碰撞；
④【全部删除】：删除所有碰撞检测；
⑤【全部更新】：更新所有碰撞检测；
⑥【导入/导出碰撞检测】：导入或导出 XML 格式碰撞检测。

1.2 “规则”选项卡

“规则”选项卡用于定义要应用于碰撞检测的忽略规则，如图 5-4 所示。

1. 默认忽略规则

该选项卡列出了默认情况下的忽略规则：

说明：①【在同一层的项目】：指忽略同一图层中的项目，这里的图层通常情况下指楼层的意思，在选择树当中如果选择了这个规则，那么将不会检查本楼层内所有对象的碰撞，但本层之外的其他层还是会检查。

②【同一组/块/单元中的项目】：比如一个复合构件有多个零件组成，零件之间的碰撞不参与碰撞检测。

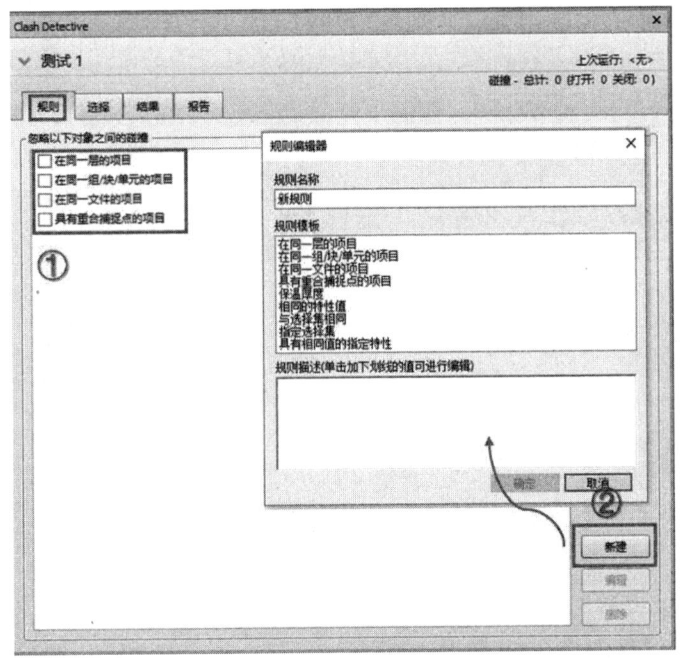

图 5－4　【规则】选项卡

③【同一文件中的项目】：即忽略同一个专业中的碰撞，此种情况应该会用在综合碰撞检测的情况里。

④【捕捉点重合的项目】：即中心线连接完整的构件不参与碰撞。

2. 新建忽略规则

点击【规则】选项卡右下角的【新建】按钮，可以打开规则编辑器，根据需要的规则模板，在规则模数中新建忽略规则。

1.3　“选择”选项卡

可用于选择测试项目集来运行碰撞检测，并定义当前选定的碰撞配置参数，包含两个选择窗格、一个任务工具栏和【设置】选项区，如图 5－5 所示。

1. “选择 A”/“选择 B”窗格

“选择 A”和“选择 B”窗格可用于选择进行碰撞检测的项目集，每个窗格都含有一个项目的树状层级结构，可通过顶部的下拉列表设置选择项目的方式，该列表复制了【选择树】窗口的当前状态。

(1)【标准】：显示默认的树层次结构，包含所有实例。

(2)【紧凑】：显示树层次结构的简化版本。

(3)【特性】：显示基于项目特性的层次结构。

(4)【集合】：显示与“集合”窗口上相同的项目。

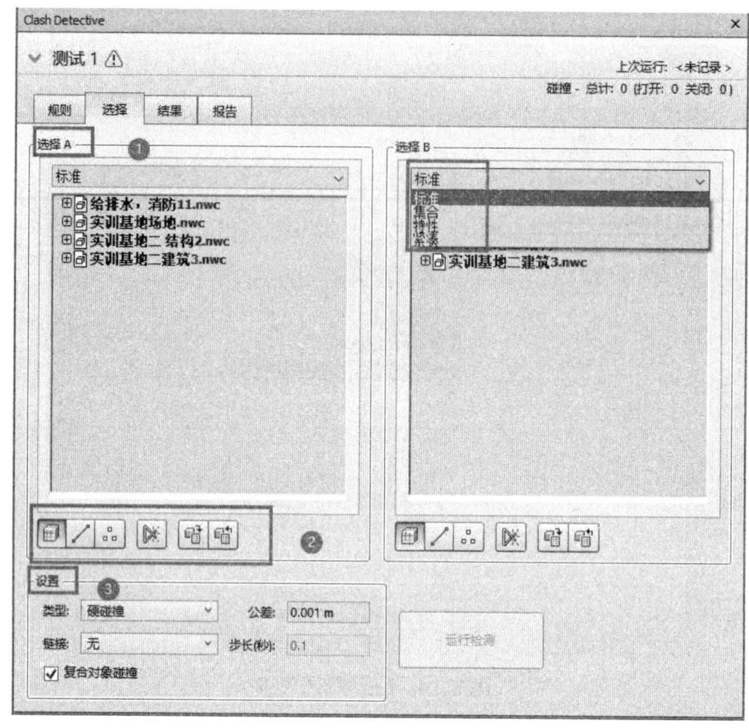

图 5－5 “选择”选项卡

2. 工具栏

含有任务按钮的工具栏，选择碰撞检测包含选定项目的曲面、线、点的碰撞，如图 5－6 所示。

图 5－6 任务工具栏

(1) (曲面)：使项目曲面碰撞，为默认选项。

(2) (线)：使包含线的几何图形碰撞，一般不用选择。

(3) (点)：使包含点的几何图形(激光、点云模型)碰撞。

(4) (自相交)：选择 A 或 B 里的对象发生的碰撞行为，可检测选定几何图形是否与其自身发生碰撞，如果要检查本专业间的碰撞，可勾选【自相交】。

(5) (使用当前选择)：选择所需项目后，单击窗格下的【使用当前选择】按钮创建相应的碰撞集。可以直接在【场景视图】和【选择树】可固定窗口中为碰撞检测选择几何图形。

(6) (在场景中选择)：单击【在场景中选择】按钮后，可将【场景视图】和【选择树】中选定的对象与【选择】窗格中的当前选择一致。

3. 设置

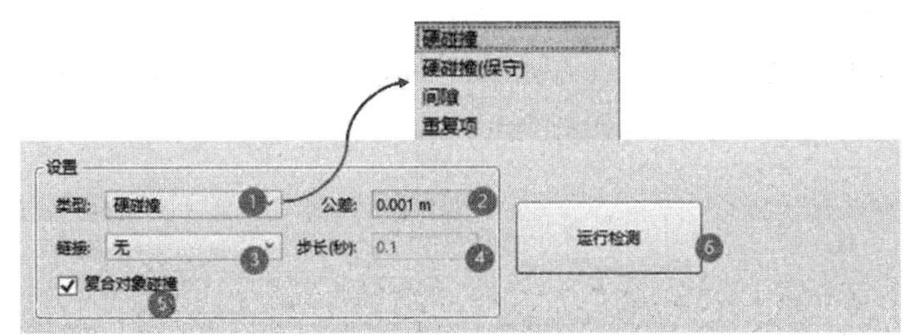

图 5 - 7 【设置】选项区

(1) 类型:可选择碰撞类型,有四个可能的碰撞类型。

说明:①【硬碰撞】:两个对象实际相交,有物理实体上的碰撞。

②【硬碰撞(保守)】:与硬碰撞相同的碰撞检测,但应用了“保守”相交策略,即使几何图形三角形并未相交(所有 Navisworks 几何图形均由三角形构成),仍将两个对象视为相交,并报告项目可能碰撞,该检查方式更彻底、更加安全。

③【间隙碰撞】:俗称软碰撞,没有发生真实的物理表面的碰撞,类似于一个安全距离的检测。当两个对象相互间的距离不超过设定公差指定的距离时,将它们视为相交被认为不符合设计要求,是有效的碰撞行为。选择该碰撞类型还会检测任何硬碰撞。

④【重复项碰撞】:两个对象的类型和位置必须完全相同才能相交。此类碰撞检测可用于使整个模型针对其自身碰撞,可以检测到场景中可能重复的任何项目。

工程上的碰撞检测不仅限于物理碰撞,间隙碰撞或称软碰撞也属于碰撞检测范围。例如,机电管道之间的间隙必须满足安装和检修的空间要求,即使物理上没有碰撞,但间隙不够也属于碰撞,就可以进行间隙碰撞或软碰撞的检查。

(2) 公差

控制所报告碰撞的严重性以及过滤掉可忽略碰撞的能力,输入的公差大小会自动转换为显示单位。

(3) 链接

用于将碰撞检测与 TimeLiner 进度或对象动画场景关联起来。

(4) 步长(秒)

用于控制在模拟序列中查找碰撞时使用的时间间隔大小,只有在【链接】下拉菜单中进行选择后,此选项才可用。

(5) 复合对象碰撞

复合对象是在选择树中被视为单一对象的一组几何图形。例如,一个窗口对象可以由一个框架和一个窗格组成,一个空心墙对象可以由多个图层组成。

该复选框将限制选择集中的所有“复合对象”类别图元参与冲突检测运算,用于控制选择集的选择精度。

(6) 运行测试

单击此按钮,可运行选定的碰撞检测。

1.4 “结果”选项卡

“结果”选项卡用于以交互方式查看已找到的碰撞，包含多个按钮的工具栏、【结果】选项卡、【显示设置】面板和【项目】面板，如图 5-8 所示。

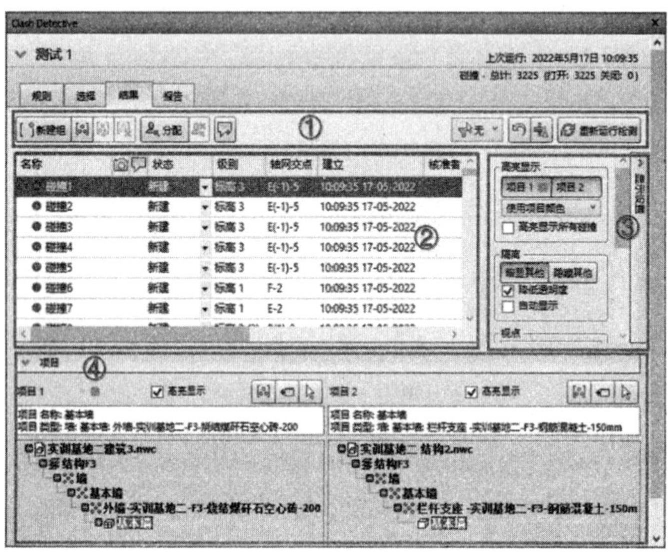

图 5-8 【结果】选项卡

1. 任务工具栏

工具栏中的按钮可以对碰撞的项目进行分组和分配，也可以添加注释、进行过滤以及重新运行碰撞检测，快速访问管理已知碰撞工具。

图 5-9 碰撞任务工具栏

(1) (新建组)：用于创建一个新的碰撞群组。

(2) (对选定碰撞分组)：用于对选中的碰撞进行分组。

(3) (从组中删除)：用于从碰撞组中移除选中的碰撞。

(4) (分解组)：用于对选中的组取消编组。

(5) (分配)：单击此按钮可以打开一个对话框，将碰撞检测分配。

(6) (取消分配)：单击此按钮将解除分配。

(7) (添加注释)：单击此按钮可以为选中的碰撞添加注释。

(8) (按选择过滤)：仅显示涉及当前在【结果】选项卡的场景视图或【选择树】窗口中所选项目的碰撞。

说明:① 无:此选项会显示所有的碰撞;

② 排除:当前选定的所有项目的碰撞会显示在【结果】选项卡中;

③ 包含:当前选定的一个项目的碰撞会显示在【结果】选项卡中。

(9) (重置):单击此按钮清除检测结果,但不会改变其他设置。

(10) (精简):单击此按钮可以从当前的碰撞检测中清除所有已解决的碰撞。

(11) 重新运行检测(重新运行检测):单击此按钮将重新运行检测,更新检测结果。

2. “结果”选项卡窗口

通过“结果”选项卡窗口,用户能以交互的方式查看已找到的碰撞,如图 5-10 所示。

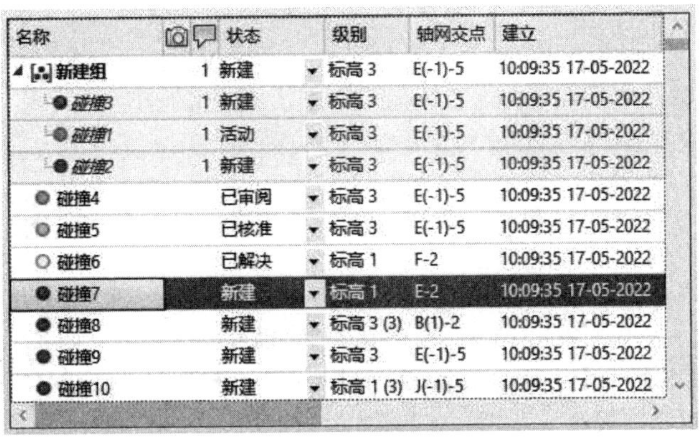

名称		状态	级别	轴网交点	建立
新建组	1	新建	标高 3	E(-1)-5	10:09:35 17-05-2022
碰撞3	1	新建	标高 3	E(-1)-5	10:09:35 17-05-2022
碰撞1	1	活动	标高 3	E(-1)-5	10:09:35 17-05-2022
碰撞2	1	新建	标高 3	E(-1)-5	10:09:35 17-05-2022
碰撞4		已审阅	标高 3	E(-1)-5	10:09:35 17-05-2022
碰撞5		已核准	标高 3	E(-1)-5	10:09:35 17-05-2022
碰撞6		已解决	标高 1	F-2	10:09:35 17-05-2022
碰撞7		新建	标高 1	E-2	10:09:35 17-05-2022
碰撞8		新建	标高 3 (3)	B(1)-2	10:09:35 17-05-2022
碰撞9		新建	标高 3	E(-1)-5	10:09:35 17-05-2022
碰撞10		新建	标高 1 (3)	J(-1)-5	10:09:35 17-05-2022

图 5-10　【结果】选项卡窗口

已发现的碰撞显示在多列表中,默认情况下,按照严重性编号和排序,使用竖直滚动条滚动碰撞时,将显示碰撞的摘要预览。

(1) 碰撞图标与状态

说明:在每个碰撞名称的左侧,显示碰撞图标,可视化标识碰撞关联的状态。

① 新建:当前测试运行首次找到的碰撞。

② 活动:以前的测试运行找到但尚未解决的碰撞问题。

③ 已审阅:以前找到且已由某人标记为已审阅的碰撞。

④ 已核准:以前发现并且已由某人核准的碰撞。

⑤ 已解决:以前的测试运行而非当前测试运行找到的碰撞,已通过对设计文件进行更改而得到解决。

(2) 关联菜单

在【结果】选项卡中的碰撞上单击鼠标右键可打开关联菜单,与任务工具栏部分功能对应,如图 5-11 所示。

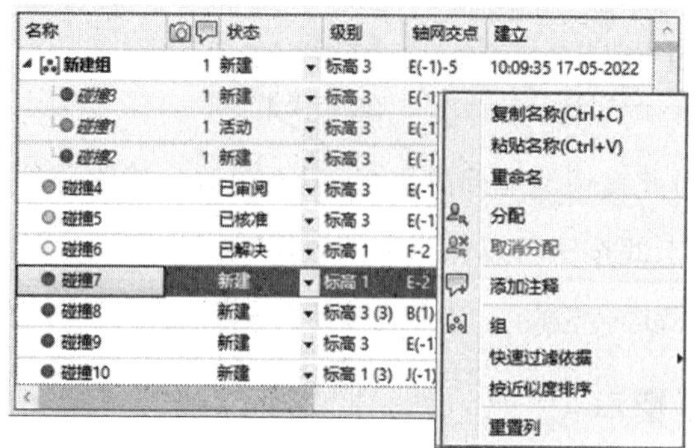

图 5-11 【结果】选项卡关联菜单

3. “显示设置”面板

“显示设置”可展开面板，可有效查看碰撞，单击右侧【显示/隐藏】按钮可显示或隐藏，【显示设置】可展开面板，如图 5-12 所示。

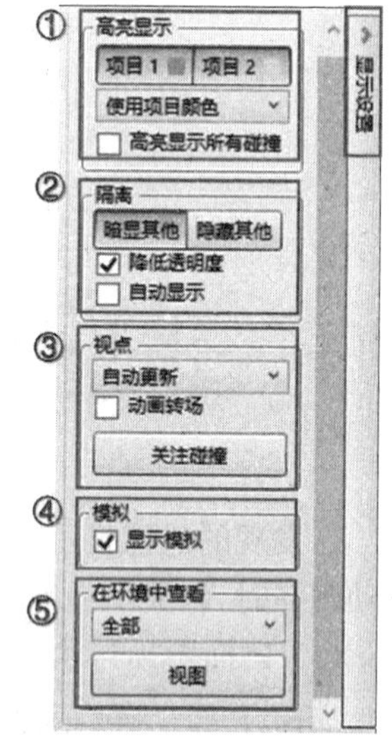

图 5-12 “显示设置”面板

（1）高亮显示

说明：①【项目 1】/【项目 2】按钮：单击【项目 1】、【项目 2】按钮，可以修改【场景视图】中发生碰撞的两个对象的状态颜色，也可以使用【选项编辑器】的【工具】下的【Clash Detective】修改【自定义高亮显示颜色】中【项目 1】和【项目 2】的颜色。

②【使用项目颜色】/【使用状态颜色】：使用特定的项目颜色或选定碰撞的状态颜色高亮显示碰撞。

③【高亮显示所有碰撞】：选中该复选框，将在【场景视图】中高亮显示找到的所有碰撞。

（2）隔离

说明：①【暗显其他】：可使选定碰撞或选定碰撞组中未涉及的所有项目变灰，方便看到碰撞项目。

②【隐藏其他】：可隐藏除选定碰撞或选定碰撞组中涉及的所有项目之外的所有其他项目，能更好地关注碰撞项目。

③【降低透明度】：选择①的【暗显其他】时，【降低透明度】复选框才能选中。

选中该复选框，则将碰撞中未涉及的所有项目渲染为透明以及灰色。默认情况下，使用 85%透明度。

④【自动显示】：对于单个碰撞，如果选中该复选框，则会暂时隐藏遮挡碰撞项目的任何内容，以便在放大选定的碰撞时无须移动位置即可看到它。对于碰撞组，如果选中该复选框，则将在【场景视图】中自动显示该组中最严重的碰撞点。

（3）视点

说明：① 视点下拉列表：选项包括【自动更新】、【自动加载】、【手动】。

【自动更新】：在【场景视图】中从碰撞的默认视点导航至其他位置，碰撞视点可被自动更新。

【自动加载】：自动缩放相机，以显示选定碰撞或选定碰撞组中涉及的所有项目。

【手动】：在【结果】选项卡中选择碰撞后，模型视图不会移动到碰撞视点，需要手动移动视点。

② 【动画转场】：选中此选项，当在【结果】选项卡中选择碰撞后，可以通过动画方式在“场景视图”中显示碰撞点之间的转场。如果不选中此选项，则在逐个浏览碰撞时，主视点将保持不变。

若要获取碰撞结果最佳显示效果，则必须选择【自动更新】或【自动加载】视点选项。

③ 【关注碰撞】：重置碰撞视点，使其关注原始碰撞点，选择【关注碰撞】将始终返回到碰撞原始的默认视点。

（4）模拟

如果选中该复选框，则可使用基于时间的软（动画）碰撞。在完成 TimeLiner 进度模拟后，TimeLiner 序列或动画场景中的播放滑块移动到发生碰撞的确切时间点，以便用户能够调查在碰撞之前和之后发生的事件。对于碰撞组，播放滑块将移动到组中“最坏”碰撞的时间点。

（5）在环境中查看

通过该列表中的选项，可以暂时缩小到模型中的参考点，从而为碰撞位置提供环境。可选择以下选项。

说明：① 【全部】：视图缩小以使整个场景在【场景视图】中可见。

② 【文件】：使用动画转场缩小视图，以便包含选定碰撞中所涉及项目的文件范围在“场景视图”中可见。

③ 【主视图】：转至以前定义的主视图。

④ 【视图】：可通过【视图】按钮在【场景视图】中显示选定的环境视图。

注意：按住【视图】按钮，视图会保持缩小状态。如果快速单击一下该按钮，则视图将缩小，保持片刻，然后立即再缩放回原来的大小。

4．“项目”面板

使用【显示/隐藏】按钮可显示或隐藏【项目】可展开面板。【项目】面板与【选择】选项卡中的【选择 A】、【选择 B】窗格类似，【项目 1】、【项目 2】以树状视图显示碰撞涉及的项目及一系列数据，来准确定位碰撞的位置信息，如图 5－13 所示。

（1）【项目 1】/【项目 2】窗格

在左窗格或右窗格中单击鼠标右键将打开一个关联菜单，如图 5－13 所示。

说明：① 【选择】：在【场景视图】中选择项目，以替换当前的任何选择。

② 【导入】当前选择：当前在【场景视图】中选择的项目在树中将处于选定状态。

③ 【对涉及项目的碰撞进行分组】：创建一个新的碰撞组，其中包含在其上单击鼠标右键的一个或多个项目所涉及的所有碰撞。

（2）高亮显示

选中【高亮显示】复选框将使用选定碰撞的状态颜色替代【场景视图】中项目的颜色。

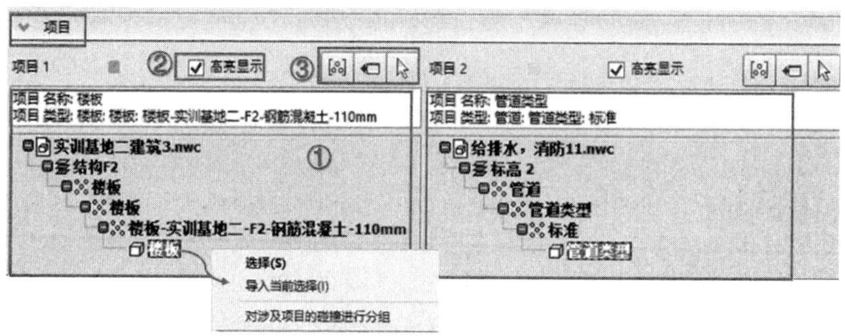

图 5-13 【项目】面板

(3) 功能介绍

说明：① (对涉及项目的碰撞进行分组)：将添加一个新文件夹，将所有选定碰撞分组放在一起。

② (返回)：在【项目】面板区域中选择一个项目然后单击此按钮，会将当前视图和当前选定的对象发送回原始 Revit 应用程序中。

③ (在场景中选择)：在【项目】面板区域中选择一个项目然后单击此按钮，将在【场景视图】和【选择树】中选择碰撞项目。

1.5 “报告”选项卡

可以设置和写入包含选定测试中找到的所有碰撞结果的详细信息的报告，如图 5-14 所示。

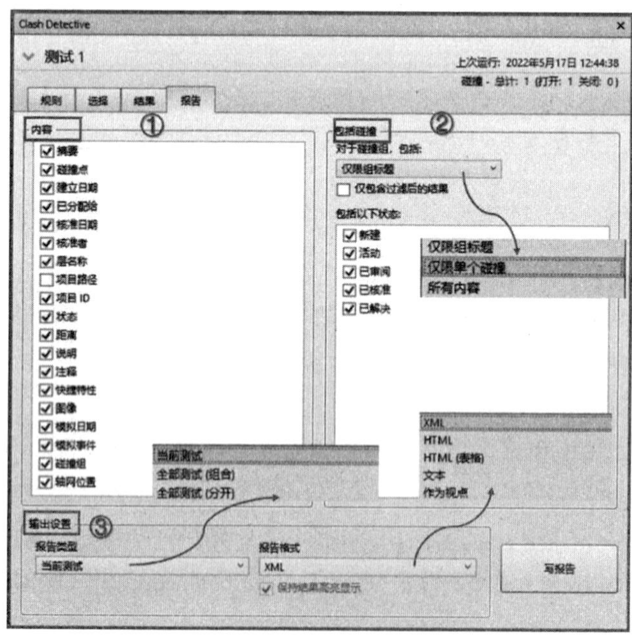

图 5-14 “报告”选项卡

1. “内容”选项区

从“内容”选项区可以选择导出的碰撞检测报告中包含的信息，如快捷特性、模拟事件、图像等。

2. “包括碰撞”选项区

可用于过滤报告不需要的碰撞类型。对于碰撞组，可从以下选项中指定如何在生成的报告中显示碰撞组。

说明：①【仅限组标题】：报告中将包含碰撞组摘要和不在组中的各个碰撞的摘要。

②【仅限单个碰撞】：报告中仅包含单个碰撞结果，并且不区分已分组的这些结果。对于属于一个组的每个碰撞，可以在报告中添加一个名为“碰撞组”的额外字段来标识。

③【所有内容】：报告中将包含已创建的碰撞组的摘要、属于每个组的碰撞结果以及单个碰撞结果。对于属于一个组的每个碰撞，可以在报告中添加一个名为“碰撞组”的额外字段来标识。

注意：如果测试不包含任何碰撞组，则该框不可用。

若要生成报告，勾选【仅包含过滤后的结果】复选框，便会在导出的报告中仅显示勾选状态的碰撞。

3. “输出设置”选项区

(1) 报告类型

下拉列表中可选择导出报告的类型：

说明：①【当前测试】：只为当前测试创建一个报告。

②【全部测试(组合)】：为所有测试创建一个报告。

③【全部测试(分开)】：为每个测试创建一个单独的报告。

(2) 报告格式

从下拉列表中选择导出报告的格式，常用“HTML(表格)”或“作为视点”，如图 5－15 所示。

说明：① XML：导出 XML 格式文件报告。

② HTML：导出 HTML 格式文件，按顺序列出碰撞。

③ HTML(表格)：导出 HTML(表格)格式文件，碰撞检测显示为一个表格，可使用特定的字体和表格格式对 HTML 格式中的表格报告进行修改，或添加一个项目标签。文件体积一般较小，容易以邮件或上传的方式发送此类文档，很容易在 Excel 中打开。

④ 文本：导出 TXT 格式文件。

⑤ 作为视点：用检测名称在【保存的视点】窗口中自动创建一个文件夹，同时为每个碰撞保存视点并按顺序编号，向视点中添加标记和注释。

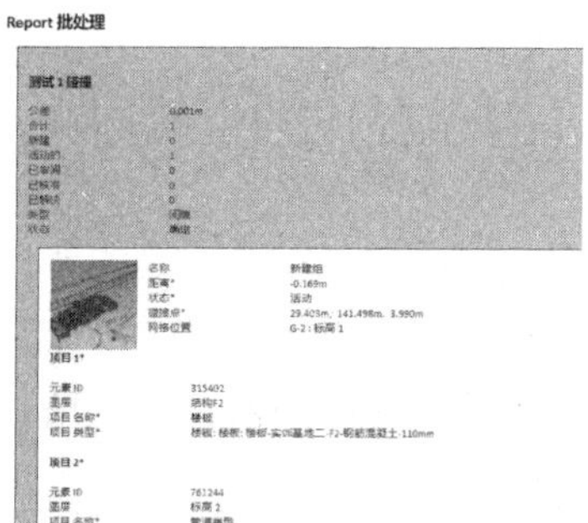
碰撞报告
Report 批处理
测试 1 碰撞

(a) HTML

(b) HTML(表格)

(c) 文本


```
<?xml version="1.0" encoding="UTF-8" ?>

<exchange xmlns:xsi="http://www.w3.org/2001/XMLSchema-instance" units="m" filename="" filepath="">
  <batchtest name="Report" internal_name="Report" units="m">
    <clashtests>
      <clashtest name="测试 1" test_type="clearance" status="ok" tolerance="0.001" merge_composites="1">
        <linkage mode="none"/>
        <rules/>
        <summary total="1" new="0" active="1" reviewed="0" approved="0" resolved="0">
          <testtype>间隙</testtype>
          <teststatus>确定</teststatus>
        </summary>
        <clashresults>
          <clashgroup name="新建组" guid="131ae486-f291-4625-9a52-ef7f2fdb0584" href="测试 1_files\cd000001.jpg" status
            <resultstatus>活动</resultstatus>
            <clashpoint>
              <pos3f x="29.403" y="141.498" z="3.990"/>
            </clashpoint>
            <gridlocation>G-2 : 标高 1</gridlocation>
            <clashobjects>
              <clashobject>
                <objectattribute>
                  <name>元素 ID</name>
                  <value>315402</value>
                </objectattribute>
```


(d) XML

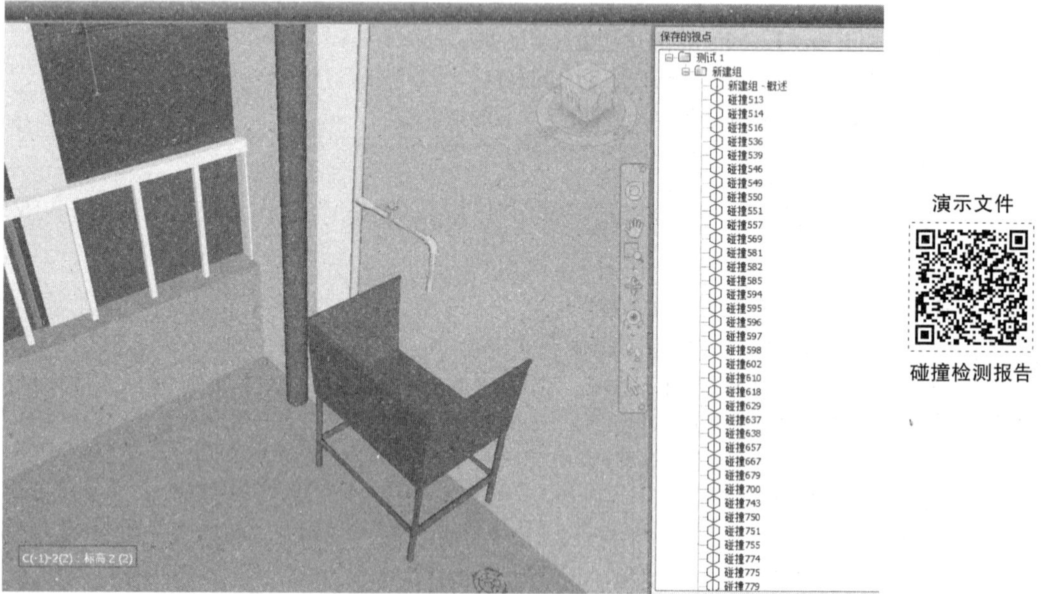

(e) 作为视点

演示文件

碰撞检测报告

图 5－15　导出报告格式

(3) 保持结果高亮显示

此选项仅适用于视点报告,选中此框将保持每个视点的透明度和高亮显示。可以在【结果】选项卡和【选项编辑器】中调整高亮显示。

(4) 写报告

在选定好报告的输出设置后,点击【写报告】按钮,可创建选定报告并将其保存到选定位置中。

任务二 碰撞检测应用

在进行全专业模型整合后,可利用碰撞检测实现不同专业之间、同专业内的碰撞检测,实现建筑与结构专业之间的检查,如标高、剪力墙、柱等位置是否不一致,梁与门窗是否存在位置冲突等检查;对管线综合进行碰撞检测,包括管道、暖通、电气专业系统内部检查,管道、暖通、电气、结构专业之间的检查等,如查找设备管道与柱的冲突、各专业与管线的冲突、管线末端与室内吊顶的冲突等;解决管线空间布局,如机房过道狭小等,尽早发现交叉问题,对模型进行进一步协调优化。

接下来以结构与水暖消防专业为例,逐步说明碰撞检测的工作流程。

练习文件

碰撞检测

2.1 模型导出与整合

1. 模型的导出

在模块二的3.3节中已经具体介绍了Revit模型导出Navisworks文件的方法,在模型导出时需要注意以下问题。

(1) 软件安装顺序

从Revit中直接导出NWC格式文件,以及碰撞检测后对结果返回Revit中修改,都需要利用插件。先安装Revit,后安装Navisworks,同时两个软件的版本一致时,Revit软件【附加模块】下的【外部工具】中才能正确显示插件,如图5-16所示。

图5-16 Revit插件

(2) 某一楼层模型导出设置

要导出某一楼层的三维模型时,在该层平面视图上将视图范围设置为一个完整层高,即视图主要范围的底和顶分别对应该层的底部标高和顶部标高,如要显示出该层的底部楼板,需要将视图深度标高和主要范围底标高往下偏移一定距离，如图 5－17 所示。

进入三维视图后，定向到该层视图，就可以看到一个完整层高的楼层模型，保存好视图后，导出该层模型。

（3）模型定位点

要在 Navisworks 中完成多专业模型的整合，需要在 Revit 软件中对所有专业模型的同一轴网交点定义统一项目基点（X、Y、Z），作为模型整合的定位点，才能保证模型整合位置的统一。

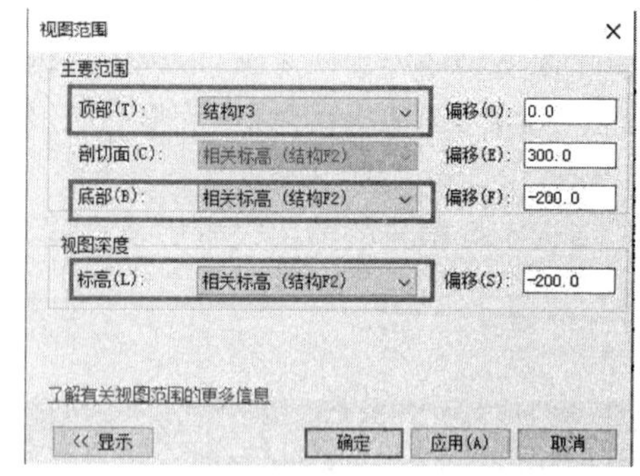

图 5－17 导出模型视图范围设置

2. 模型的整合

模块二的 3.4 节已经讲解了模型整合的方法，扫描二维码打开练习文件中的“5.2 碰撞检测”文件夹，利用【附加】命令将结构和水暖消防专业 NWD 格式文件添加进来，并将该文件另存为 NWF 格式，重命名为“地下车库碰撞检测”文件。

对于不同专业模型在导出时如未设置统一的定位点，在 Navisworks 中进行模型整合后位置不统一，需要对模型位置修改，参照模块三的 1.3 节模型样式修改中的【单位和变换】，从【选择树】中选中地下车库水暖电消防模型后单击鼠标右键，选择【单位和变换】命令，调整原点位置为“X：10m，Y：9.5m”后，点击【确定】，如图 5－18 所示。

图 5－18 模型位置纠正

2.2 创建碰撞集合

在进行碰撞检测前，根据专业创建要进行碰撞的对象集合，即碰撞集合，如结构、暖通、给排水、消防等，具体方法参见 4.2 节集合的创建。

从【常用】选项卡【选择和搜索】面板打开【集合】窗口，结合【选择树】的【特性】模式和【查找项目】对话框，创建各专业的搜索集，如图 5-19 所示。

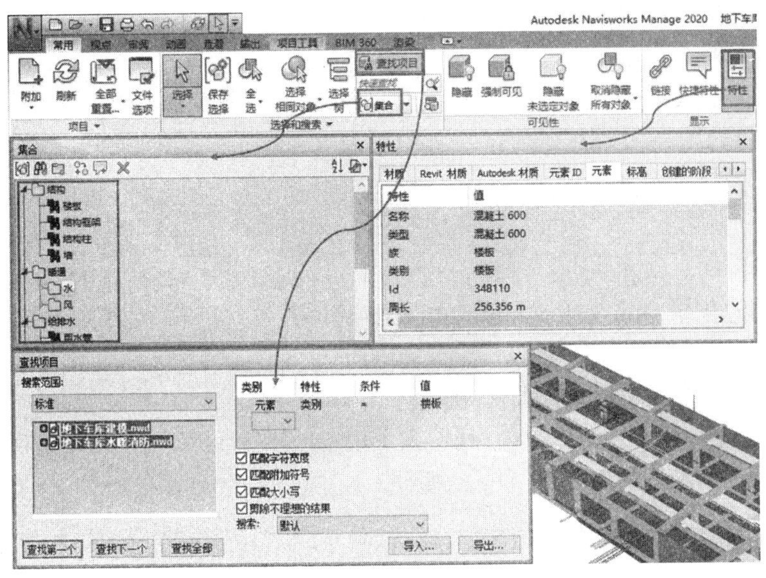

图 5-19　碰撞集合

在集合创建完成后，可利用外观配置器【Appearance Profiler】对不同的集合设定不同的外观颜色进行区分，如图 5-20，具体方法见模块四 3.1 节。

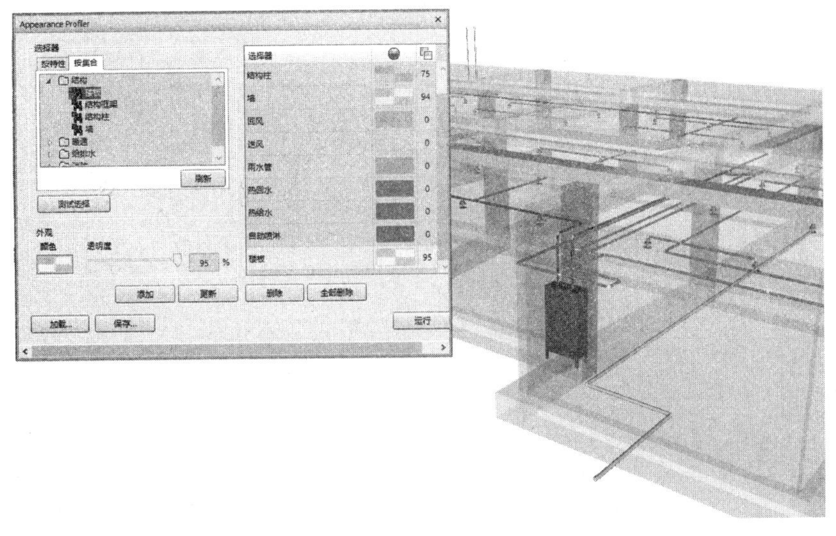

图 5-20　碰撞集合外观设置

视频微课

图元重复性检测/图元冲突检测

2.3 运行碰撞检测

1. 添加碰撞检测，设置检测的规则

(1) 添加检测

使用快捷键“Ctrl+F2”或从【常用】面板的【工具】中激活【Clash Detective】窗口，单击【碰撞检测】窗口上方里添加【添加检测】按钮，添加一个碰撞测试，并将默认名称“测试 1”重命名为“结构与给排水”。

(2) 设置检测的规则

根据要进行碰撞检测的项目，从【规则】选项卡中选择要忽略碰撞的规则，勾选【具有重合捕捉点的项目】。

2. 设置碰撞类型，运行检测

(1) 选择碰撞对象

从【选择】选项卡，将【选择 A】和【选择 B】窗格下拉菜单中调整为【集合】模式，选择创建的碰撞集合对象，如图 5－21 所示。

(2) 设置碰撞类型，运行检测

在【选择】选项卡的工具栏中确保【曲面】按钮被选中，碰撞类型为硬碰撞，公差设置为 1mm，点击【运行检测】按钮，如图 5－21 所示。

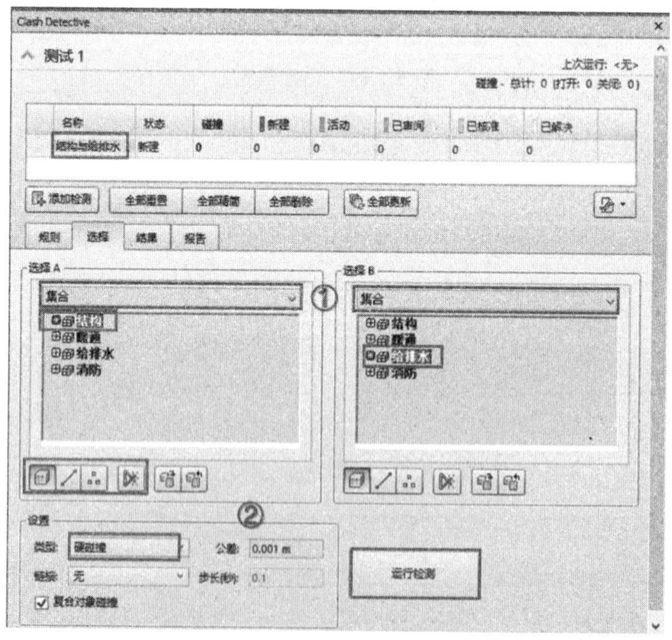

图 5－21　运行碰撞检测

视频微课

检测结果管理与导出

2.4 检测结果管理

1. 碰撞结果查看与导出

在【结果】选项卡可以查看碰撞结果，如选中【碰撞 1】，在场景视图中可以看到雨水管穿过墙，如图 5－22 所示。

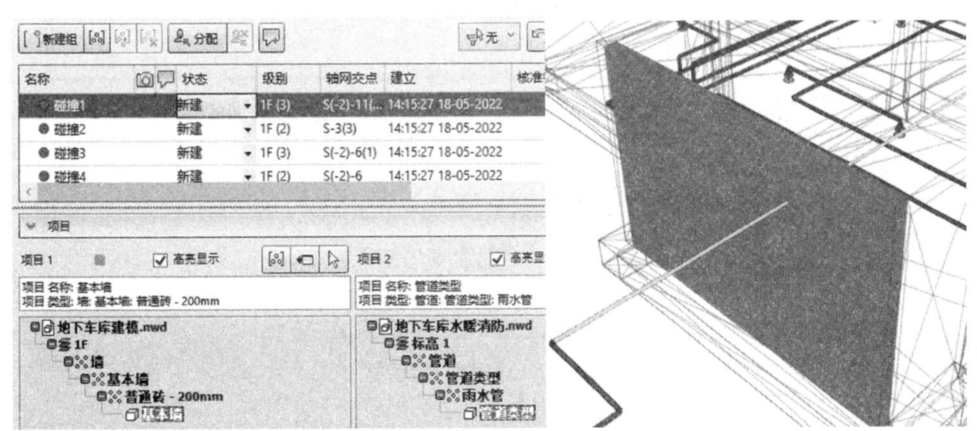

图 5－22 碰撞点结果显示

该碰撞点是可行的，在该碰撞点名称下单击鼠标右键，打开关联菜单，将碰撞点重命名为“雨水管穿墙”，状态修改为“已解决”，注释下单击鼠标右键，从关联菜单选择【添加注释】，如图 5－23 所示。

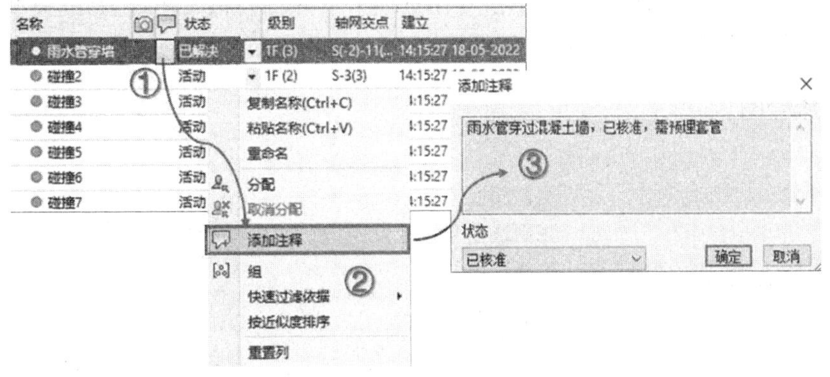

图 5－23 碰撞添加注释

碰撞结果按照本模块 1.5 节内容进行导出，导出前需选好显示内容与格式。

2. 模型返回修改

Navisworks 支持与 Revit 交互使用。如果想要返回到 Revit 中解决模型中出现的碰撞问题，在 Navisworks 的【选择】选项卡下的【项目】面板选择【项目 1】或【项目 2】，单击【返回】按钮，会弹出如下对话框，如图 5－24 所示。

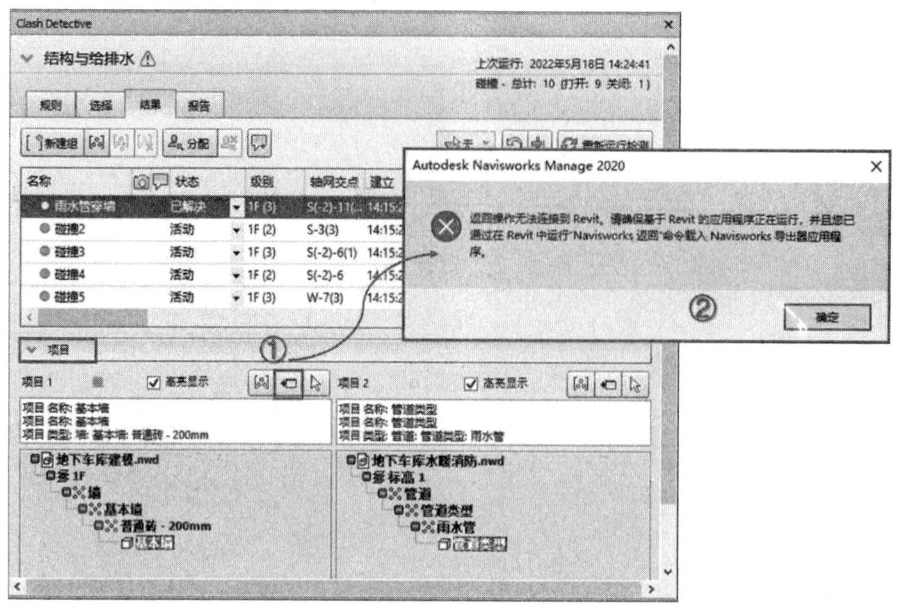

图 5－24 【返回】对话框

注意：出现以上对话框时，首先必须保证 Revit 中相同碰撞检测文件是处于打开的状态，并且插件 Navisworks SwitchBack 是打开的状态。

再次在 Navisworks 中单击【返回】按钮，Revit 图标会高亮显示。打开 Revit，此时 Revit 处于 Navisworks SwitchBack 的对话框，需要切换到"三维"或者"立面"视图，在管道与墙体相交的位置对墙体进行开洞，修改完成后再次保存 Revit 文件。

再次切换到 Navisworks 文件，单击常用选项卡下的【刷新】按钮，已修改模型将更新，选择【重新运行检测】，会显示该碰撞已经解决。

【小结 · 思维导图】

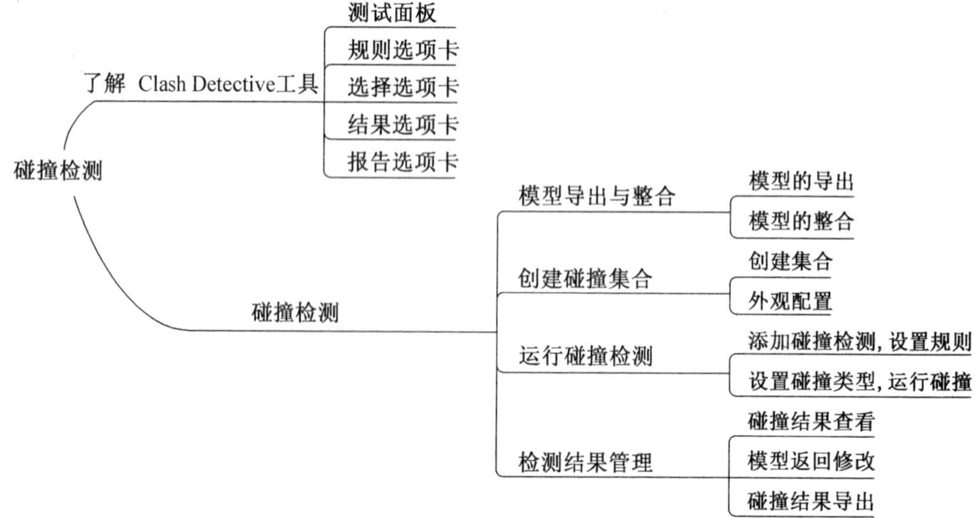

【拓展演练】

请扫码下载练习文件，并在 Navisworks 中完成以下任务：

1. 将练习文件中多专业模型进行整合；

2. 完成以下碰撞检测：

① 消防与结构；② 给排水与结构；③ 桥架与结构；④ 给排水与桥架；⑤ 建筑墙体与消防；⑥ 建筑门窗与机电；

3. 以任务 2 第⑤小题的碰撞结果为例，为同一面墙体的碰撞点创建组，并选取其中一个碰撞点修改其状态为已审阅，将其分配给设计单位，并说明理由；

4. 针对任务 3 中选取的碰撞点，利用【返回】功能，在 Revit 中进行建筑模型修改及更新；

5. 更新任务 2 第⑤小题的碰撞检测，并分开导出全部碰撞检测报告，格式为 HTML。

课后习题/练习文件

模块五/拓展练习文件5

【自我评价】

请根据对软件操作掌握程度，在自我评价量表上打分。

序号	评价指标	分值(0～10 分)
1	我能够在 Clash Detective 窗口找到相应命令	
2	我能够在碰撞检测前对模型进行导出、整合准备	
3	我能够根据碰撞检测的内容创建碰撞集合	
4	我能够在 Clash Detective 窗口添加碰撞检测，设置检测规则	
5	我能够根据碰撞检测的内容，选取合适的碰撞对象，设置碰撞类型及公差	
6	我能够对碰撞结果进行查看，并修改显示控制	
7	我能够对碰撞结果进行分配，修改状态	
8	我能够利用 Navisworks 和 Revit 的交互性，返回 Revit 中修改有碰撞问题的模型并更新	
9	我能够导出不同格式的碰撞检测报告	
10	我能够对碰撞检测进行更新、导入、导出	
总分		
备注	(采取措施)	

模块六

渲 染

【知识目标】

1. 了解 Autodesk 渲染器参数；
2. 掌握模型材质渲染流程；
3. 掌握 Autodesk Rendering 材质库的使用；
4. 掌握人工光源的类型及特性；
5. 掌握自然光源中太阳、天空等环境设置；
6. 掌握渲染图像导出设置。

知识拓展

智能建造让盖房子也有“科技范儿”

【能力目标】

1. 能够利用 Autodesk Rendering 材质库，将设置好的材质效果应用到模型图元；
2. 能够根据外部环境的不同，选择合适人工光源并添加；
3. 能够使用不同方法，完成具体位置的自然光源的设置；
4. 能够根据渲染需要选择合适的光源模式；
5. 能够完成渲染导出设置，并生成高质量渲染成果。

【素质目标】

通过模型材质渲染，培养学生耐心、细致完成工作任务的职业素养。

【任务介绍】

任务一　Autodesk 渲染器设置：Autodesk 材质渲染器参数设置；
任务二　材质设置：渲染工具栏；Autodesk 材质库；材质贴图设置；
任务三　光源设置：人工光源类型及设置；自然光源设置；光源模式；
任务四　渲染：渲染设置；渲染图像导出。

【任务引入】

随着建筑行业的发展和 BIM 技术日益成熟，建筑装修逐渐往“精细与高品质”的方向靠拢。通过 BIM 技术生成高质量的渲染图像和动画，可以更清晰、完整、直观地展现精装修的设计过程和效果；模拟和可视化空间布局，实时查看不同材料和造型的效果，实现建筑构造和建筑设计细节的协调。

某建筑公司在项目装修交付前，希望通过三维模型精细化渲染，展示各构件的材料、材质饰面、纹理等信息，模拟现实中场景。目前已经完成了 BIM 模型的优化，接下来采用 Navisworks 进行场景渲染。

思考：

1. 为更好地展示模型的真实效果，渲染时需要进行哪些设置？
2. 使用 Navisworks 进行模型渲染时，如何将真实的材质纹理赋予模型呢？

练习文件

渲染

任务一　Autodesk 渲染器设置

扫描二维码打开练习文件中的“6　渲染. nwf”文件，点击软件应用程序菜单，从【选项】打开【选项编辑器】，找到【界面】节点的【显示】页面，图形系统中可以选择系统的类型，如图 6－1 所示。

选择 Autodesk 系统后，进入【显示】页面下的【Autodesk】类别，可从【Autodesk 材质】、【Autodesk 效果】、【多重采样抗锯齿】三个方面细化性能参数设置，如图 6－2 所示。

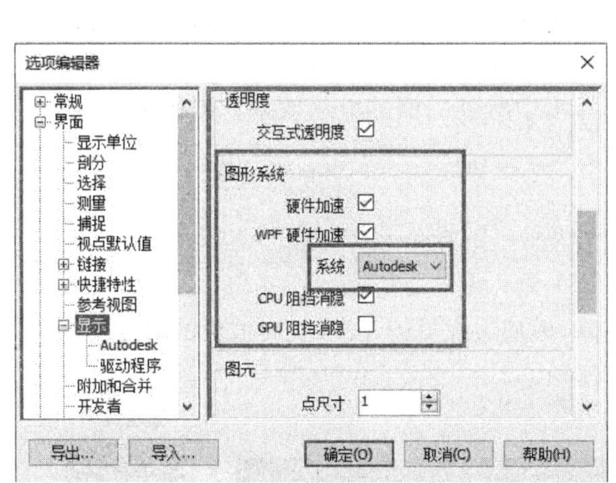

图 6－1　渲染器

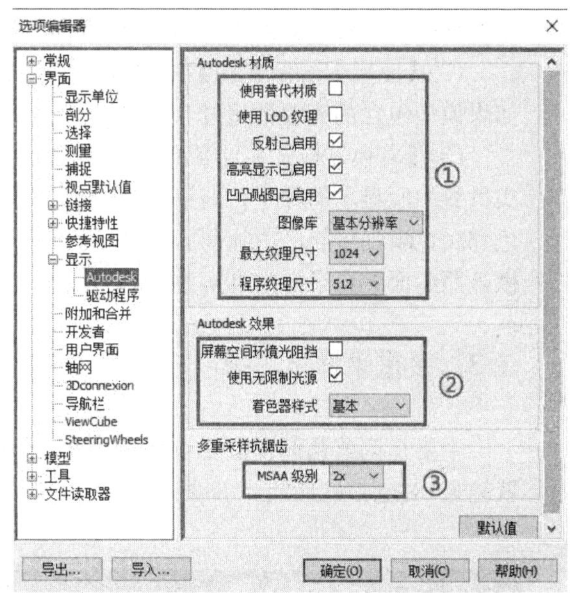

图 6－2　Autodesk 渲染设置

1.1　Autodesk 材质

材质设置与 Autodesk Rendering 材质库的设置相关。

说明：①【使用替代材质】：勾选此复选框，将强制使用基本材质，而不是 Autodesk 一致材质。

②【使用 LOD 纹理】：勾选后，将使用 LOD 纹理。

③【反射已启用】：勾选后，Autodesk 一致材质启用反射颜色。

④【高亮显示已启用】：勾选后，Autodesk 一致材质启用高光颜色。

⑤【凹凸贴图已启用】：材质设置时如果要使用凹凸贴图，则选中此选项，这样可以使渲染对象看起来具有凹凸不平或不规则的表面，增加真实感。

⑥【图像库】：选择 Autodesk 一致材质库的纹理分辨率，有基本、低、中等、高分辨率四种。如选择中等分辨率，材质库图像为中分辨率图像，大约为 1024×1024 像素。

⑦【最大纹理尺寸】：此选项影响应用到几何图形的纹理的可视细节，可选择所需的像素值。如值“128”表示最大纹理尺寸为 128×128 像素。值越大，需要更多的内存渲染纹理，图形卡的负荷就越高。

⑧【程序纹理尺寸】：此选项提供了从程序贴图生成的纹理的尺寸。同【最大纹理尺寸】。

1.2 Autodesk 效果

Autodesk 效果主要体现的是模型渲染中光源相关设置。

(1)【屏幕空间环境光阻挡】：此功能主要是呈现真实世界环境照明效果，在难以进入的模型部分创建较暗的照明，可以体现更加真实的阴影效果，

(2)【使用无限制光源】：默认情况下，Autodesk 渲染器支持最多同时使用八个光源。如果模型包含的光源数超过八个，勾选此复选框，可以使用所有光源。

(3)【着色器样式】：定义面上的 Autodesk 着色样式。默认选项是“基本”，接近于在现实世界中所显示的样子；“高洛德”为由多边形网格表示的曲面提供连续着色；“古式”使用冷色和暖色增强可能已附加阴影并且很难在真实显示中看到的面的显示效果；“冯氏模型”提供被照曲面的更平滑的真实渲染。

1.3 多重采样抗锯齿

主要是调节几何模型的边缘光滑度。值越高，模型边缘就越光滑，实时渲染的时间可能就越长，对电脑的性能要求就更高。

任务二 材质设置

视频微课

材质渲染

Autodesk Revit 的材质与 Navisworks 的材质库是相同的，对于 Revit 创建的模型导入 Navisworks，可以提取出 Revit 材质列表，并将这种材质快速应用于对应构件。

在【常用】选项卡的【工具】面板或者从【渲染】选项卡的【系统】面板打开【Autodesk Rendering】窗口，可以访问和使用材质库、光源，调整环境设置和渲染质量及速度，如图 6-3 所示。

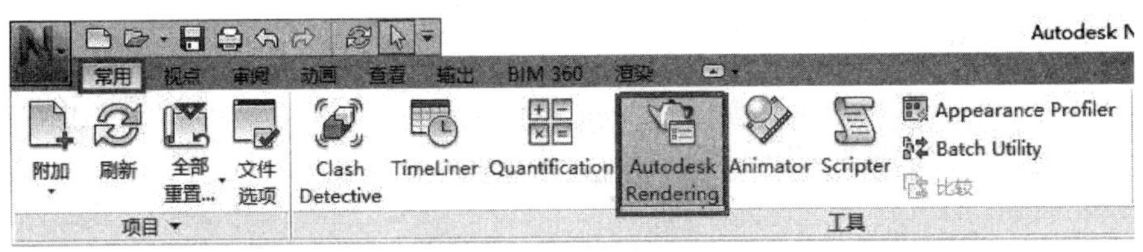

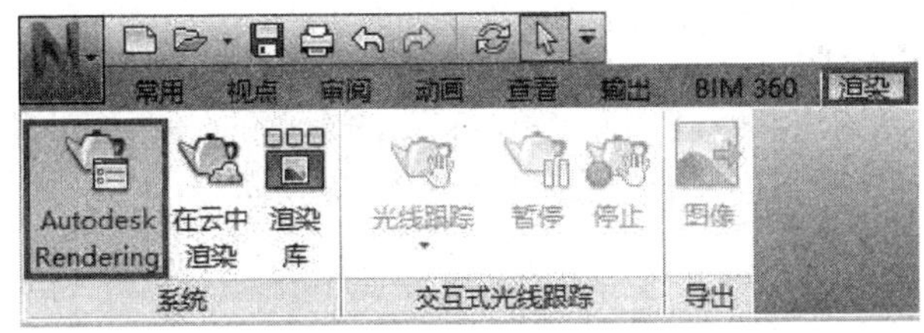

图 6－3　Autodesk Rendering

【Autodesk Rendering】渲染窗口为可固定窗口，包含工具栏和选项卡。

2.1　渲染工具

渲染工具栏在【Autodesk Rendering】窗口的顶部，可以处理材质贴图、创建和放置光源、切换太阳和曝光设置，并指定位置设置，如图 6－4 所示。

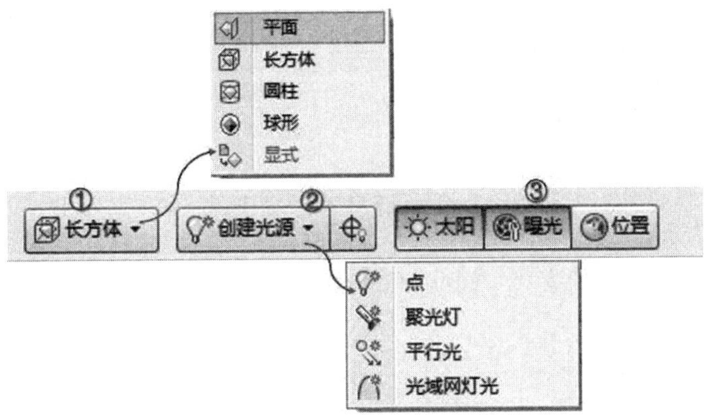

图 6－4　渲染工具栏

1.【材质贴图】下拉菜单

与【材质贴图】选项卡配合使用，可选择用于选定模型项目的材质贴图类型，并切换贴图以反映选定模型条目当前使用的贴图。

2.【创建光源】下拉菜单

与【照明】选项卡配合使用，可用于在【场景视图】中绘制不同的光源。 为光源图示符，显示【场景视图】中光源的打开和关闭。

3.【环境】菜单

可打开【环境】选项卡，在当前视点打开和关闭太阳的光源效果、曝光设置，【位置】将打开【地理位置】对话框，指定三维模型的位置信息。

2.2 材质设置

“材质”选项卡可以浏览和管理 Navisworks 软件自备的 Autodesk 材质库，提供多种材质和纹理，也可以为特定项目创建自定义库，如图 6-5 所示。

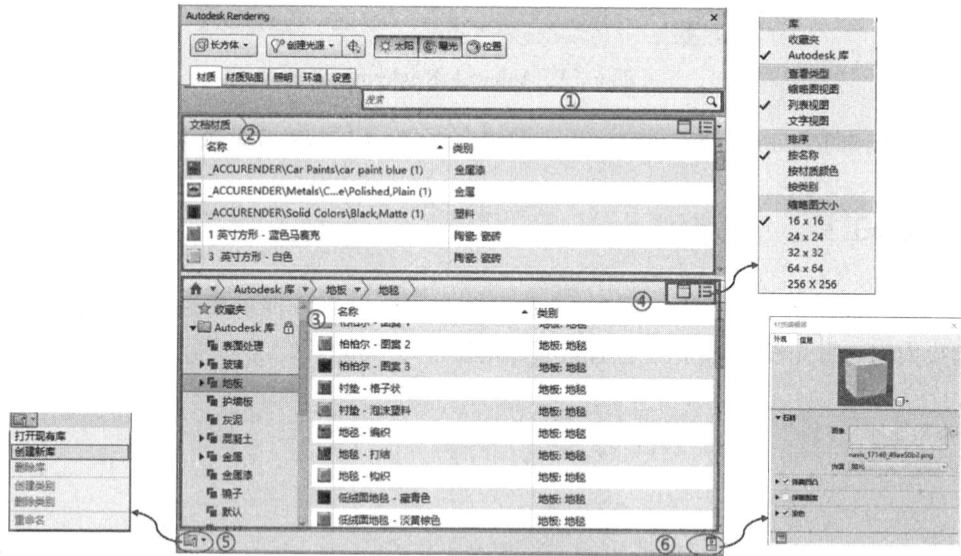

图 6-5 【材质】选项卡

Autodesk 材质库有三种级别：Autodesk 库、用户库、文档材质库。

1. 搜索框

可在搜索框通过材质名称在多个库中搜索特定材质外观。

2.【文档材质】面板

【文档材质】面板显示的是当前项目文件模型中保存的材质，左侧是材质名称，右侧是材质类别，在材质上单击鼠标右键，可对该材质进行复制、编辑、重命名、删除等操作。

3.【Autodesk 库】面板

Autodesk 自带的材质库面板，左侧显示当前可用类别，右侧显示选定类别的具体材质。

可直接将 Autodesk 库中的材质拖动【文档材质】面板中；或者在选定的 Autodesk 材质上单击鼠标右键，选择【添加到】下的【文档材质】，也可以选定材质后，点击材质图像下侧 按钮（将材质添加到文档中）、或点击 （将材质添加到文档中，并在编辑器中显示）按钮，添加材质到【文档材质】面板中。

在左侧材质列表中，【Autodesk 库】文件名称后显示有锁图标，表示该材质库是锁定的，不能修改、添加和删除，可以将 Autodesk 材质直接拖拽到模型中的物体上，赋予构件该材质属性。

但要对材质进行编辑、修改就需要将 Autodesk 材质添加到文档材质后进行编辑，再将修改后材质赋予模型，可以通过直接拖拽方式，也可以选中模型构件，在修改后材质上单击鼠标右键，选择【制定给当前选择】；或者在修改后材质上单击鼠标右键，选择【选择要应用到的对象】，在选择模型中构件。

4. 显示按钮

在【文档材质】面板、【Autodesk 库】面板右上角都有显示按钮，可以显示或隐藏左侧材质列表、过滤和显示材质列表的选项，也可选择查看的库、查看类型、排序及缩略图大小。

5. 管理库

创建、打开或编辑库和库类别。利用【创建新库】选项可创建一个用户库，定位保存位置、名称后，就可以在用户库中添加材质，也可以在 Autodesk 库、文档材质库中的材质上单击鼠标右键，在弹出的快捷菜单上选择【添加到】新建用户库的名称，就可以将材质添加到自定义的用户库中。

注意：自定义用户库也可以锁定，打开其保存位置，将所有材质有 adsklib 扩展名的文件属性设置为“只读”即可。

6. 材质编辑器

将 Autodesk 材质添加到文档材质后，就可以对该材质进行编辑。选中文档中材质，双击该材质；单击鼠标右键【编辑】或者点击（编辑）按钮；也可以直接从右下角打开材质编辑器，可对材质进行反射率、透明度等设置。

材质编辑器由【外观】和【信息】两个选项卡组成，对于不同材质类别，材质编辑器中显示的特性和信息是不同的，以默认常规类别材质为例，其材质编辑器【外观】选项卡包括以下特性选项，如图 6－6 所示。

（1）材质预览：可预览已选材质的缩略图，下拉列表中可以更改渲染质量和缩略图场景、形状环境。

（2）常规特性：默认通用材质具有颜色、图像、图像褪色、光泽度、高光特性。

说明：①【颜色】：可以指定颜色，对象上的材质颜色在对象的不同区域内各不相同。

②【图像】：利用自定义纹理控制材质在光源照射下反射的颜色贴图，纹理可以是图像，也可以是程序纹理，如棋盘格、渐变、大理石等。

③【图像褪色】：仅在使用图像时才可以编辑，用于控制基础颜色和漫射图像的组合，表现图像淡入度。

④【光泽度】:反映材质的反射质量。若要模拟有光泽的曲面,材质应具有较小的高光区域,并且其高光颜色较浅,甚至可能是白色。光泽度较低的材质具有较大的高光区域,并且高光区域的颜色更接近材质的主色。

⑤【高光】:控制材质的反射高光的获取方式。金属设置将根据光源照射在对象上的角度发散光线(各向异性)。“金属高光”是指材质的颜色,“非金属高光”是指光线接触材质时所显现出的颜色。

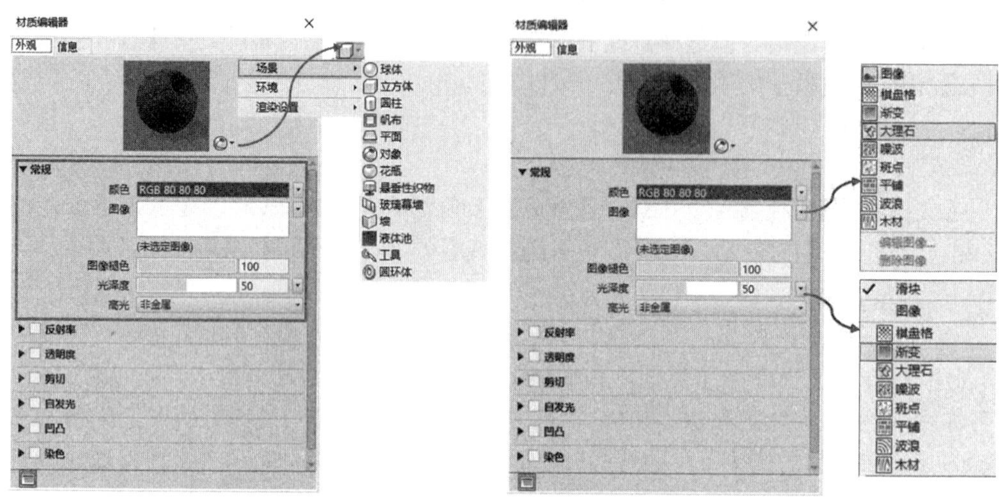

图 6-6　常规材质编辑器

以下特性可用于创建特定的效果:

(3) 反射率:模拟有光泽对象的表面上反射的场景。反射率贴图若要获得较好的渲染效果,材质应有光泽,且反射图像本身应具有较高的分辨率(至少 512×480 像素)。【直接】和【倾斜】滑块调整表面直接面向相机时,和表面与相机成某一角度时材质所反射的光线数量,如图 6-7 所示。输入值为 0 时没有反射,值为 100 时最大反射。

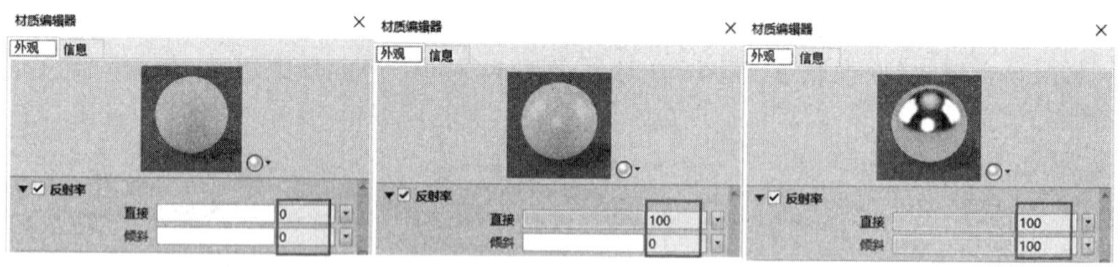

图 6-7　材质反射率

(4) 透明度:完全透明的对象允许光源穿过对象,如图 6-8 所示。透明度值为 100 时,材质完全透明;值为 0.0 时,材质完全不透明。仅当【透明度】数值大于 0 时,【半透明度】和【折射】特性才可以编辑。半透明对象(如磨砂玻璃)允许部分光线穿过并在对象内散射部分光线,折射率控制光线穿过材质时的弯曲度,因此会导致位于对象另一侧的其他对象的外观发生扭曲。透明效果在有图案背景的情况下预览最佳。

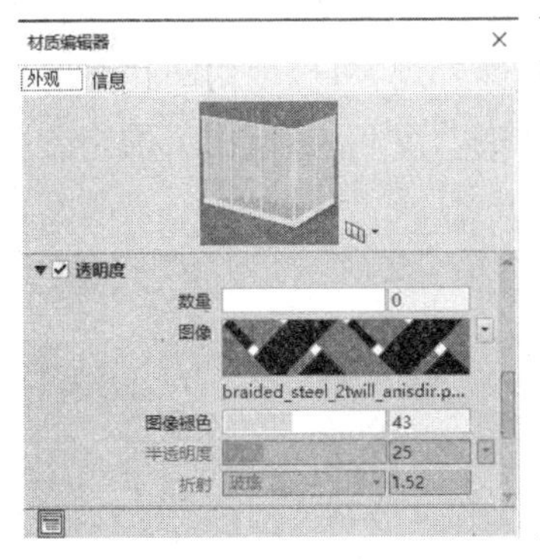

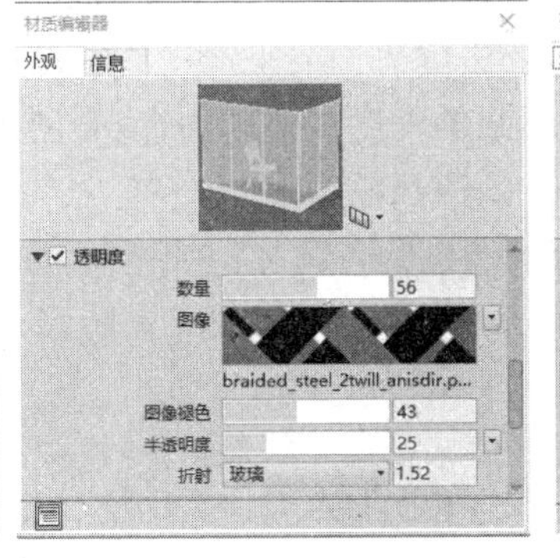

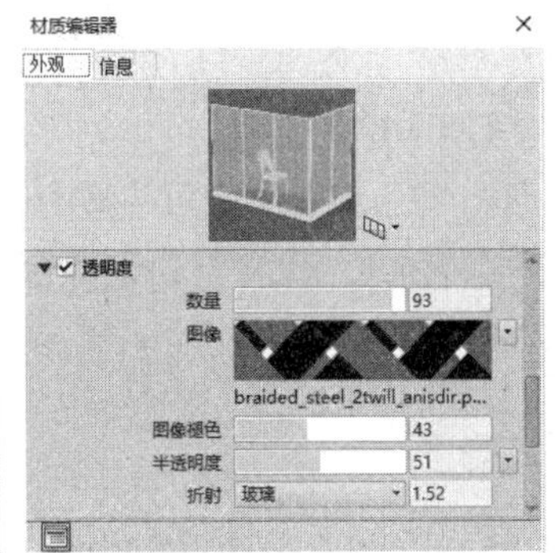

图 6－8　材质透明度

(5) 剪切:可以选择一个图像或者程序纹理进行剪切,为材质提供纹理灰度转换的穿孔效果,贴图的浅色区域渲染为不透明,深色区域渲染为透明,如图 6－9 所示。结合透明度实现磨砂或半透明效果时,反射率将保持不变,剪切区域不会反射。

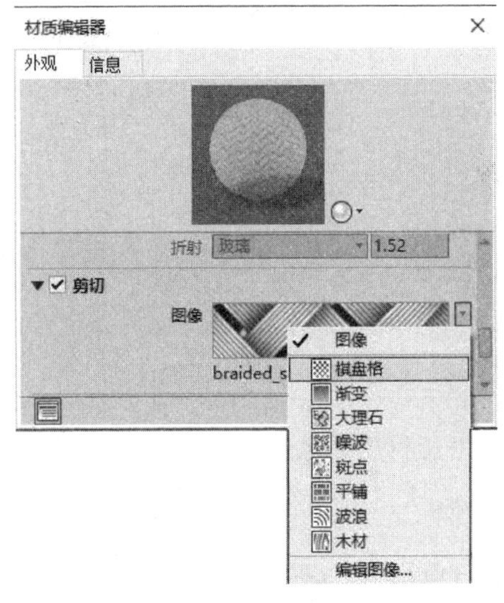

图 6－9　材质剪切

(6) 自发光:可使部分对象呈现发光效果,如图 6－10 所示,如要在不使用光源的情况下模拟霓虹灯,可以将自发光值设置为大于零。没有光线投射到其他对象上,且自发光对象不接收阴影。贴图的白色区域会渲染为完全自发光。黑色区域不使用自发光进行渲染。灰色区域会渲染为部分自发光,具体取决于灰度值。

说明:①【过滤颜色】:在发光的表面上创建颜色过滤效果。

②【亮度】:让材质模拟在光度控制光源中被照亮的效果,发射光线的多少由输入的值确定,以光度单位进行测量。没有光线投射到其他对象上。

③【色温】:设置自发光的颜色。

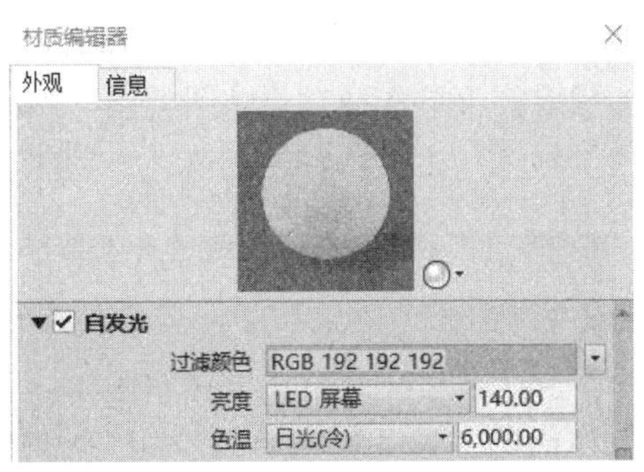

图 6－10　材质自发光

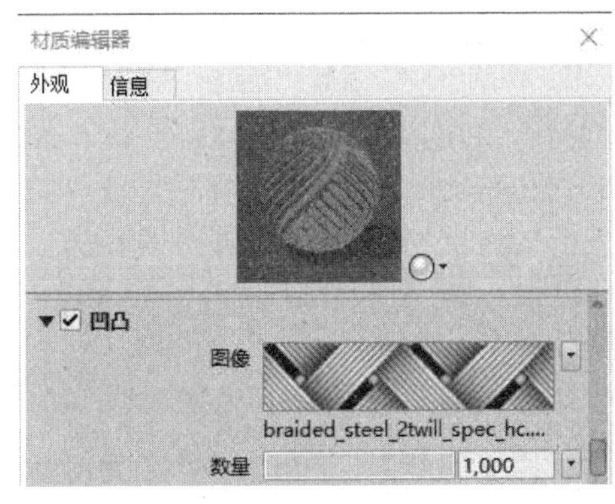

图 6－11　材质凹凸

(7) 凹凸：可以选择图像文件或程序纹理，使对象看起来具有起伏或不规则的表面，增加真实感，如图 6－11 所示。若要去除表面的平滑度或创建凸雕外观，可以使用凹凸贴图。

【凹凸贴图】滑块可以调整凹凸的程度。值越高，渲染创建的凸度越高，使用负值则会使表面凹下。灰度图像可生成有效的凹凸贴图。

(8) 染色：设置与白色混合的颜色的色调和饱和度值，如图 6－12 所示。

【信息】选项卡用于编辑和查看材质信息，如图 6－13 所示。

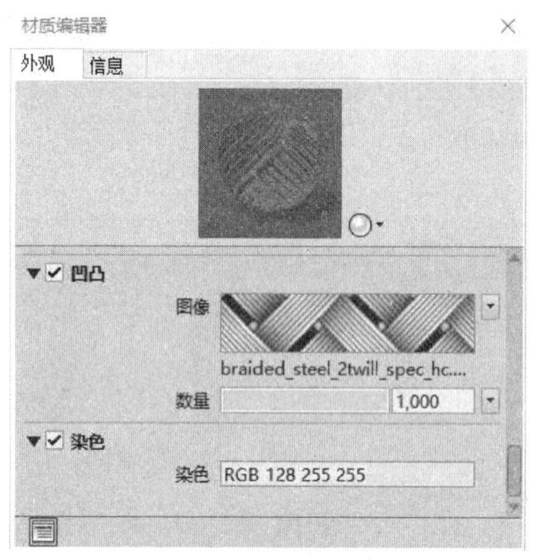

图 6－12　材质染色

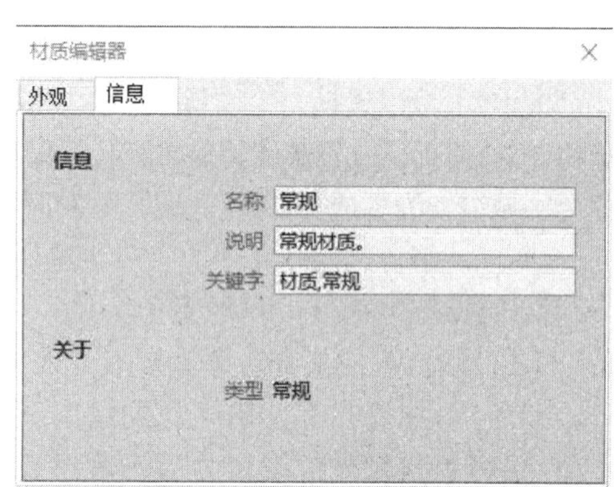

图 6－13　【信息】选项卡

对于材质名称的修改可以在文档材质库中选中材质单击鼠标右键，选中【重命名】，也可以直接从【材质编辑器】的【信息】选项卡中修改。

2.3　材质贴图设置

材质贴图适用于高级功能应用。材质贴图可选择用于选定模型项目的材质贴图类型，并切换贴图以反映选定模型条目当前使用的贴图。在选中模型中的几何图形前，【材质贴图】选项卡是空的，在选中几何图形后，将显示所选图元的材质贴图类型，如图 6－14 所示。

1. 设置材质贴图类型

从【Autodesk Rendering】窗口左上角【材质贴图】下拉菜单选择材质贴图类型，主要有以下几种类型：

说明：① 平面：简单的贴图图像，最常用于平面。图像不会因投影方向而失真，也不会缩放到对象。

② 长方体：将图像贴图到类似长方体的形状上，会该图像将在对象的每个平面上投影。

③ 圆柱体：类似于长方体贴图，将图像贴图到圆柱体对象上。图像的高度将沿圆柱体的轴进行缩放。

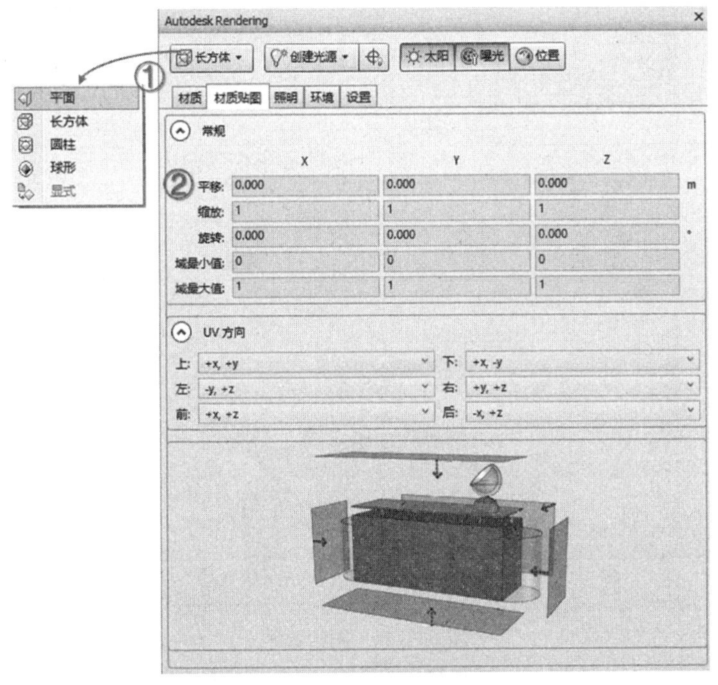

图 6 - 14　【材质贴图】选项卡

④ 球形:将图像贴图到球体对象上。

⑤ 显式:需要物体有清晰的 UV 坐标作为其几何图形的一部分。

2. 调整材质贴图方式

为选定的几何图形选择相应的贴图类型后,可以调整在几何图形上放置、定向和缩放材质贴图的方式,如果使用默认贴图坐标的材质符合要求,则不需要调整贴图。

大多数材质贴图都是分配给三维曲面的二维平面,用于说明贴图放置和变形的坐标系为贴图坐标,也称为 UV 坐标,与三维空间中使用的 X、Y 和 Z 轴坐标不同。U 相当于 X,表示贴图的水平方向;V 相当于 Y,表示贴图的垂直方向,指的是在对象自己空间中的坐标,而 XYZ 坐标则是将场景作为一个整体进行描述。

每个不同的材质贴图类型都具有不同的模板,【常规】部分中的"平移""缩放"和"旋转"字段,先定义应用到每个三维坐标和法线的变换将三维点转换为纹理坐标,然后再为每个具体的贴图类型应用模板。

(1) 平面贴图

使用三维点的平面投影计算纹理坐标,如图 6 - 15 所示。

【域最小值】和【域最大值】被用来确定针对每个坐标将坐标空间(X、Y、Z)中的哪个范围(最小值到最大值)映射到纹理空间中 0 到 1 的范围。变换后的 X 和 Y 坐标将基于域最小值和域最大值进行调整,并用作 U、V 值。

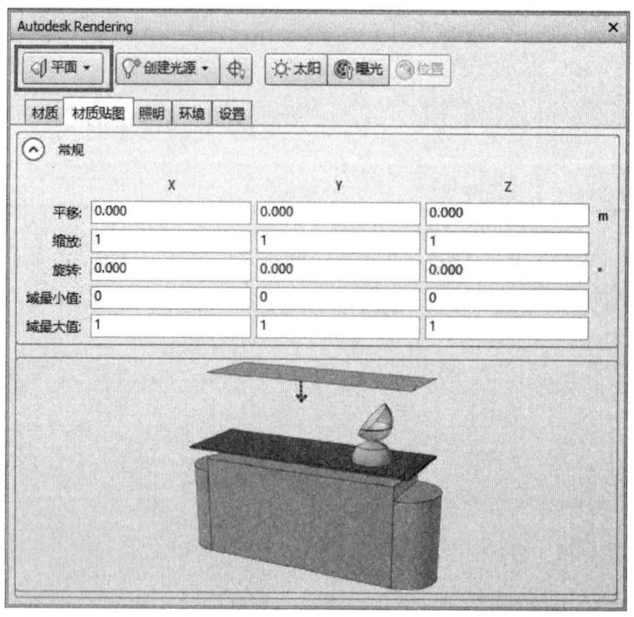

图 6 - 15　平面贴面

(2) 长方形贴面

使用三维点六个平面投影中的一个来计算纹理坐标，如图 6 - 16 所示。

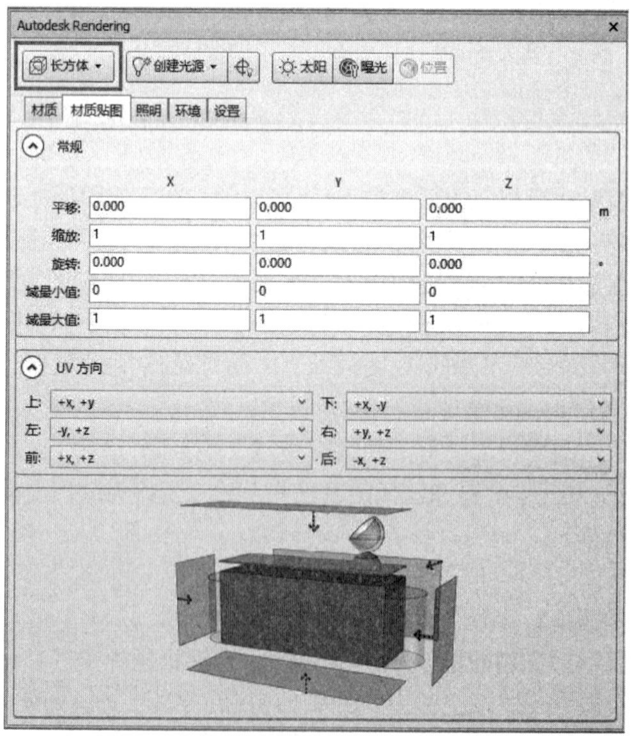

图 6 - 16　长方形贴面

长方体贴图会根据法线方向进行不同的平面投影。假设需要放置一个长方体来包围某对象,法线的方向将决定长方体的哪个面(顶部、底部、左侧……)贴图用于点。

UV 方向将定义用于每个面的实际平面贴图。尤其是会定义三维空间中分别映射到 U 和 V 的轴。对于每个三维点,采用与进行平面贴图相似的方法来应用域调整,然后将点投影到 U、V 各自对应的指定轴,并确定与原点之间的距离。

(3) 圆柱体贴面

坐标映射到圆柱曲面(侧面)或每个圆柱体末端的平面【封口】(如果"封口"复选框处于"打开"状态)。如果未选中【封口】复选框,则仅使用圆柱曲面,如图 6－17 所示。

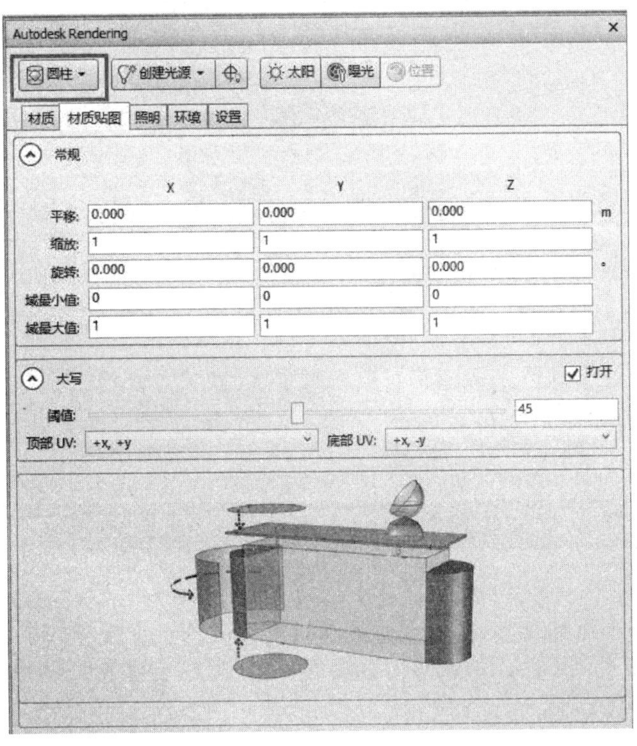

图 6－17　圆柱体贴面

圆柱体贴图类似于长方体贴图,但需要假设放置圆柱体来包围对象。【封口】复选框可以确定圆柱体封口是否应使用圆柱体侧面之外的其他变换进行纹理贴图。【阈值】是点与圆柱体轴之间的角度,以度数为单位,用于决定应使用封口贴图还是侧面贴图。默认为 45 度。封口方向("顶部 UV"和"底部 UV")会指定封口上纹理坐标的方向,类似于长方体贴图的方向参数。

如果使用"封口",读者将获得平面贴图,就像长方体贴图侧面一样。如果使用圆柱曲面,则 U 基于角度,就像球体 U 一样,而 V＝Z(应用"域最小值"和"域最大值"贴图后)。

(4) 球形贴面

通过原点处的球体投影计算纹理坐标,如图 6－18 所示。

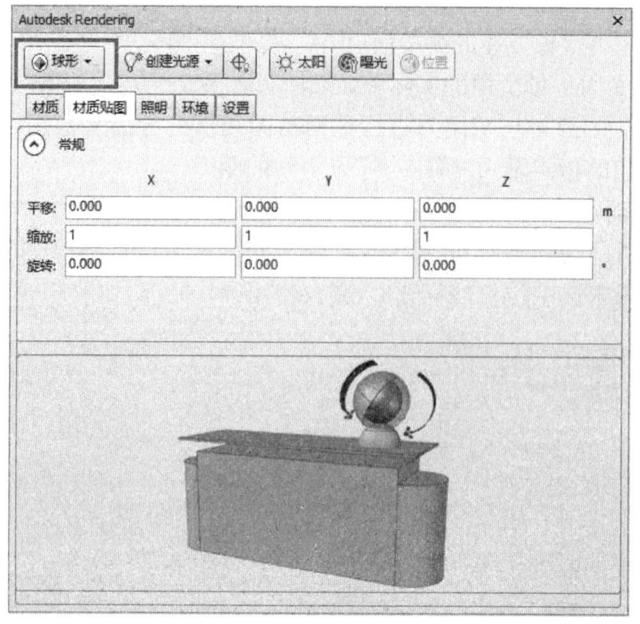

图 6-18　球形贴面

如果读者放置一个球体来包围某对象。每个 X、Y、Z 点都投影到球体上最近的点。U、V 实际上是点的极坐标(角度对)。

任务三　光源设置

为使模型的外观更加真实,提高场景的清晰度和改善三维视觉效果,可以在模型当中添加光源。Autodesk Rendering 中将光源分为两大类,一类是模型的照明光源,为人工光源;另一类是太阳和天空环境,即自然光源。

视频微课

光源渲染

3.1　照明设置

人工光源是利用【创建光源】下拉菜单,在场景中创建点光源、聚光灯、平行光源、光域网灯光照明,在场景中放置后,在【照明】选项卡中定义光源的物理特性,如图 6-19 所示。

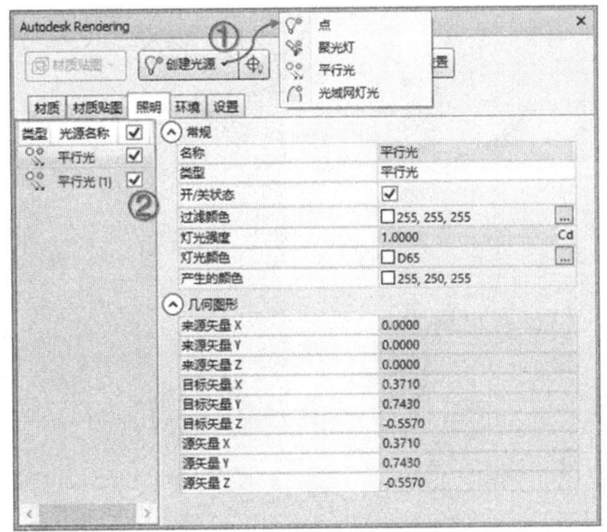

图 6-19　人工光源

演示动画

人工光源

1. 选择人工光源

(1) 点光源

点光源从其所在位置向各个方向发射光线,照亮周围的所有对象。点光源在【场景视图】中表示为线框球,体现常规照明效果,如图 6-20 所示。

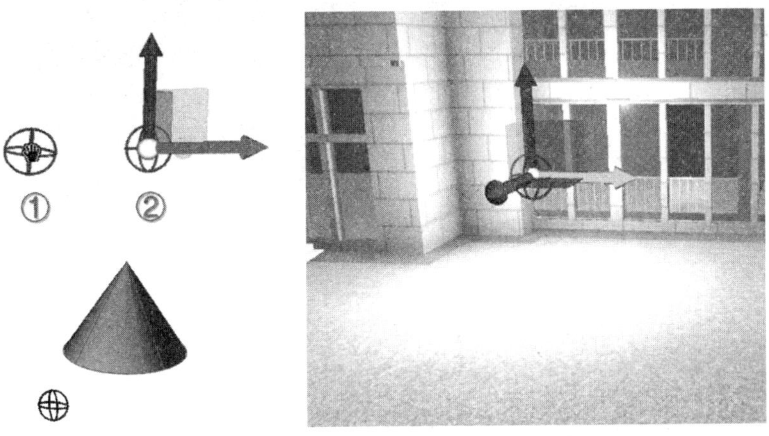

图 6-20　点光源

(2) 聚光灯

聚光灯会发射定向圆锥形光柱,聚光灯分布会投射一个聚焦光束,例如手电筒、剧场中的跟踪聚光灯或汽车前灯,如图 6-21 所示。

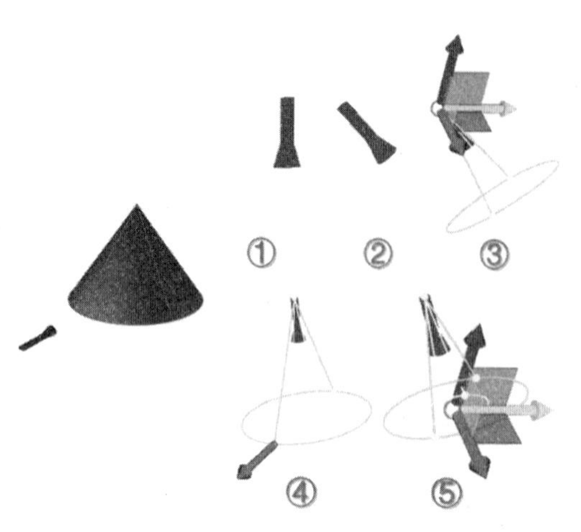

图 6-21 聚光灯

(3) 平行光源

平行光源仅在一个方向上发射一致的平行光线，其强度不会随着距离增大而减弱；它在任意位置照射面的亮度都与光源处的亮度相同，如图 6-22 所示。

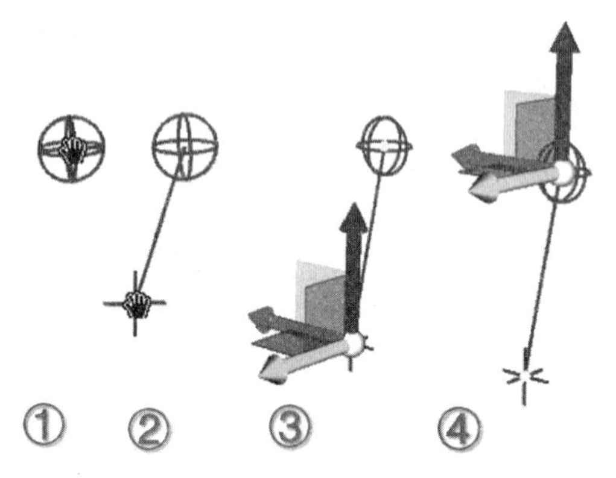

图 6-22 平行光源

(4) 光域网灯光

域网灯光可提供真实世界的光源分布，比聚光灯和点光源更加精确，如图6-23所示。

点击【创建光源】下拉菜单选择光源类型后，在【场景视图】中单击【以定义指定光源位置】，会出现光源小控件，可用于调整光源在模型中的位置。

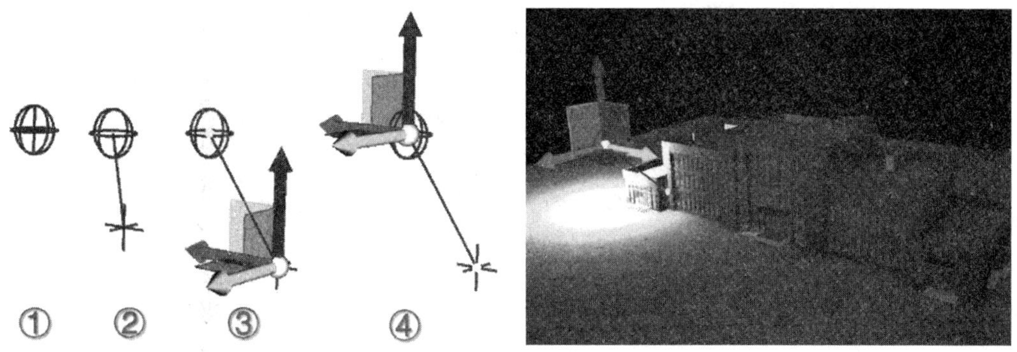

图 6－23　光域网灯光

2. 定义光源特性

在【照明】选项卡左侧可显示已创建的光源类型图标和名称，可以通过勾选光源名称后的复选框来设置光源在场景视图中的开关；选中某一光源后，右侧可以显示光源的相关特性，如颜色、强度、位置等，以点光源为例，如图 6－24 所示。

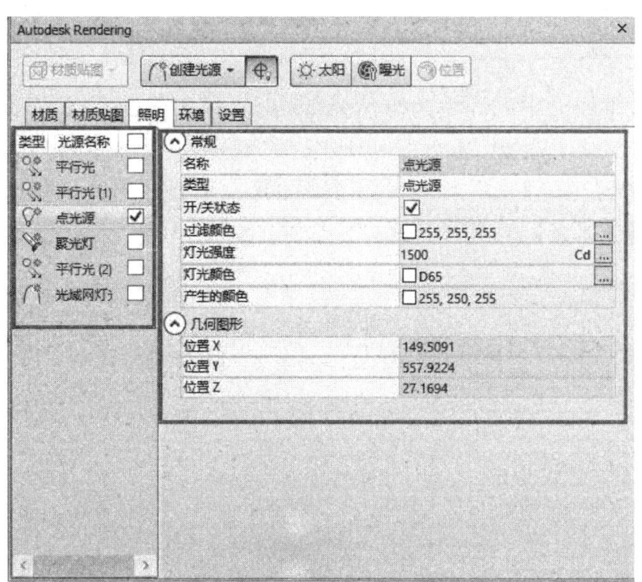

图 6－24　【照明】选项卡

（1）【常规】设置

说明：①【名称】：可更改光源名称。

②【开/关状态】：勾选控制光源在场景视图中的显示。

③【过滤颜色】：设定发射光的颜色，默认为白色，可理解为灯罩的颜色。

④【灯光强度】：可以通过【灯光强度】修改灯光亮度，获得光度控制灯光。【亮度】用于输入所需的光量，可以制定光强度单位：亮度（坎德拉）、光通量（流明）、照度（勒克斯）、瓦特（瓦），如图 6－25 所示。

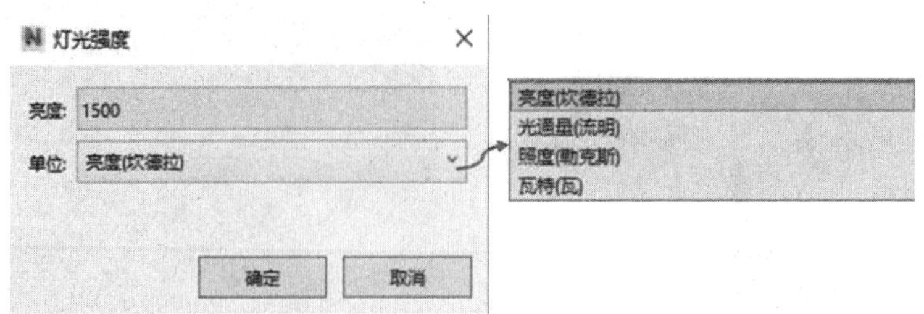

图 6-25 【灯光强度】对话框

⑤【灯光颜色】:将灯光颜色指定为 CIE 标准照明体(D65 标准日光)或开尔文颜色温度。

⑥【产生的颜色】:显示光源产生的颜色,由灯管颜色和过滤颜色共同决定,即灯光颜色与过滤颜色的乘积,以 RGB 分量值表示。

(2)【几何图形】设置

表示指定光源的 X、Y、Z 坐标位置。如果光源是聚光灯或光域网灯光,则可用更多的目标点属性。

3.2 环境设置

视频微课

环境渲染

Autodesk Rendering 中的环境为自然光源,用于模拟日光效果和天空照明,多受天气影响,需设置太阳、天空及曝光等。在【Autodesk Rendering】窗口选择【环境】选项卡,单击工具栏的【太阳】和【曝光】,【环境】选项卡中的【太阳】、【曝光】会显示勾选【打开】,如图6-26所示。

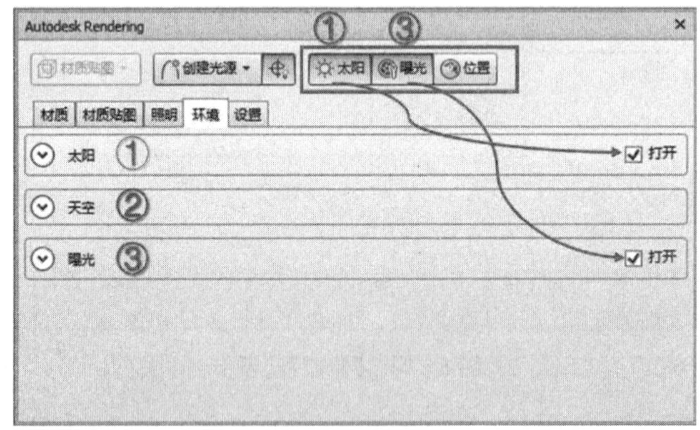

图 6-26 环境

1. 太阳

太阳与天空是自然光源的主要来源。太阳是一种类似于平行光的特殊光源,太阳光线是淡黄色,而大气投射的光线来自所有方向且颜色为明显的蓝色。

太阳的角度由为模型指定的地理位置以及日期和时间决定,可以利用【太阳】属性更改太阳的亮度及其光线的颜色,如图 6-27 所示。

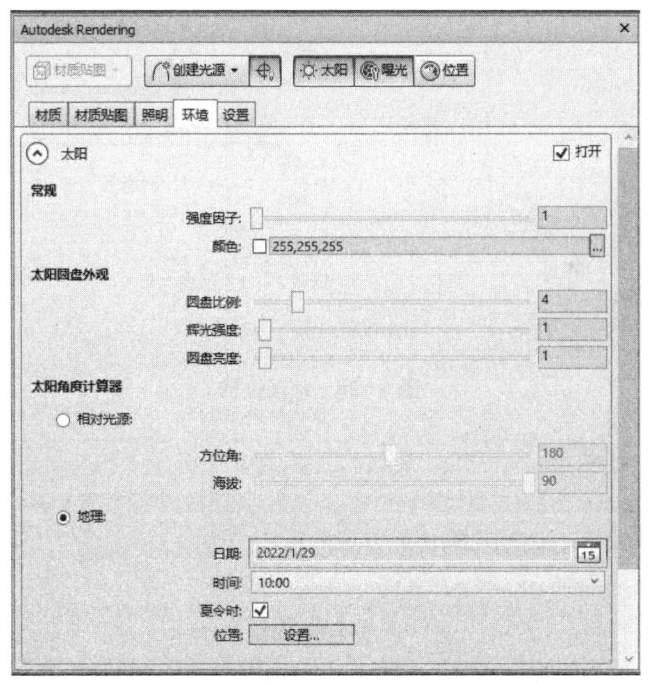

图 6－27　太阳

（1）常规

【常规】用于设置并修改阳光的属性，【强度因子】设定阳光的强度，数值越大，光源越亮。【颜色】可选择太阳的颜色。

（2）太阳圆盘外观

【太阳圆盘外观】控制太阳圆盘的外观，修改【圆盘比例】，默认值为 1.0；指定太阳【圆盘亮度】和【辉光强度】，值越大，太阳圆盘及辉光越亮，太阳圆盘外观修改仅影响背景。

（3）太阳角度计算器

可选择【相对光源】和【地理】两种方式设置太阳的角度。默认设置为【相对光源】，使用建筑或视点的相对太阳位置以快速生成渲染结果，通过指定水平坐标系的方位角坐标和地平线以上的海拔或标高确定太阳角度，默认情况下，方位角设置为 135，海拔设置为 50。

【地理】中，可设置实际的日期、时间、位置，设定夏令时的当前设置。夏令时制又称“日光节约时制”或“夏令时间”，是一种为节约能源而人为规定地方时间的制度，在这一制度实行期间所采用的统一时间称为“夏令时间”。

单击【位置】设置按钮或者单击工具栏的【位置】，可以打开【地理位置】对话框，确定时区、经纬度、北向角度，如图 6－28 所示。

说明：①【纬度和经度】：以“十进制数”表示纬度/经度，例如 45.560398°；以“度/分/秒”表示纬度/经度，例如 45°56′20″。

②【纬度】：有效范围是 0°～＋90°。北/南：控制正值是表示赤道以北还是表示赤道以南。

③【经度】：有效范围是 0°～＋180°。东/西，控制正值是表示本初子午线以西还是表示本初子午线以东。

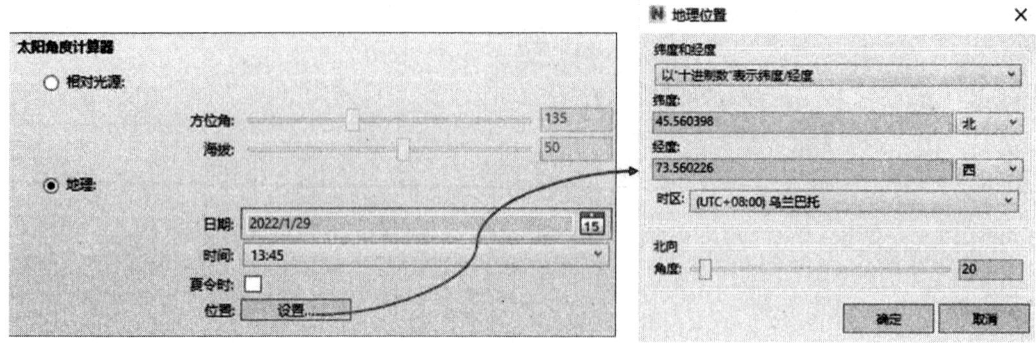

图 6-28 地理位置

④【时区】:指定时区,中国城市都是"东八区:北京,重庆,上海,香港"。

⑤【北向】:在【场景视图】中控制太阳的位置,此设置对模型的坐标系或 ViewCube 指南针方向没有任何影响。移动滑块来指定相对于北向的角度,范围为 0°~360°。

2. 天空

【天空】可设置天空的属性参数,如图 6-29 所示。

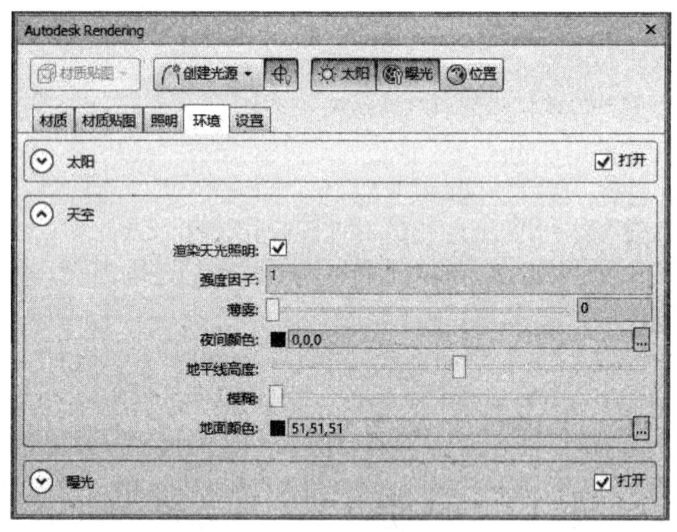

图 6-29 天空

(1) 渲染天光照明

勾选【渲染天光照明】将在【场景视图】中启用阳光效果。对于真实视觉样式和真实照片级视觉样式,都将显示该效果。

(2) 强度因子

【强度因子】提供一种增强天光效果的方式,默认值为 1.0。

(3) 薄雾

【薄雾】滑块可以确定大气中的雾量,默认值为 0.0。

(4) 夜间颜色

【夜间颜色】可以使用颜色选取器选择夜空的颜色。

(5) 地平线高度

【地平线高度】使用滑块来调整地平面的位置,也会影响太阳下山的位置。

(6) 模糊

【模糊】使用滑块来调整量地平面和天空之间的模糊量。

(7) 地面颜色

【地面颜色】可以使用颜色选取器选择虚拟地平面的颜色。

3. 曝光

【曝光】控制如何将真实世界的亮度值转换到图像中,参数如图 6-30 所示。

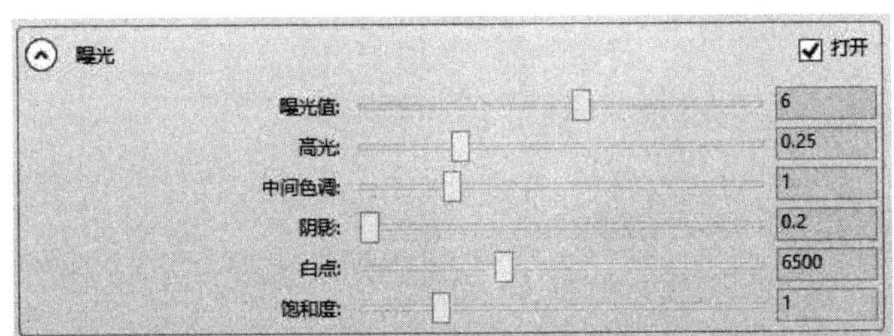

图 6-30 曝光

(1) 曝光值

【曝光值】滑块可以调整渲染图像的总体亮度,相当于具有自动曝光功能的相机中的曝光补偿设置,默认值为 6。

(2) 高光

【高光】滑块可以调整图像最亮区域的亮度级别,默认值为 0.25。

(3) 中间色调

【中间色调】滑块可以调整亮度介于高光和阴影之间的图像区域的亮度级别,默认值为 1。

(4) 阴影

【阴影】滑块可以调整图像最暗区域的亮度级别,默认设置为 0.2。

(5) 白点

【白点】可控制在渲染图像中应显示为白色光源的色温,类似于数码相机上的"白平衡"设置,默认值为 6500。

如果渲染图像偏橙,可减小白点值。如果渲染图像偏蓝,可增大白点值。

(6) 饱和度

【饱和度】决定渲染图像中颜色的强度,值越大,色彩越鲜艳。默认值为 1。

注意:太阳和天空的效果仅仅只在开启曝光的情况下使用,否则场景视图的背景将强制变为白色。

3.3 照明效果

Navisworks 提供四种场景灯光显示方式，来控制场景中现实的光线。设置人工光源后，需要在三维场景中调整光源模式展示照明效果，在【视点】选项卡的【渲染样式】面板，从【光源】下拉菜单可以选择光源模式：全光源、场景光源、头光源和无光源，如图 6 - 31 所示。

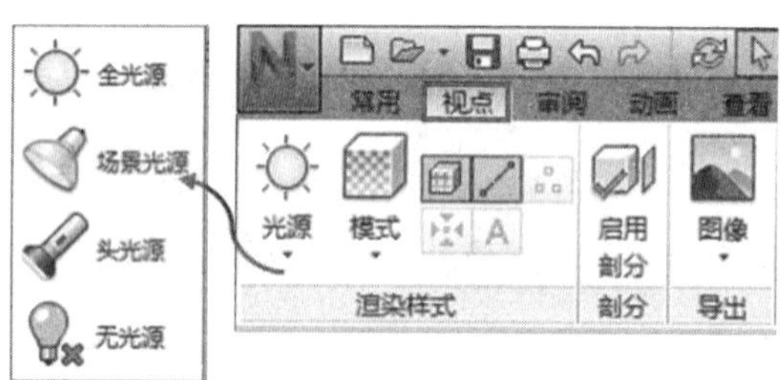

图 6 - 31　光源模式

不同光源模式下照明效果比较可扫描二维码观看。

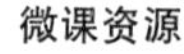
微课资源

照明效果比较

1. 全光源

使用已通过【Autodesk 渲染】工具定义的光源。

2. 场景光源

使用已从原生 CAD 文件提取的光源。如果没有可用光源，则将改为使用两个默认的相对光源。

3. 头光源

使用位于相机上的一束平行光，它始终与相机指向同一方向。可打开【文件选项】的【头光源】选项，对环境和头光源的亮度进行修改。

4. 无光源

将关闭所有光源，场景使用平面渲染进行着色。

任务四　渲染

利用【Autodesk Rendering】窗口对材质进行修改并应于与模型，设置好光源后，在【设置】选项卡中自定义渲染设置，或者在功能区【渲染】选项卡上，单击【光线跟踪】组合下拉按钮，选择渲染样式后，单击【光线跟踪】开始进行渲染。

在【渲染】选项卡的【系统】面板中，可单击【在云中渲染】，使用 Autodesk 360 中的渲染在当前视点中创建 3D 模型的真实照片级视图，单击【渲染库】，可以联机访问和修改的渲染。以上两个功能的实现，都需要登录 Autodesk360 账号实现。

4.1 渲染设置

在渲染之前，可以在预定义渲染样式中进行选择，控制渲染输出的质量和速度。高质量的图像通常所需的渲染时间也最长，涉及大量的计算。

【Autodesk Rendering】窗口中的【设置】选项卡提供了 6 个渲染预设选项和 1 个自定义设置选项，如图 6－32 所示。可以通过单击功能区上【渲染】选项卡的【交互式光线跟踪】面板中的【光线跟踪】组合下拉按钮访问这些渲染样式，如图 6－32 所示。

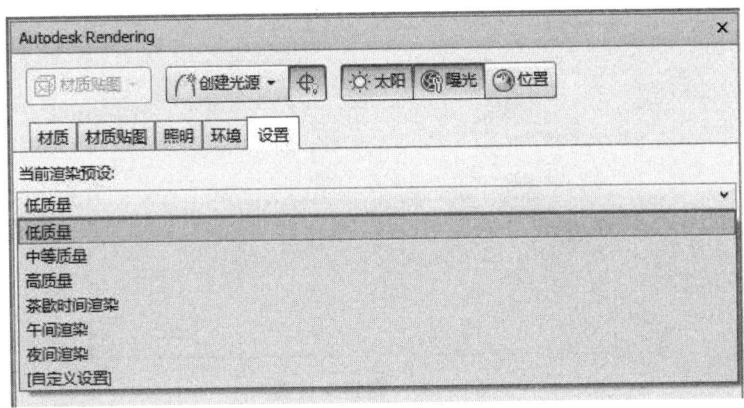

图 6－32 渲染预设

1. 渲染预设

(1) 低质量

【低质量】渲染样式下抗锯齿将被忽略，适用于要快速看到应用于场景的材质和光源效果的情况，但着色质量低，生成的图像存在较多瑕疵。

(2) 中等质量

【中等质量】抗锯齿处于活动状态，与【低质量】渲染样式相比，反射深度设置增加，生成的图像只有少许瑕疵。在导出最终渲染输出之前，可以使用此渲染样式执行场景预览。

(3) 高质量

【高质量】抗锯齿、样例过滤和光线跟踪处于活动状态，图像质量很高，所需的生成时间最长。用于渲染输出的最终导出，生成的图像具有高保真度，并且最大限度地减少了瑕疵。

(4) 茶歇时间渲染

使用简单照明计算和标准数值精度将渲染时间设置为 10 分钟。

(5) 午间渲染

使用高级照明计算和标准数值精度将渲染时间设置为 60 分钟。

(6) 夜间渲染

使用高级照明计算和高数值精度将渲染时间设置为 720 分钟。

【低质量】和【茶歇时间渲染】样式的渲染速度最快，而【高质量】和【夜间渲染】的渲染速度最慢。

2. 自定义设置

通过【设置】选项卡自定义基本和高级渲染设置以供渲染输出，如图 6－33 所示。

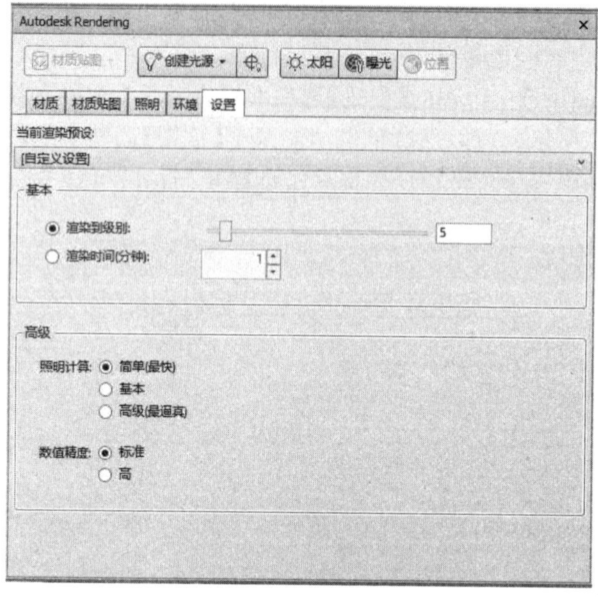

图 6－33　自定义设置

（1）基本

说明：①【渲染到级别】：指定 1 到 50 的渲染级别，级别越高，渲染质量越高。

②【渲染时间(分钟)】：指定渲染时间，以分钟为单位。渲染动画时，此设置将控制渲染整个动画，而不是单独的动画帧所花费的时间。

（2）高级

说明：①【照明计算】：指定照明计算的复杂程度。

②【数值精度】：指定数值精度。

4.2　渲染图像

1. 交互式光线追踪

视频微课

渲染输出功能

交互式光线追踪面板中包含【光线跟踪】、【暂停】、【停止】三个选项，如图 6－34 所示。

图 6－34　交互式光线跟踪

如果需要暂时停止渲染过程，单击【暂停】按钮。若要退出真实照片级渲染并返回到真实视觉样式，单击【停止】按钮。

2. 渲染图像导出

可以保存渲染的场景或将其导出为图像，渲染场景后，在【导出】面板中，单击【图像】，弹出【导出图像】对话框，如图 6-35 所示。

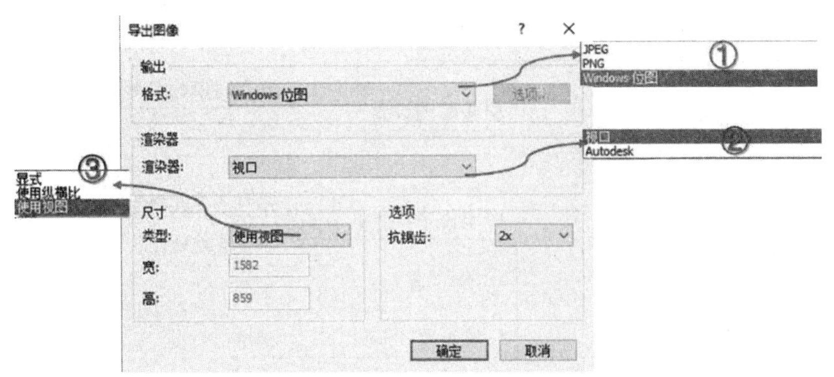

图 6-35　【导出图像】对话框

演示文件

渲染图片

(1) 输出格式

从下拉列表可选择 Navisworks 支持的图像类型之一：JPEG、PNG、Windows 位图。

对于选择 PNG 图像，可以从【选项】中设置【隔行扫描】和【压缩级别】；对于 JPEG 图像，可以从【选项】中设置【压缩】和【平滑】级别。

(2) 渲染器

可选择图像渲染器。

> 说明：①【视口】：快速渲染图像，适合于预览图像。
>
> ②【Autodesk】：使用 Autodesk 渲染器导出图像，使其具有当前选定渲染样式。使用 Autodesk 渲染器时，可以将材质和光源效果应用于所需场景，然后调整曝光设置。

(3) 尺寸

从下拉列表可指定设置已导出图像的尺寸，有以下几种。

> 说明：① 显式：自定义输入宽度和高度尺寸，以像素为单位。
>
> ② 使用纵横比：指定高度或宽度，另一参数会根据当前视图的纵横比自动计算的。
>
> ③ 使用视图：使用当前视图的宽度和高度，所保存图像的大小基于活动场景视图的大小，可以通过调整【场景视图】的大小来更改渲染图像的大小。

所导出动画的图像尺寸越大，分辨率就越高，会明显增加渲染时间。

(4) 选项

> 说明：【抗锯齿】：该选项仅适用于视口渲染器，用于使导出图像的边缘变平滑。数值越大，图像越平滑，但是导出所用的时间就越长。4x 适用于大多数情况。单击【确定】后，浏览到存储位置，然后输入要保存渲染图像的名称，单击【保存】即可。

【小结 · 思维导图】

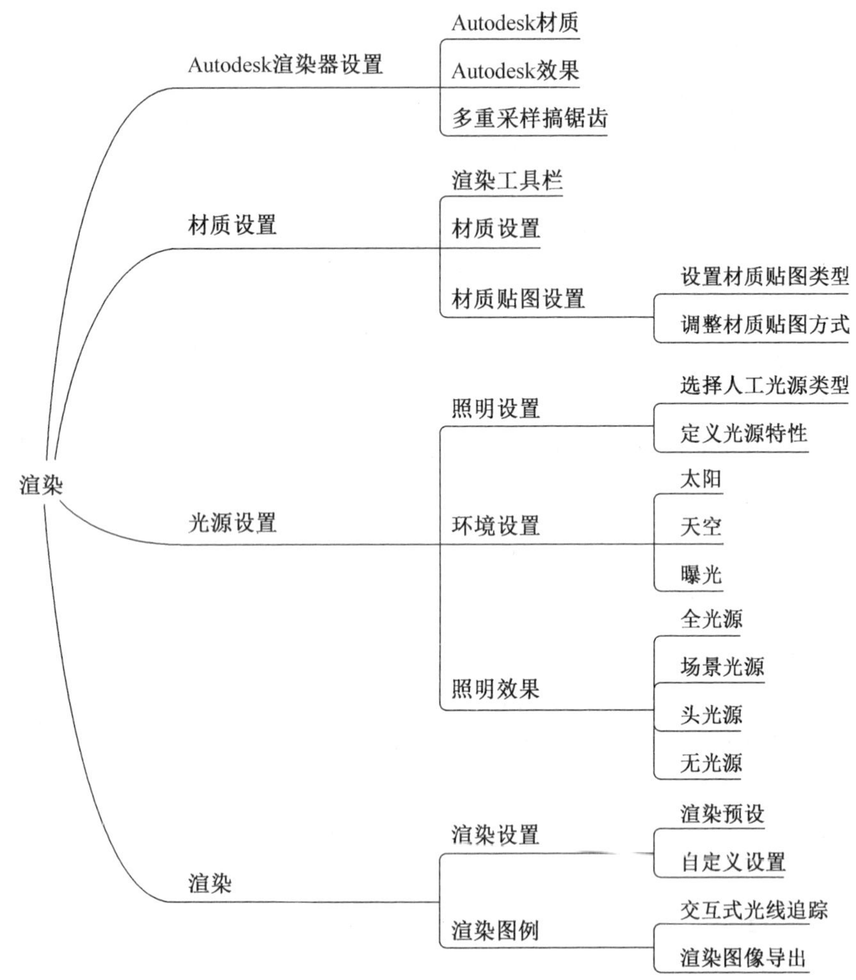

【拓展演练】

请扫码下载练习文件，并在 Navisworks 中完成以下任务：

1. 使用练习文件中的贴图，对户型模型中的墙体、地面、门窗等进行材质设置；

课后习题/练习文件

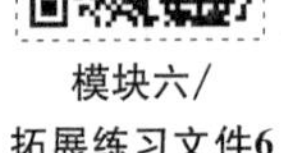

模块六/拓展练习文件6

2. 利用室内灯具、室外灯具的特性，创建不同类型的室内、室外人工光源；

3. 设置模型地理位置为本地，创建自然光源，能看到太阳；

4. 渲染高质量图像，使用光线追踪：

① 人工光源：室内不同房间、室外整体；

② 自然光源：早上 6:00、中午 12:00，晚上 17:45；

5. 导出以上渲染图像，格式：JPEG，尺寸大小：视图尺寸。

【自我评价】

请根据对软件操作掌握程度，在自我评价量表上打分。

序号	评价指标	分值(0～10 分)
1	我能够理解 Autodesk 渲染器的参数含义，并能进行相应设置	
2	我能够利用渲染工具栏进入材质、光源设置	
3	我能够利用材质编辑器对材质进行设置，并赋予指定对象	
4	我能够理解材质贴图的类型及调整方式	
5	我能够根据照明用具和效果的不同，选择合适的类型并添加人工光源	
6	我能够对自然光源的太阳设置，修改项目位置，模拟想要的日光效果	
7	我能够天空、曝光进行设置，模拟想要的天空照明	
8	我能够根据人工、自然光源的不同，调整合适的光源模式	
9	我能够自定义渲染选项，设置渲染质量，进行交互式光线追踪	
10	我能够导出需要的格式、尺寸的渲染图像	
总分		
备注	(采取措施)	

模块七

动画制作

【知识目标】

1. 掌握录制和相机动画的创建和编辑；
2. 掌握图元移动、旋转、缩放等场景动画的创建和编辑；
3. 掌握简单施工机械、施工工序动画的创建和编辑；
4. 了解不同触发条件下的交互式动画的创建和编辑；
5. 掌握动画输出设置。

【能力目标】

1. 能够使用视点工具进行实时动画录制，能够通过创建视点方式完成漫游/飞行动画、视点切换和剖面生长动画的创建和编辑；
2. 能够地使用 Animator 工具面板，完成图元移动、旋转、缩放动画的创建和编辑；
3. 能够地使用 Animator 工具面板，完成施工机械、施工工序动画的创建和编辑；
4. 能够使用 Scripter 工具窗口，完成不同触发条件下的交互式动画的创建和编辑；
5. 能够完成视点/场景动画、交互式动画的导出。

【素质目标】

通过理论与实际结合，培养学生认真细致、实事求的科学态度；

通过动画制作实践操作，培养和提高学生的动手能力，培养学生的合作精神和精益求精的工匠精神。

【任务介绍】

任务一　视点动画的创建：录制动画创建；漫游/飞行、视点切换、剖面生长动画创建；

任务二　场景动画的创建：Animator 工具；图元移动、旋转、缩放动画创建；施工机械、施工工序动画创建；

任务三　交互式动画的创建：Scripter 工具；不同触发条件下交互式动画创建；

任务四　动画输出：视点/场景动画的导出；交互式动画的导出。

【任务引入】

某住宅小区工程位于城市中心核心区域，总建筑面积达 10 万平方米，由 9 栋高层住宅组成。由于工程较大，承包商想采用 BIM 施工模拟动画的方式，展示以下施工过程：

① 土方施工：在预估周边环境的状况下，进行土方施工前的运输路线分析，完成土地的平整和开挖；

② 结构施工：将结构施工的一些难点如吊装、浇筑等方案进行施工工艺模拟；

③ 装修施工：对工程细节进行高精度测量和记录，对装修施工方案进行精细调整与展示。

思考：

1. Navisworks 软件可以完成以上案例中的哪些内容？
2. 要完成以上施工动画，需要做哪些准备工作？

Autodesk Navisworks 提供了两种类型的动画，一类是视点动画，主要有实时录制、视点保存、利用剖面等创建方法。

另一类是对象动画，主要有场景动画、交互式动画和施工进度模拟动画。其中场景动画又可分为移动、旋转、缩放、相机动画，例如：创建一辆混凝土搅拌运输车按施工现场布置道路行驶的移动动画，一扇门开启、关闭的旋转动画或结构柱施工模拟的生长缩放动画等；还可以定义一些在场景中符合特定规则的动画行为，使图元具有一定的智能判断机制，来模拟人机交互的环境，使动画场景更加真实生动。例如，定义一个门开启的场景动画后，通过脚本进一步定义，当漫游到达门附近指定区域范围后，门会自动开启，人离开指定区域范围后，门自动关闭。

施工进度模拟动画将会在模块八中详细介绍。

任务一　视点动画创建

在 Navisworks 中创建视点动画有两种方法，一种是简单地录制实时漫游，另外一种是通过组合特定视点，插入到视点动画中，完成模型自旋转、漫游、剖面等展示动画的制作。

视频微课/
练习文件

视点动画

1.1　录制动画

录制动画是利用 Navisworks 的录制功能，将实时漫游进行记录的过程。单击【视点】选项卡里的【保存、载入和回放】面板，选中【保存视点】下拉菜单中的选择【录制】按钮；或者点击【动画】选项卡里的【创建】面板的【录制】按钮，开始录制，如图 7-1 所示。

接下来，以模型自旋转动画为例，来看一下如何录制动画。

首先扫描二维码下载并打开练习文件中的“7.1 视点动画.nwf”文件。

为了更好地录制模型空中环绕效果，需要确定固定的场景视图的旋转轴心，利用视图右上角的 ViewCube 立方体，调整好模型视角，将光标放置到实训基地中心大致位置上，使用鼠标滚轮对模型滚动缩放时，光标位置出现绿色的轴心，此位置为当前场景视图制定的旋转轴心，如图 7-2 所示，移动鼠标位置滚动缩放可修改轴心位置。

确定好视图的旋转轴心后，点击【录制】，使用 ViewCube 进行旋转，或者利用“Shift”+

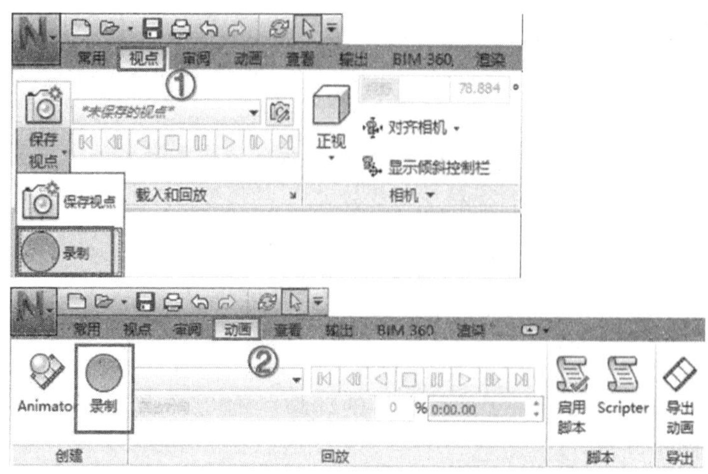

图 7-1　录制动画

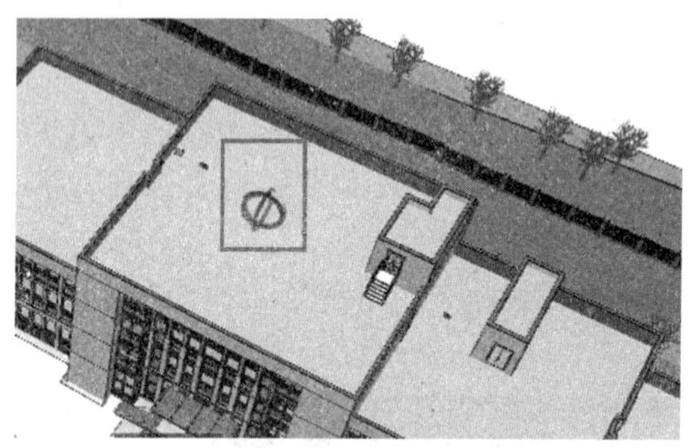

图 7-2　定位旋转轴心

鼠标中键完成模型环绕一圈(具体旋转操作详见 2.1.6 节),点击【停止】按钮停止录制。录制完成后,【保存的视点】窗口下会出现名为"动画 1"的动画文件,如图 7-3 所示。

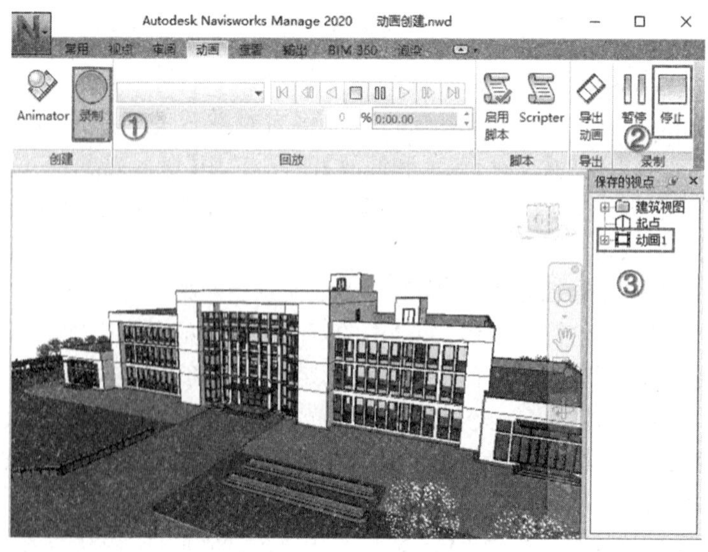

图 7-3　录制动画

如果只想在某一个平面上进行旋转，可利用右侧【导航】工具栏的【受约束的动态观察】进行控制旋转。

注意：为了保证动画录制的流畅性，读者可以使用快捷键进行开始和结束录制的操作。"Ctrl"＋上方向键为开始录制，"Ctrl"＋下方向键为结束录制。

在【保存的视点】窗口动画名称下单击鼠标右键，利用弹出快捷菜单【重命名】修改动画名称为"模型自旋转动画"，动画上单击鼠标右键，选择【编辑】，出现【编辑动画】对话框，如图7－4所示。

演示动画

模型自旋转

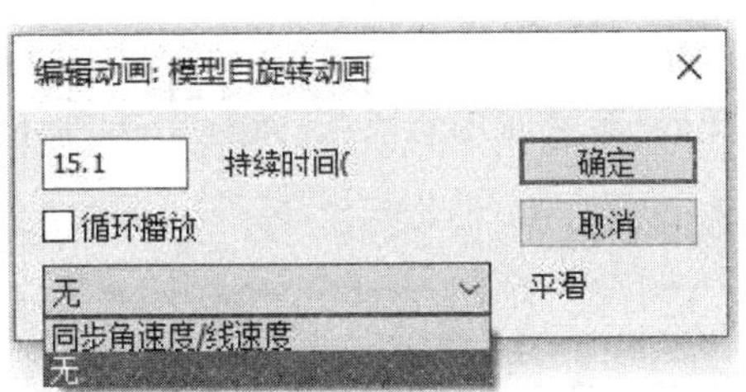

图7－4　动画编辑

在【持续时间】中输入所需动画持续时长（以秒为单位）；如果希望视点动画连续播放，则选中【循环播放】复选框；在【平滑】下拉列表中，选择希望视点动画使用的平滑类型，"无"表示相机将从一帧移动到下一帧时，不尝试在拐角外进行任何平滑操作，"同步角速度/线速度"将平滑动画中每个帧的速度之间的差异，从而产生比较平稳的动画。

点击动画名称前面的"＋"号，将动画展开，可以看到该动画下自动记录的帧数，可以对具体每一帧的相机位置、漫游速度进行修改。

已完成的动画可以通过导航栏的【动画】选项卡【回放】面板对进行查看和播放，如图7－5所示。

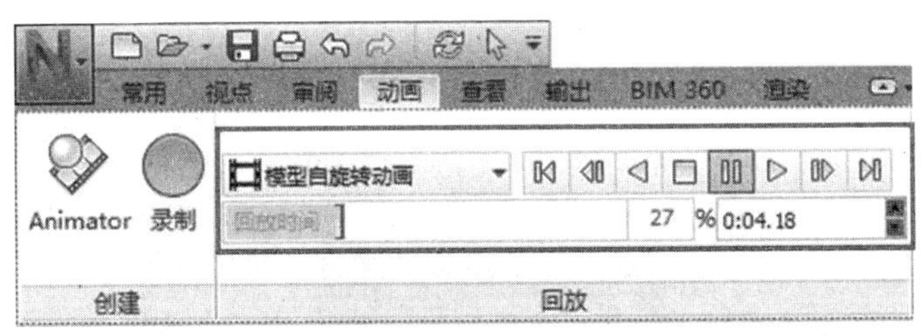

图7－5　录制动画回放

录制动画的过程中，操作过程记录非常细致，动画帧数密度非常高，因此对软件的操作熟练程度要求较高，后期修改处理工作量较大，适合时间较短的动画。

视频微课

相机动画

1.2　相机视点动画

通过手动添加视点的方式创建视点动画，可以快速有效保存模型中的视图，还能灵活地编辑相机视点快照。

1. 漫游/飞行动画

以录制或者相机动画的方式制作漫游动画时，都需要结合漫游工具完成。接下来打开前面完成的“7.1 视点动画. nwf”，完成环绕模型一周的漫游动画的创建。

在【保存的视点】窗口空白处，点击鼠标右键，选择【添加动画】，并将动画重命名为“模型环绕漫游动画”。

(1) 规划漫游路径

在开始添加视点前，先规划好漫游路径，即确定需要添加的相机视点位置，此次要做的是围绕项目在地面上巡视一周，由于软件会自动拟合两视点之间的路径和过渡场景，漫游过程中尽量保持直线，在转角位置多增加几个视点，如图 7-6 所示。

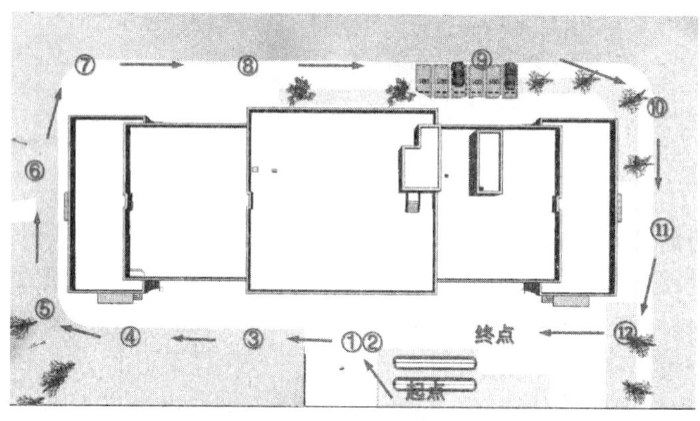

图 7-6　规划漫游路径

(2) 确定起点相机位置

确定好起点相机的位置和观察点，激活【视点】选项卡【导航】面板里的【漫游】功能，并勾选【真实效果】的【重力】，在场景视图调整好起点位置至实训基地的西北侧，如图 7-7 所示，在刚添加的“室外漫游动画”上单击鼠标右键，选择【保存视点】，并重命名为“0 起点”。

视频微课

室内/室外漫游

图 7-7　漫游起点相机

(3) 保存视点

继续使用【漫游】命令，行走至实训基地正门，至台阶前一定距离，保存视点“1 建筑正前方”。然后向后滑动鼠标滚轮，调整视角为仰视建筑前立面，并保存视点“2 仰视建筑前立面”。向左旋转视图，保存视点“3 左转”。继续沿着项目南侧方向前进，行走至雨篷前，保存视点“4 南雨篷处”。行至东南拐角处，右转，保存视点“5 建筑东南角”。继续沿建筑南侧行走，保存视点“6 建筑南侧”。在拐角处，保存视点“7 建筑西南侧”。通过鼠标滚轮中键调整视角，行走至建筑后立面北端，保存视点“8 建筑北侧”。保持仰视，保存“9 仰视横移”。行至西北角，查看建筑轮廓全貌，保存视点“10 建筑西北角”。拐弯，行走至建筑北门，保存视点“11 建筑北侧”。继续行走至东北角查看建筑全貌，保存视点“12 建筑东北角”。转弯，调整视角，行走至建筑正门附近，保存视点“13 结束”。

采用手动添加视点创建动画，其实也相当于在某些关键位置添加关键帧，在需要的位置，按要求调整相应的视角，然后保存视点，并进行合适的命名，如图 7-8 所示。

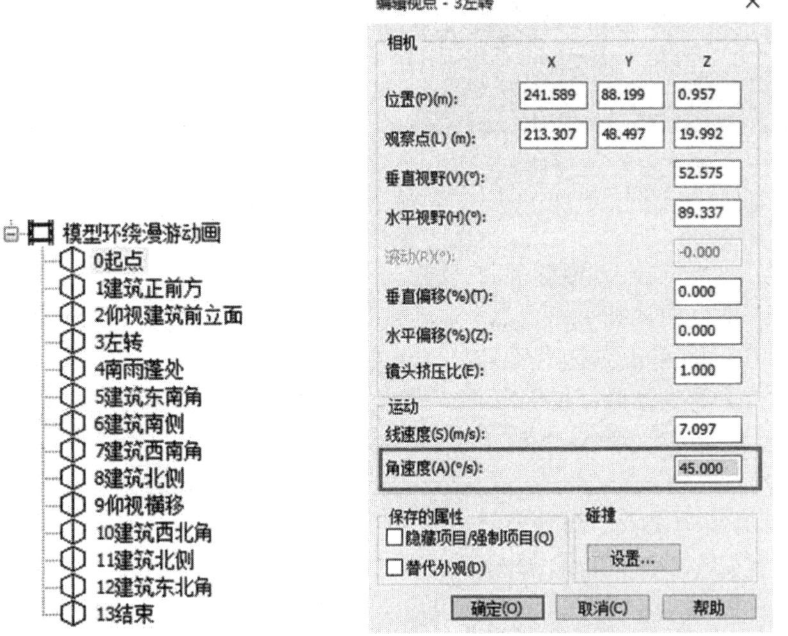

图 7-8　保存视点

图 7-9　视点编辑

演示动画

模型飞行/
模型环绕漫游

(4) 视点编辑

如果某个视点的顺序不对，可以在【保存的视点】窗口，选中该视点，按住鼠标左键将其拖动到正确的顺序位置即可。

如果想对某个视点的持续时间进行控制，可选中该视点，点击右键，选择【编辑】，可以对视野、线速度、角速度等进行控制。比如，第四个视点软件默认角速度为 45°，视角提升过快，可将其改为 10°，以比较缓慢的速度往上抬升视角，因在仰视时，人物站在原地未动，所以线速度可不更改，如图 7-9 所示。

对于空中飞行动画，利用【导航】工具栏中的【飞行】功能实现，操作与漫游动画类似。

2. 视点切换动画

(1) 保存视点

除了上面使用漫游完成项目环绕动画外，还可以从室外不同立面角度保存视点，在【保存的视点】窗口新建“模型立面切换动画”，使用 ViewCube 切换到四个立面，在该动画下保存东南西北四个立面视点，如图 7 - 10 所示。

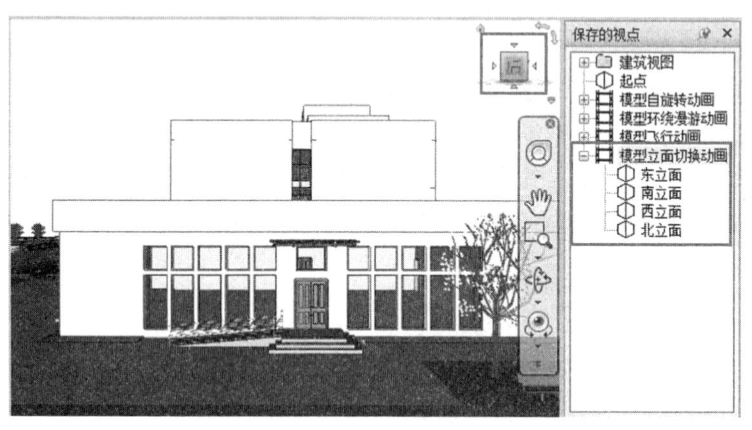

图 7 - 10　立面视点

演示动画

建筑立面切换/立面切换优化

(2) 添加剪辑

此时软件自动实现不同视点的自动过渡，如需要直接从上一视点切换到下一视点，在该动画下每个视点之间，单击鼠标右键选择【添加剪辑】，可键入剪辑的动画帧的名称，或者按 Enter 键接受默认名称，默认名称为“剪切”，如图 7 - 11 所示。

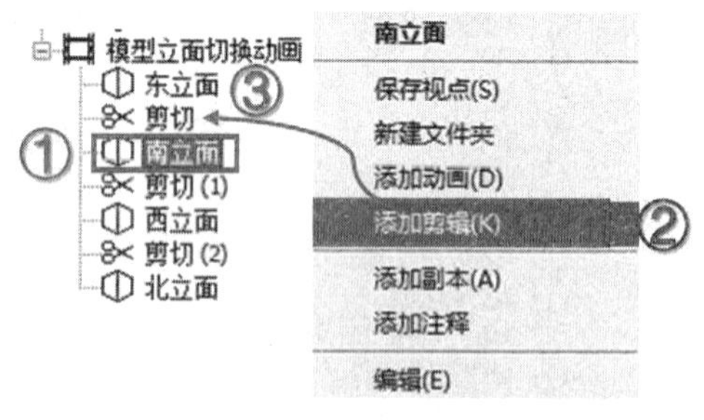

图 7 - 11　添加剪辑

剪辑的默认持续时间为 1 s，要改变此暂停的持续时间，在该剪辑上单击鼠标右键，选择【编辑】，在【编辑动画剪辑】对话框的【延迟】文本框中，根据效果需要，输入该暂停所需的持续时间(以秒为单位)，如图 7 - 12 所示，实现跳转功能延迟。

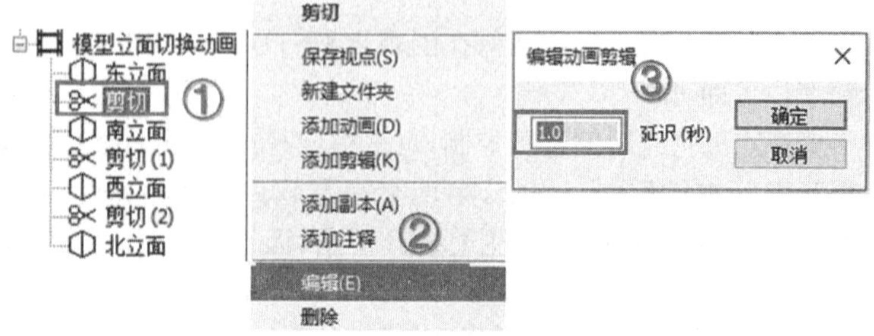

图 7 - 12　跳转延迟

为了让各场景切换更流畅，更好地满足展示效果表达，可以在单一视点之间补充不同视点位置、角度的变化，形成综合的视点组合。

3. 剖面生长动画

视频微课

剖面动画

剖面生长动画主要是利用剖分功能对模型进行剖切，使剖面发生位移，然后记录剖面位移的过程，保存视点来简单地模拟建筑生长的状态。

（1）启用剖分

打开前面的“7.2 视点动画.nwf”文件，创建一个自下而上的建筑生长过程的剖面动画。点击【视点】选项卡【剖面】面板的【启用剖分】，激活【剖分工具】，如图 7 - 13 所示，剖分操作详见 3.2.2 节。

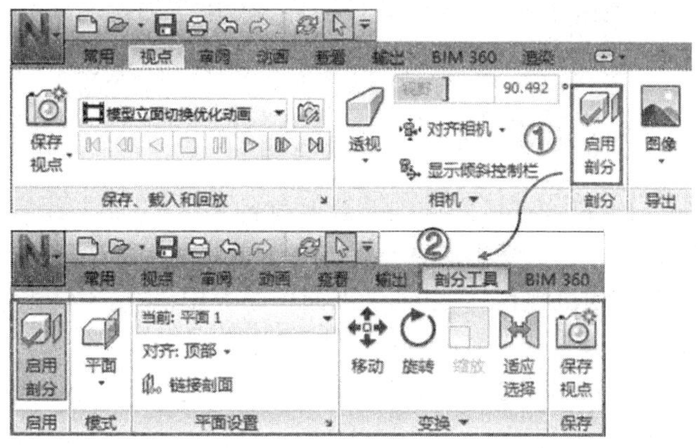

图 7 - 13 启用剖分

选择【平面】模式，选择当前平面为【平面 1】，对齐顶部，点击【移动】命令，如图 7 - 14 所示。

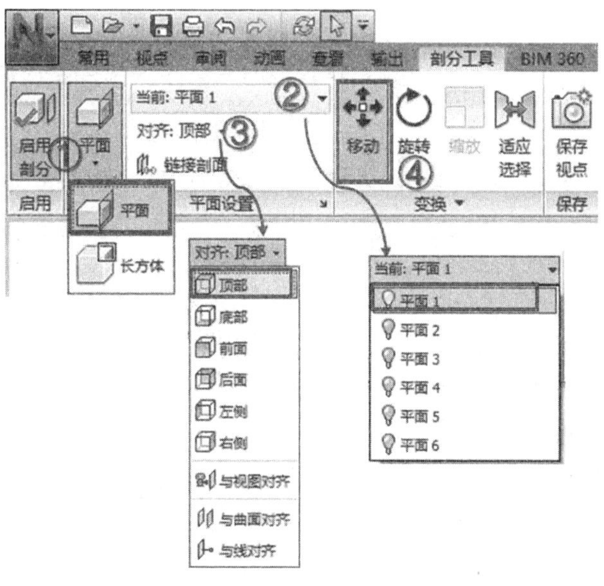

图 7 - 14 剖分设置

> 注意:【剖分工具】在激活【变换】面板中的【移动】、【旋转】、【缩放】、【适应选择】命令时,剖切位置会显示出来,需要根据剖切效果,选择当前平面及对齐方向。

(2) 保存视点

点击剖切位置 Z 向控制轴,拖动到场地平面,如图 7-15 所示。

演示动画

剖面生长

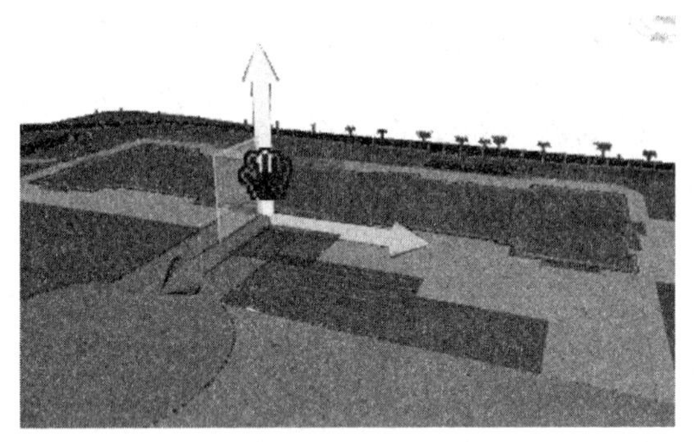

图 7-15 剖切场地平面

打开【保存的视点】窗口,右键【添加动画】,重命名为"自下而上建筑生长剖面动画",右键点击该动画选择【保存视点】,把当前视点保存下来,并命名为"1 建筑底部"。继续点击 Z 向剖切面控制轴,可调整相机视角,向上移动剖面至第一层,之后右键点击选择【保存视点】,并命名为"2 建筑一层"。重复以上操作,直至建筑顶部。

通过导航栏的【动画】选项卡【回放】面板查看和播放创建的所有动画。在动画播放过程中,会看到剖切面控制轴会一直显示,可以在【剖分工具】上下文选项卡【变换】面板点击【移动】命令,取消其显示。

> 注意:如果剖面动画中的视点自始至终都没有发生位置变化的话,那么此剖面动画就不能直接修改时长和视点的线速度。

任务二 场景动画创建

Navisworks 提供【Animator】工具面板,通过添加场景和动画集,以关键帧的形式记录在各时间点中图元的位置变换、旋转及缩放,生成图元移动、旋转、缩放动画,并对场景和动画集进行管理。

2.1 Animator 工具

【Animator】工具窗口常用打开方式有以下 4 种。

第一种是通过【常用】选项卡的【工具】面板里点击【Animator】图标按钮,如图 7-16 所示。

图 7－16　【Animator】工具面板打开方法 1

第二种是从【动画】选项卡的【创建】面板里点击【Animator】图标按钮，如图 7－17 所示。

图 7－17　【Animator】工具面板打开方法 2

第三种是点击【查看】选项卡下面的【窗口】下拉菜单，勾选【Animator】复选框，如图 7－18 所示。

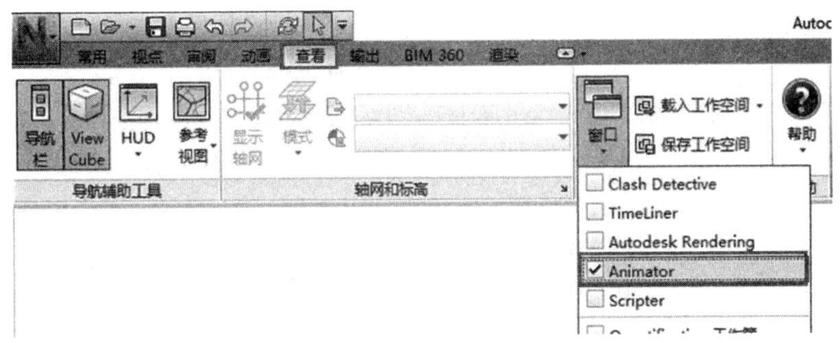

图 7－18　【Animator】工具面板打开方法 3

第四种是直接通过快捷键“Ctrl＋F5”来打开或关闭【Animator】工具窗口。

打开后的【Animator】工具窗口，主要包含工具栏、树形视图、时间轴和手动输入栏 4 个功能区，如图 7－19 所示。

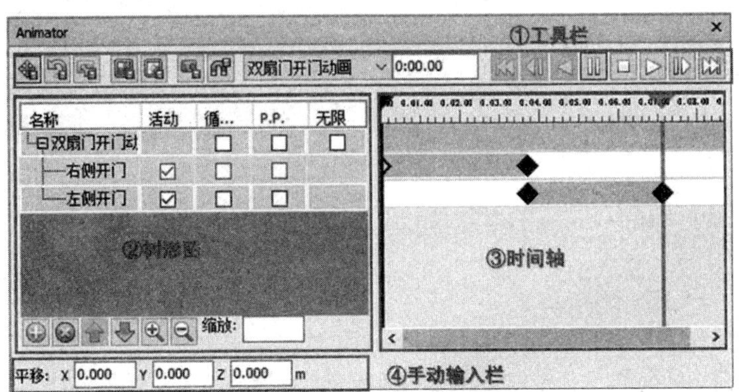

图 7－19　【Animator】工具窗口

1. 工具栏

工具栏包含了如表 7－1 所示的图元移动、旋转、缩放动画集创建、编辑和播放功能按钮，实现动画创建、编辑和播放。【Animator】工具窗口在未创建动画集时，工具栏区域移动、旋转、缩放等动画创建按钮为灰色显示，不可用。

表 7－1 【Animator】工具功能按钮

图标	功能	图标	功能
	平移动画集		启用/禁用捕捉
	旋转动画集	双扇门开门动画	当前场景动画
	缩放动画集	0:06.72	时间轴当前时间帧
	更改动画集颜色		动画集时间轴播放控制按钮，功能由前到后依次为：回到开头、倒回一秒、反向播放、暂停、正向播放、往前一秒、至结尾
	更改动画集透明度		
	捕捉关键帧		

2. 树形图功能区

树形图功能区按树状结构分层列出所有已创建的场景动画和动画集，可以创建并管理动画场景。场景树以分层结构显示场景，场景充当对象动画的容器，一个场景可能包含一个或多个动画集、相机动画、剖面集动画等。

对于树中的任何项目，可以通过在项目上单击鼠标右键显示关联菜单。在场景视图中点击任意已创建好的动画，系统会自动选择并高亮显示该动画集中所包含的全部图元，还能利用复选框控制相应项目的运行方式，如图 7－20 所示。

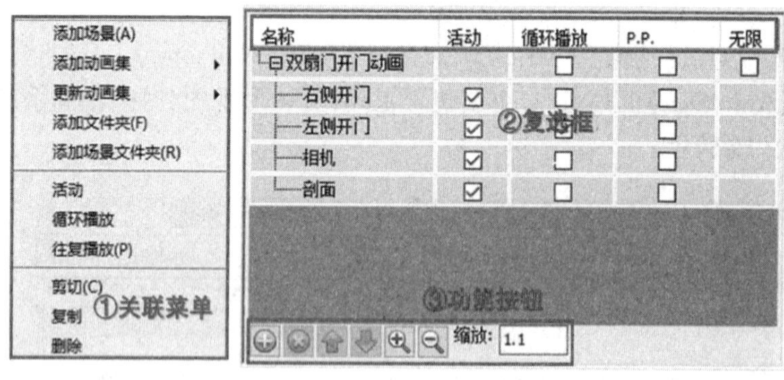

图 7－20 树形图功能区

(1) 复选框

说明：①【活动】复选框：勾选此复选框，可使场景中的动画处于活动状态，将播放活动动画；

②【循环播放】复选框：勾选此复选框，可以控制使用循环播放模式。动画结束时，重置到开头重新播放；

③【P. P.】复选框：勾选此复选框，可以控制使用往复播放模式，动画正向播放结束后，反向运行播放；

④【无限】复选框：勾选此复选框，场景无限期播放。

通过右键拖动树形视图中的项目可以快速复制并移动这些项目，确定要复制或移动的项目后，按住鼠标右键，指针变为手形图标后，移动该项目至所需位置，当鼠标指针变为箭头时，松开鼠标右键，根据需要选择【在此处移动】或者【在此处复制】。

(2) 功能按钮

树形图功能区的下方还有一些按钮，用途见表 7－2 所示，

表 7－2　树形图功能区按钮

图标	功能	图标	功能
	向树视图中添加新场景		基于时间刻度条进行放大
	删除在树视图中当前选定的项目		基于时间刻度条进行缩小
	在树视图中上移当前选定的场景	缩放: 1.1	缩放框，输入实际值显示
	在树视图中下移当前选定的场景		

3. 时间轴功能区

时间轴功能区可以查看到所有已创建场景和动画集的起始时间、终止时间、持续时间、关键帧，如图 7－21 所示。时间轴视图的顶部是以秒为单位表示的时间刻度条。默认时间刻度在标准屏幕分辨率上显示大约 10 秒的动画，光标悬停在时间轴上，使用鼠标滚轮可以进行放大和缩小，使时间轴可见区域变为原来的两倍或一半。

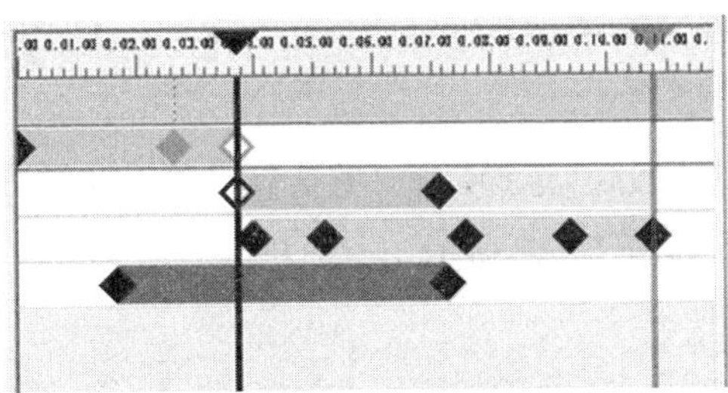

图 7－21　时间轴功能区

(1) 关键帧

蓝色时间条为动画集的持续时间，首尾的黑色菱形方块为关键帧，也是某一动画集的起始、终止时间，可以通过在时间轴视图中向左或向右拖动黑色菱形来更改关键帧出现的时间。随着关键帧的拖动，其颜色会从黑变为浅灰。

在关键帧上单击鼠标左键会将时间滑块移动到该位置。在关键帧上单击鼠标右键会打开关联菜单。

(2) 动画条

彩色动画条用于在时间轴中显示关键帧，并且无法编辑。每个动画类型都用不同颜色显示，场景动画条为灰色。黑色垂直线表示动画当前播放位置，红色垂直线表示当前场景动

画的结束位置。

通常情况下，动画条以最后一个关键帧结尾。如果动画条在最后一个关键帧之后逐渐褪色，则表示动画将无限期播放（或循环播放动画）。

4. 手动输入栏

手动输入栏位于【Animator】窗口的底部，其打开和关闭途径为：N 应用程序菜单按钮的【选项】里的【工具】点击【Animator】的 显示手动输入 ☑。手动输入栏处于打开状态时，其显示内容会根据【Animator】工具栏选择的按钮变化，可以在该栏中键入数值而不必使用【场景视图】中的小控件来处理几何图形对象。

2.2 场景动画创建

视频微课/
练习文件

图元移动及旋转动画/
图元缩放动画

场景动画，即对象动画，可以在限定模型的时间、空间，控制构件的颜色、透明度、大小等，定制特定的动画行为，最基础的有图元移动、旋转、缩放动画。

1. 图元移动动画

图元移动动画主要用来表现场景中图元位置的移动和变换。以实训基地停车场汽车移动为例，介绍图元移动动画创建的步骤。

（1）激活【Animator】工具窗口

扫描二维码打开练习文件中的“7.2 图元移动动画.nwf”场景文件，在【保存的视点】选择“汽车移动动画视点”，将模型场景视角定位到汽车位置，激活【Animator】工具面板，为使面板一直在窗口显示，可点击面板右上角【自动隐藏】按钮，将【Animator】工具面板窗口固定。

（2）添加场景

点击树形视图功能区⊕按钮，选择【添加场景】，也可以在树形视图灰色背景区域点击鼠标右键选择【添加场景】，如图 7－22 所示。

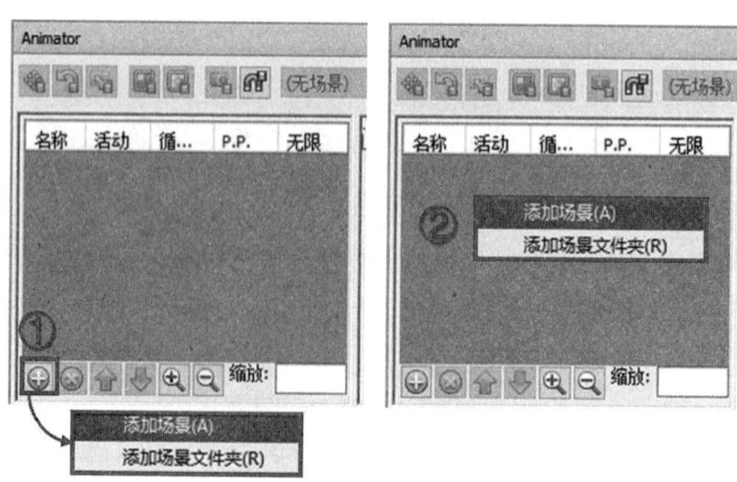

图 7－22 添加场景

树形图功能区将新增名为“场景 1”的空白场景，在其名称上单击重命名为“汽车平移动画”。可通过添加场景文件夹对多个动画场景进行分类组织管理。

注意：在修改场景及动画集名称时无法直接输入中文，可通过打开记事本或 word 等文本编辑软件，在里面输入完成后，复制粘贴过来即可。

(3) 添加动画集

创建动画前，需先选定一个对象，才能添加动画集，也就是说，要确定是为“谁”创建动画。

选择场景中的汽车，在“汽车平移动画”上，单击鼠标右键，选择【添加动画集】，从菜单中选择【从当前选择】，如图 7－23 所示，修改动画集名称为“向前移动”。默认情况下，该动画集【活动】复选框为勾选状态。

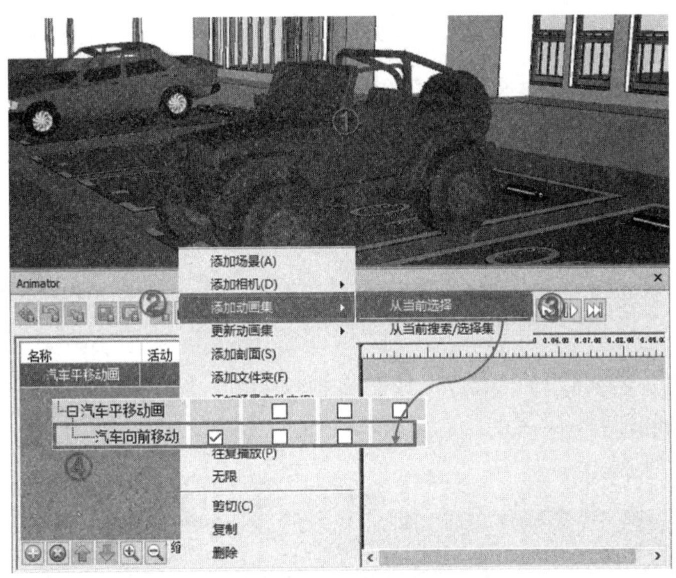

图 7－23　添加动画集

注意：选择图元对象时，可将由多个部件或图元组成的对象一次选中。在选择对象前，先要确定选择精度，在【常用】选项卡中点击【选择和搜索】下拉列表，选择【最高层级的对象】。

(4) 捕捉关键帧

激活工具栏【平移动画集】按钮，此时会在汽车图元轴心处显示平移小控件，将鼠标按彩色轴的任一方向上，可按箭头指示方向对汽车进行移动操作。

确定好汽车的初始位置，确认当前时间轴区域【黑色垂直线】的开始时间位置，点击工具栏的【捕捉关键帧】按钮，确定第一个关键帧，即动画开始的时间，如图 7－24 所示。

注意：动画集动画至少由两个关键帧构成，软件自动在两个关键帧之间进行插值运算，使得动画变得平顺。

鼠标左键点击时间轴区域的【黑色垂直线】，按住左键拖动到第二帧动画要停留的时间刻度处，或者直接在工具栏的在时间文本框 0:06.00 键入第二帧开始时间(以秒为单位)后

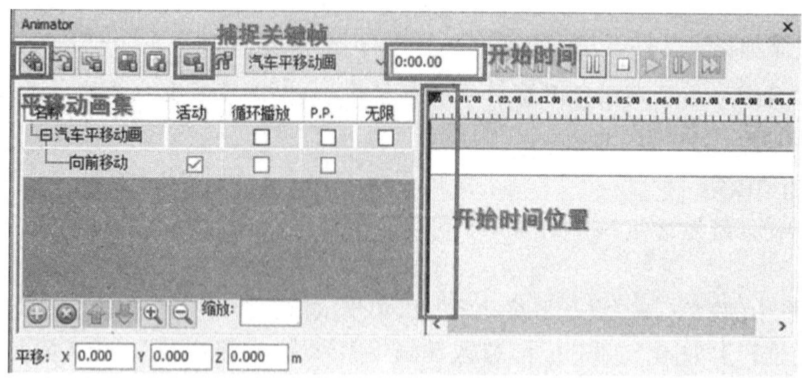

图 7-24　捕捉关键帧

回车。

按住小控件红色箭头往 X 方向向前移动汽车至下一个位置处，再次点击捕捉关键帧按钮，确定第二个关键帧，重复上述操作依次设置多个关键帧。

设置完成后，单击工具栏回放按钮，汽车图元返回到第一个关键帧位置，单击播放按钮，开始预览动画，也可以点击【反向播放】按钮，进行反向播放。

注意：图元移动动画中移动图元不能使用【项目工具】选项卡下的【移动】工具，必须使用【平移动画集】工具。

图元位置的确定除可以通过平移控件彩色轴控制外，还可以通过手动输入栏的“X、Y、Z”坐标输入控制，如图 7-25 所示。

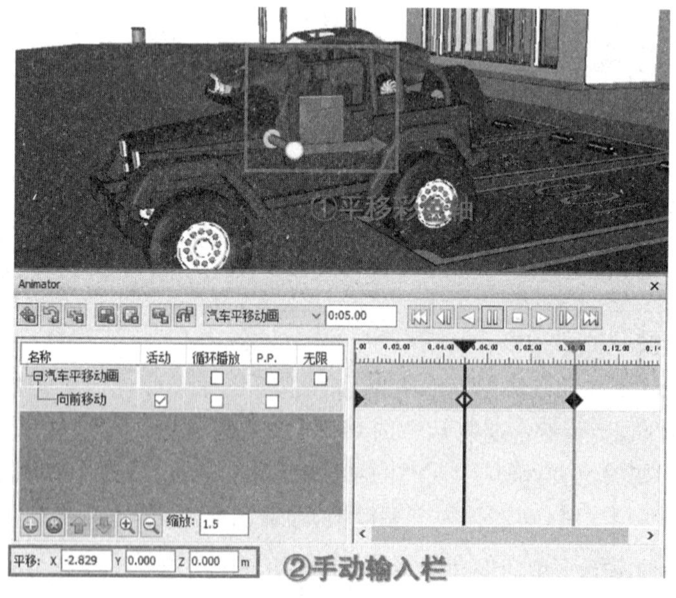

图 7-25　平移动画集

(5) 编辑关键帧

选择时间轴上的关键帧(黑色菱形方块),单击鼠标右键,选择【编辑】,弹出【编辑关键帧】对话框,可以修改当前关键帧的时间和图元位置、角度、大小、颜色、操作控件的位置等,如图 7-26 所示。

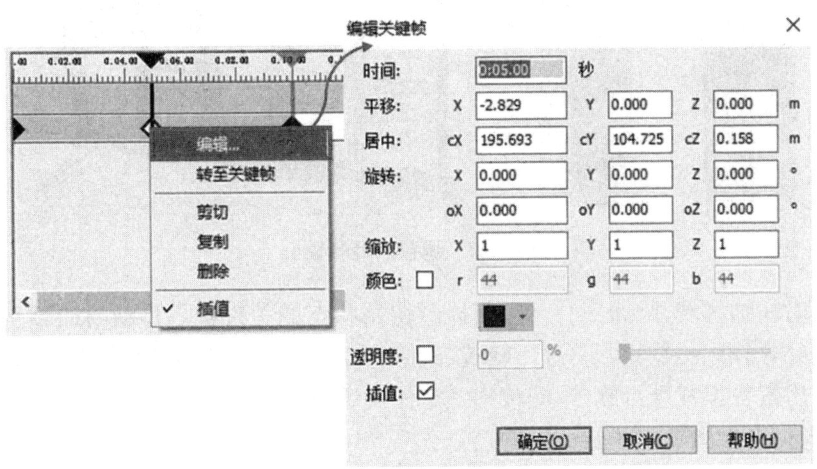

图 7-26 关键帧编辑

2. 图元旋转动画

练习文件

图元旋转动画

图元旋转动画主要用来表现场景中图元的角度变化、模型旋转展示等,如门窗的开启关闭、塔吊的旋转、施工车辆的转弯等。下面以实训基地入口门开启、关闭为例,学习为场景中图元添加旋转动画的一般步骤。

(1) 激活【Animator】工具窗口

扫描二维码打开练习文件中的"7.2 图元旋转动画.nwf"场景文件,激活【Animator】工具窗口,并将窗口固定。

在【保存的视点】窗口点击"实训基地入口"视点,该视点显示了实训基地入口视图,以该入口玻璃门创建门开启关闭旋转动画的示例。

(2) 添加场景

点击树形视图功能区按钮,选择【添加场景】,修改场景名称为"开门动画"。

(3) 添加动画集

选取视点内整扇玻璃门的完整图元,注意选取精度的确定,在添加的场景上单击鼠标右键选择【添加动画集】中的【从当前选择】,修改动画集名称为"玻璃门旋转"。

(4) 捕捉关键帧

要做门的开启,先激活工具栏旋转动画集按钮,此时会在门图元轴心处显示旋转小控件,要注意的是,门通常沿门轴转动,所以需将控件轴的轴心位置由门中心移动至门轴位置,否则门在旋转开启过程中会偏移门轴位置。

将鼠标放在轴心圆球上,出现手形图标后,按住鼠标左键拖动,也可以拖动三个方向的彩色轴来调整位置,调整好后一定要多个方向确认轴心位置,如图 7-27 所示。

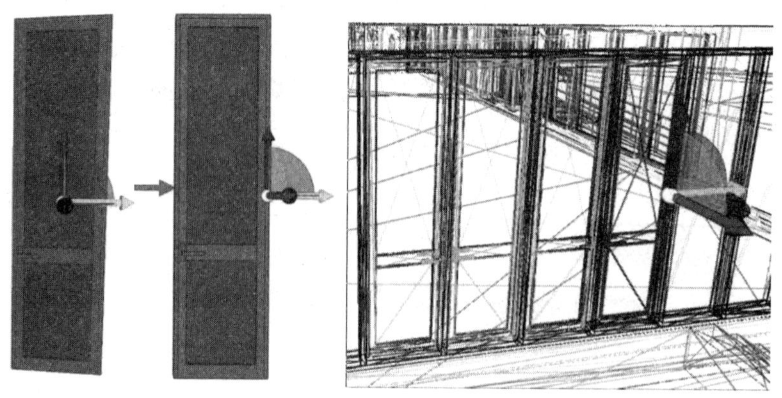

图 7-27　调整门旋转轴心

确定好时间轴区域开始时间位置，捕捉门初始状态的关键帧。移动时间轴至第二帧停留时间刻度处，门沿 X 或 Y 方向进行旋转，鼠标放在红色和绿色轴之间的蓝色扇面区域，扇面变成黄色后按住鼠标进行旋转，旋转到一定位置后，捕捉第二个关键帧，可重复以上操作，直至门完全打开，如图 7-28 所示。

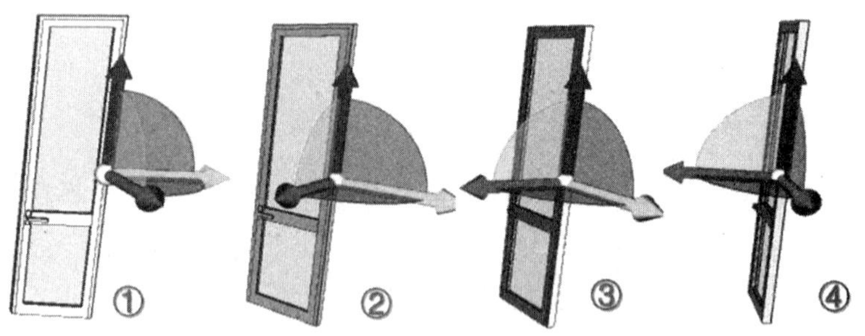

图 7-28　捕捉关键帧

注意：控件彩色轴的方向与相机 XYZ 轴对应，可从【查看】选项卡的【导航辅助工具】面板中的 HUD 下拉菜单中勾选【XYZ 轴】，即可确定控件各个轴与 XYZ 轴的对应关系。

其他扇门的开门动画创建过程是一样的，在【开门动画】场景下添加第二扇玻璃门的动画集，在固定控件旋转轴心后，移动时间刻度，捕捉关键帧。如要创建两扇门同时开启的效果，两扇门的关键帧时间刻度应当一致，如图 7-29 所示。

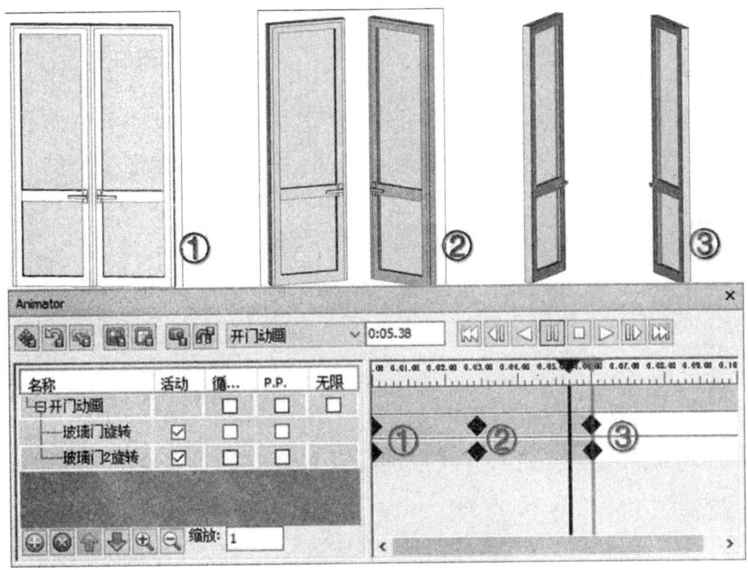

图 7－29　两扇门同时开门动画

如要创建两扇门先后开启的效果，两扇门的关键帧时间刻度要错开一定时间，如图 7－30 所示。

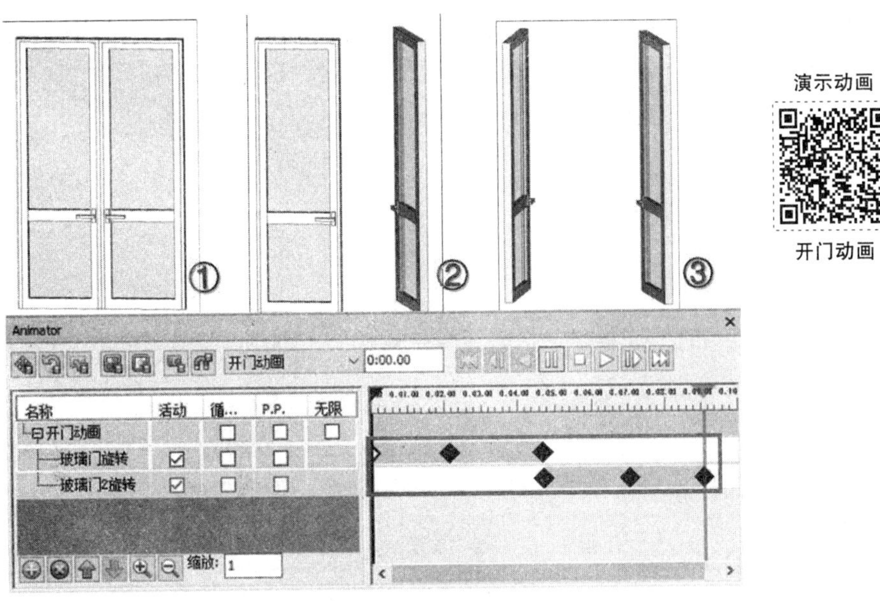

演示动画

开门动画

图 7－30　两扇门先后开门动画

3. 图元缩放动画

视频微课/
练习文件

图元缩放动画

图元缩放动画，是将场景中的图元按一定的比例在 X、Y、Z 方向上进行放大和缩小，主要用来表示图元从小到大的生长过程，如模拟结构柱由低到高的施工过程。下面以实训基地一层结构柱施工为例，学习创建缩放动画的一般步骤。

(1) 激活【Animator】工具窗口

扫描二维码打开练习文件中的“7.2 图元缩放动画. nwf”场景文件，激活【Animator】工具窗口，并将窗口固定。在【保存的视点】窗口点击“一层柱”视点，该视点显示了一层结构柱。

(2) 添加场景

点击树形视图功能区按钮，选择【添加场景】，修改场景名称为“结构柱缩放动画”。

(3) 添加动画集

选择一根结构柱，选择【缩放动画】场景，单击鼠标右键，选择【添加动画集】，点击【从当前选择】，修改动画集名称为“结构柱生长”。

(4) 捕捉关键帧

点击工具栏缩放动画集按钮，此时会在结构柱图元轴心处显示缩放小控件，可以看到控制轴在结构柱的中间位置。控制蓝色的 Z 轴上下滑动，结构柱会由柱中心向上、下两端生长，与实际模拟效果不符，需要先将缩放控制轴移动到结构柱底部，可以在【手动输入栏】中的坐标轴定位 Z 轴数值框中修改数值为 0，按“Enter”键确定，如图 7 - 31 所示。

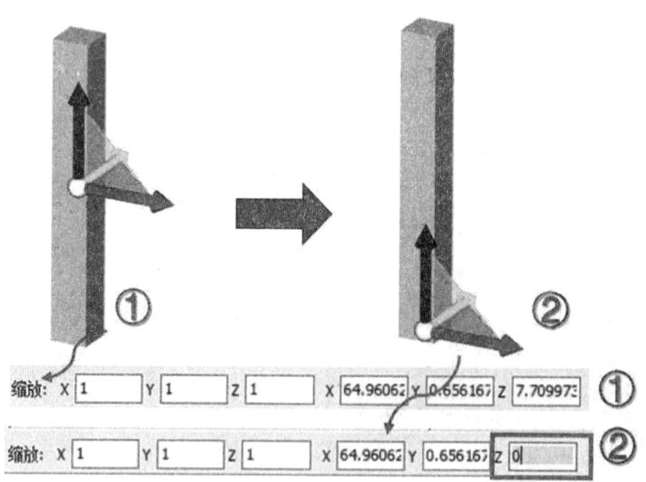

图 7 - 31　缩放动画集

因 Navisworks 软件里面不能实现由无到有的变化，所以缩放动画起始帧可以将结构柱起始高度缩放设置得很小(如 0.01)，捕捉关键帧，确定第一个关键帧，然后在时间位置处输入第二帧的时间，向上拖动蓝色 Z 向控制轴到结构柱指定高度，模拟结构柱生长，再次捕捉关键帧，确定第二个关键帧，结构柱施工模拟捕捉完成。

注意：移动缩放动画控制轴时存在不好操作的情况，此时，可通过手动输入栏的坐标进行控制，第一个【XYZ】输入栏为图元在 X、Y、Z 三个方向的缩放比例，第二个【XYZ】输入栏为缩放坐标控制轴的坐标位置。

(5) 创建多根结构柱同时生长

由于前面已经设置好了一根结构柱的生长动画，此时，可利用【更新动画集】功能，对动画对象进行更新，无须再次单独创建多根结构柱的生长动画。

具体操作为，先将动画集时间轴的"黑色垂直线"定位到该动画集播放结尾处，然后借助键盘"Ctrl"键选中需要同时施工的结构柱，右键点击"结构柱生长"动画集，选择【更新动画集】，选择【从当前选择】，多根结构柱同时施工模拟动画创建完成，如图 7－32 所示。

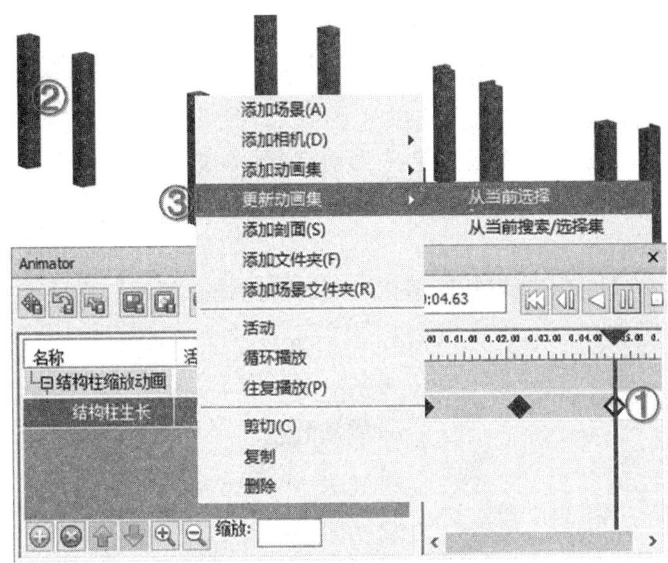

图 7－32 更新动画集

(6) 编辑关键帧

动画创建完成后，同样可在时间轴上分别选择关键帧，点击鼠标右键，选择【编辑】，对关键帧处的时间和图元的坐标、角度、大小、颜色等进行编辑。

2.3 创建混合场景动画

练习文件

混合场景动画

一个图元并不是只能创建一个动画，比如说，混凝土搅拌运输车进出施工现场的行驶路线，可通过创建连续的移动、旋转等动画，来模拟运输车在施工场地内的移动、转弯等动作，查看路线布置是否合理。再比如，塔吊工作时的动作肯定不是塔吊整体发生转动，而是吊臂、吊绳、滑动组等多个构件同步运动，此时，可依据各构件的运动情况分别设置动画集，来模拟塔吊的工作过程，所以，一个场景下面可以包含一个或者多个动画集，当然同步运动的动画集创建前提需要图元可以被拆分为多个构件。

1. 施工机械动画

扫描二维码打开练习文件中的“7.2 混合场景动画.nwf”场景文件，文件中有实训基地结构模型，地上部分有挖掘机、塔吊、施工电梯等施工设备。

(1) 激活【Animator】工具窗口

点击【保存的视点】窗口中的“挖掘机”视点，以该相机所在视点创建挖掘机施工动画，激活【Animator】工具窗口。

(2) 添加场景

在树形视图功能区单击鼠标右键，选择【添加场景】，修改场景名称为“履带式反铲挖掘机”。

(3) 添加动画集

在开始添加动画集前，先要确定好挖掘机各部分的组成和动画的分解。点击【常用】选项卡【选择和搜索】面板的选择树，在选择树中可以查看到挖掘机的组成单元。

在选择树中选中“铲手”，在场景上从当前选择【添加动画集】，修改动画集名称为“铲臂＋铲斗”。

(4) 捕捉关键帧

铲臂和铲斗以斗杆为中心旋转向前展开，激活【旋转动画集】，调整旋转轴心至斗杆中心位置，如图 7－33 所示。

图 7－33　旋转轴心

时间轴捕捉初始状态关键帧，移动时间刻度后，按住 X、Y 轴间绿色扇形区域进行旋转，将大臂伸出去，捕捉第二个关键帧；接着收铲臂和铲斗，往回旋转一定角度，再次捕捉关键帧，如图 7－34 所示。

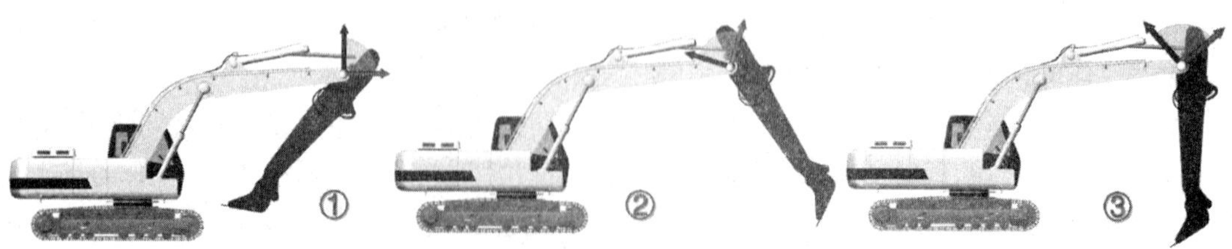

图 7－34　“铲臂＋铲斗”动画集分解

重复过程(3)、(4),接着需要把铲斗往回收,进行挖土,只选中铲斗,在场景上从当前选择【添加动画集】,修改动画集名称为"铲斗挖土",激活【旋转动画集】,调整旋转轴心至铲斗旋转轴,捕捉初始状态关键帧,移动时间刻度,旋转,再次捕捉关键帧,完成挖土动作的记录,如图 7－35 所示。

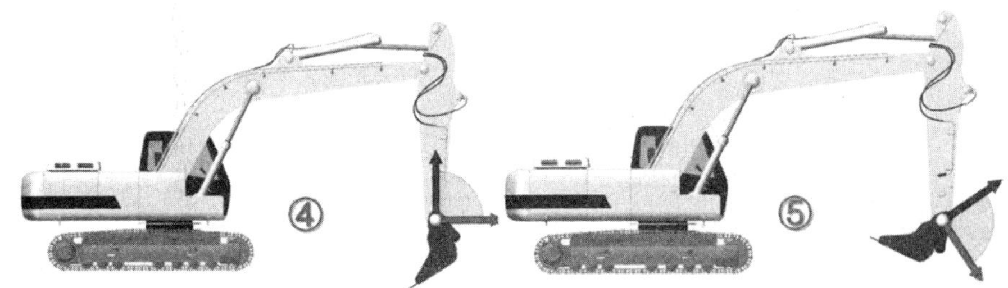

图 7－35　"铲斗挖土"动画集分解

土方挖好后,车身上部往左旋转,选中除底座外的其他部分,在场景上从当前选择【添加动画集】,修改动画集名称为"车身回转",激活【旋转动画集】,调整旋转轴心至回转支承中心,捕捉初始状态关键帧,移动时间刻度,旋转一定角度后,再次捕捉关键帧,完成车身回转动作,如图 7－36 所示。

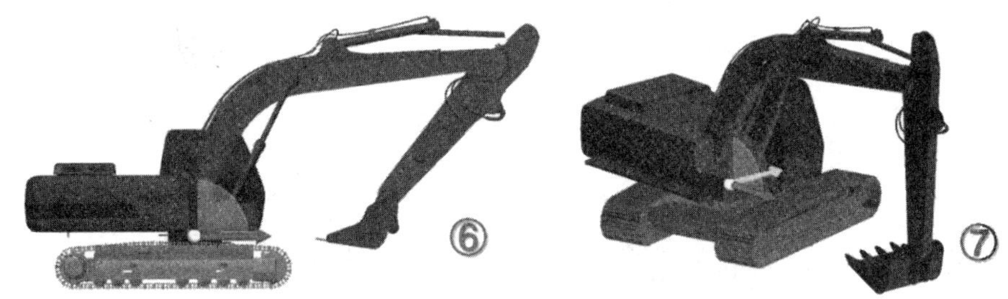

图 7－36　"车身回转"动画集分解

最后是倒土,前面已经添加了"铲斗挖土"的动画集,可以直接在该动画集下添加铲斗的动作,操作同挖土,但旋转方向为反向,也可以选中铲斗,新增"铲斗挖土"动画集,如图 7－37 所示。

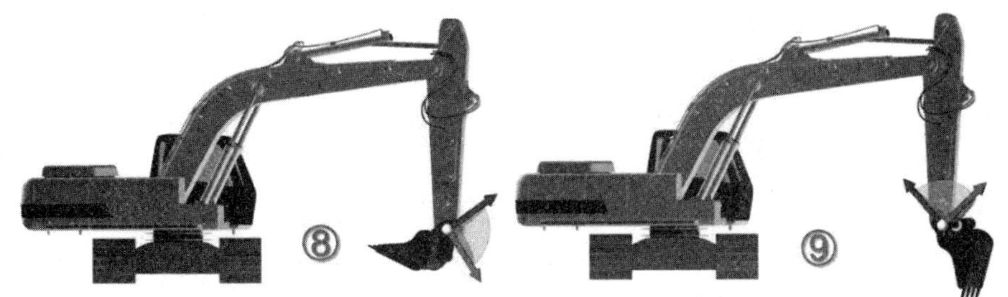

图 7－37　"铲斗挖土"动画集分解

但是要注意的是,直接在"铲车挖土"动画集上捕捉铲斗倒土的关键帧时,会与前面已经添加的关键帧自动过渡，如果不想两个关键帧之间逐渐移动，需要在挖土的结束关键帧上单击鼠标右键，去掉【插值】勾选，如图 7－38 所示。

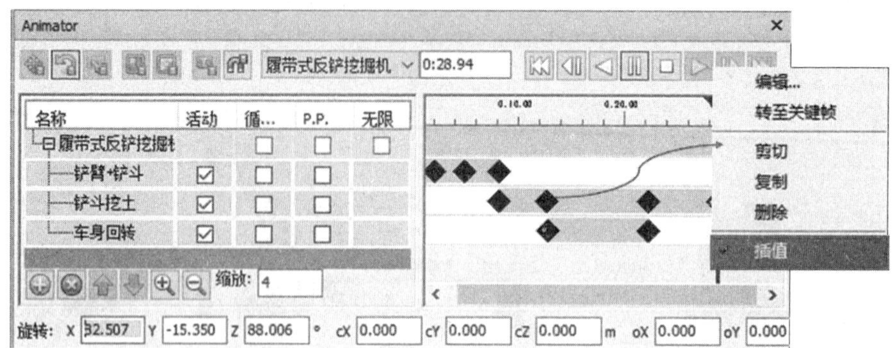

图 7－38　插值

(5) 编辑关键帧

通过对关键帧的编辑，可以添加不同颜色、透明度变化效果。在“铲臂＋铲斗”动画集的第一个关键帧上单击鼠标右键，选择【编辑】，弹出【编辑关键帧】对话框，勾选【颜色】的复选框，直接设置 RGB 值，或者从颜色列表中选择需要的颜色；透明度设置相同，勾选【透明度】的复选框，移动滑块设置透明度比值。要设置不同颜色、透明闪烁的效果，需要在多个关键帧上编辑设置不同颜色和透明度，如图 7－39 所示。

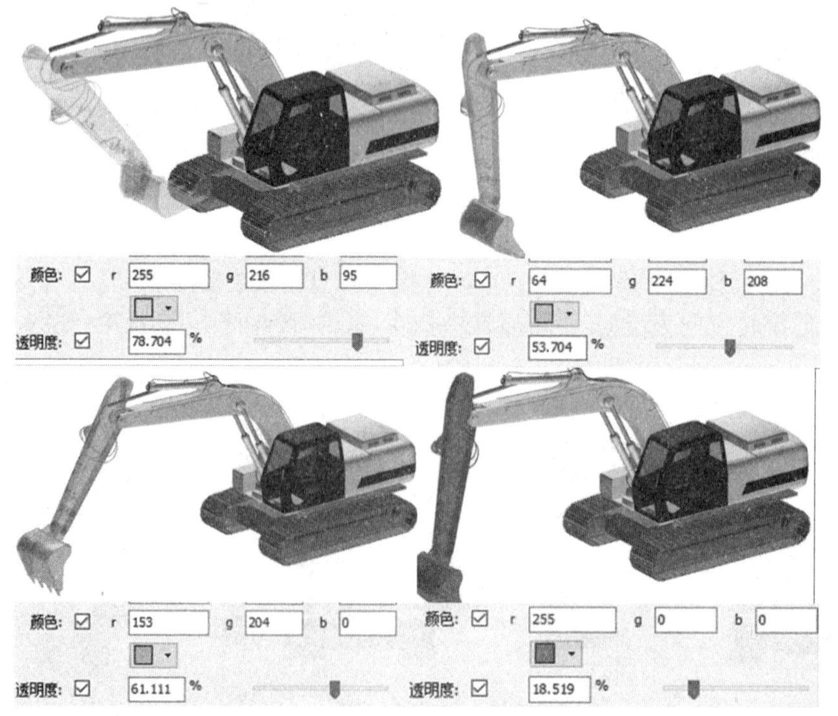

图 7－39　关键帧颜色、透明度编辑

演示动画

施工机械动画

2. 施工工序动画

施工工序动画可以模拟项目建造的施工顺序展示，打开前面的"7.2 混合场景动画.nwf"场景文件，以实训基地的结构模型来完成施工工序动画的创建。

(1) 激活【Animator】工具窗口

点击"保存的视点"窗口中的选择合适的视点，激活【Animator】工具窗口。

(2) 添加场景

在树形视图功能区单击鼠标右键，选择【添加场景】，修改场景名称为"施工工序动画"。

(3) 添加动画集

在开始添加动画集前，先要确定好施工建造工序，常规的顺序是按照基础、一层柱梁板、二层柱梁板等顺序一层一层建造。

选中全部结构模型构件，不包含地形，在场景上从当前选择【添加动画集】，修改动画集名称为"ALL"。

(4) 捕捉关键帧

时间轴上捕捉初始状态关键帧，最初始状态下所有构件都应该不显示。如何把所有构件隐藏，可以利用前面提到的透明度设置，在第一个关键帧上单击鼠标右键，选择【编辑】，勾选透明度，结构模型调整为100%透明，如图7-40所示。

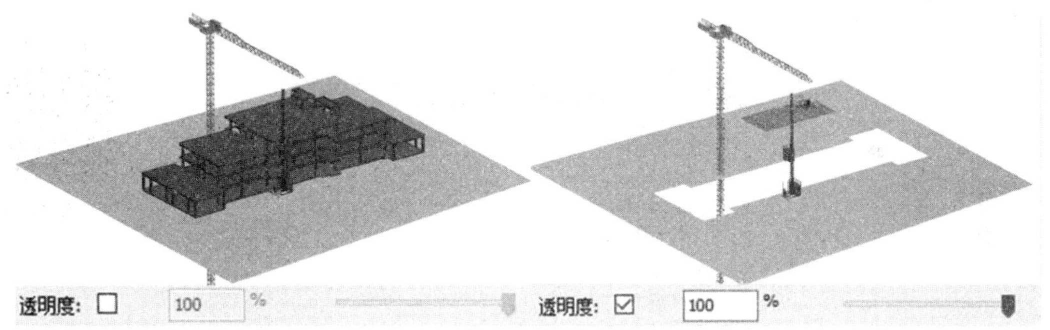

图7-40　透明度100%

接着按照建造顺序分层分构件添加动画集，同一层数的构件放置在一个文件夹中，在场景上单击鼠标右键，选择【添加文件夹】，重命名为"结构基础"，重复操作添加所有楼层。

在对应楼层文件夹下添加动画集，文件中所有结果构件的搜索集已经创建完成，从集合窗口选中"01 结构基础"搜索集，在"结构基础"文件夹上单击鼠标右键，点击【添加动画集】，选择【从当前搜索/选择集】，动画集重命名为"独立基础"，捕捉初始状态关键轴，此关键轴的透明度为100%。移动时间刻度，再次捕捉关键帧，在关键帧上单击鼠标右键【编辑】，修改透明度为0%，让结构基础显示出来。为了突出闪烁效果，可以多捕捉几个关键帧，修改颜色和透明度。

重复以上操作，创建所有层的构件动画集，如图7-41所示，在过程中可以综合应用前面的图元移动、缩放、旋转等功能，如柱生长等。

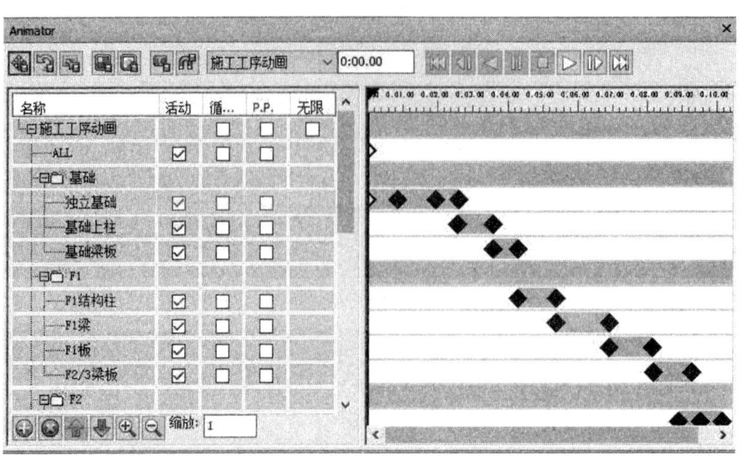

图 7-41　施工工序动画

（5）添加相机动画

【Animator】工具面板除了提供创建移动、旋转、缩放等动画外，还提供了相机动画的创建，同样采取捕捉关键帧的方式。

在已创建好的施工工序动画上单击鼠标右键，选择【添加相机】，点击【空白相机】，如图7-42所示。

演示动画

施工工序场景

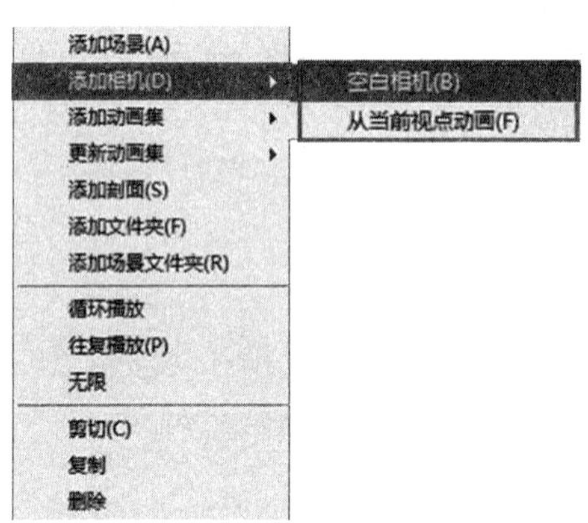

图 7-42　添加相机

确定时间轴动画开始时间之后，将当前视图窗口视点状态设为相机动画的起始状态，点击【捕捉关键帧】按钮；拖动时间刻度，在场景视图中利用导航工具旋转模型到新的视点，点击【捕捉关键帧】按钮捕捉第二关键帧，如有多个视点展示，重复以上过程。

右键单击相机动画的关键帧，选择【编辑】，弹出视点动画的【编辑关键帧】对话框，如图7-43所示，可以对关键帧的视点位置、观察点、垂直视野、水平视野等属性修改。

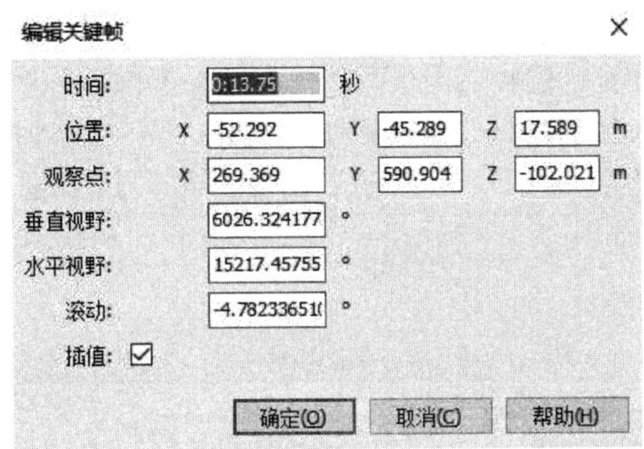

图 7-43　相机动画关键帧编辑

如有已创建的视点动画,可以在创建相机动画时,选择【从当前视点动画】选项,软件自动更加已有动画定义生成相机动画关键帧。

相机动画创建完成后,可在【动画】选项卡里的【回放】面板里面查看,系统依据创建方式自动为所有已创建完成的动画进行了分类,如图 7-44 所示,这样也能更加方便对动画进行管理。

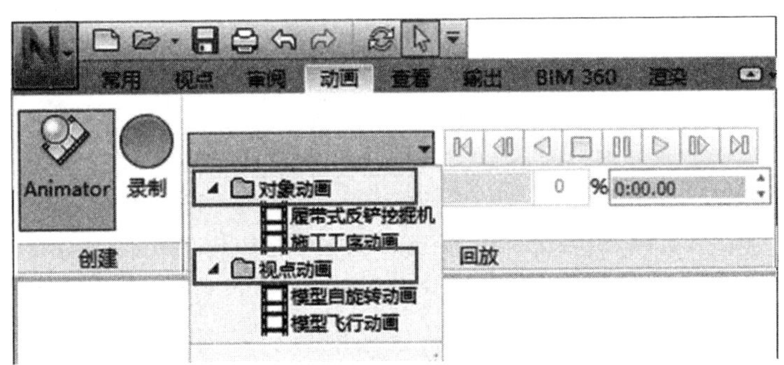

图 7-44　动画分类

任务三　交互式动画创建

交互式动画也被称为脚本动画,Navisworks 提供了 Scripter 模块用于在场景中添加脚本,定义一些在场景中符合特定规则的动画行为,使图元具有一定的智能判断机制,来模拟一个人机交互的环境,使动画场景更加真实生动。例如,定义一个门开启的动画后,可以通过脚本进一步定义,当人在漫游到达门附近指定区域范围后,门会自动开启,人离开指定区域范围后,门自动关闭。

视频微课

脚本介绍及创建脚本

3.1　了解 Scripter 窗口

首先认识一下【Scripter】工具窗口,其常用打开方式有以下几种。

（1）【常用】选项卡下面的【工具】面板，点击【Scripter】打开；

（2）【动画】选项卡下面的【脚本】面板，点击【Scripter】打开；

（3）【查看】选项卡下面的【窗口】下拉菜单，勾选【Scripter】复选框；

（4）直接通过快捷键“Ctrl＋F6”来打开或关闭【Scripter】工具窗口。

【Scripter】工具窗口如图 7－45 所示，主要包含 Scripter 树视图、事件视图、操作视图和特性视图。

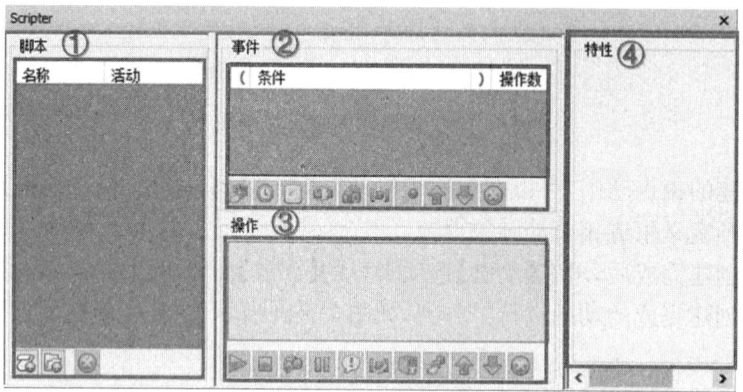

图 7－45　Scripter 窗口

1. Scripter 树视图

脚本是在满足特定时间条件发生时动作的集合，【Scripter】树视图可以使用树视图创建和管理脚本，每个脚本可以包含一个或多个事件，也可以包含一个或者多个操作，所以在创建交互式动画前，需先创建或者定义一个脚本，就像创建对象动画前，需先添加场景一样。选定脚本后，脚本将显示相关事件、操作和特性，如图 7－46 所示。

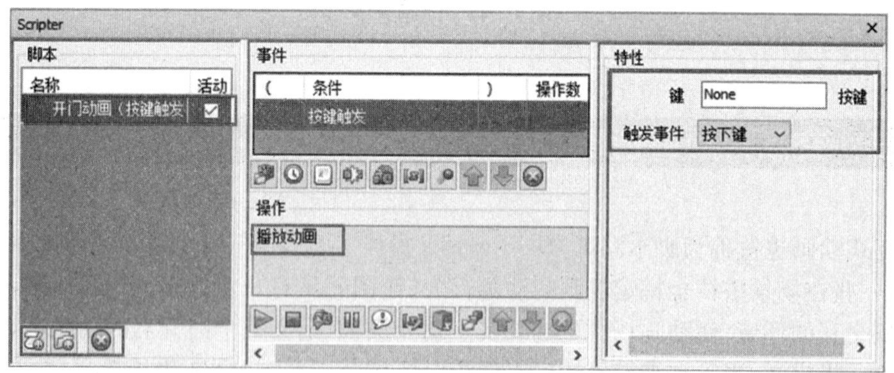

图 7－46　创建脚本

如果【脚本】窗口有多个脚本，可通过脚本后面的【活动】复选框控制激活哪个脚本。树视图下方的按钮如表 7－3 所示，可以用于对脚本进行管理。

表 7-3　树视图相关按钮

图标	名称	说明
	添加新脚本	将新脚本添加到树视图中。
	添加新文件夹	将新文件夹添加到树视图中。
	删除项目	删除在树视图中当前选定的项目。

2. 事件视图

事件是指发生的操作或情况，事件视图用于定义、管理和测试事件，将显示与当前选定脚本关联的所有事件。

【脚本】通过【事件】定义触发条件规则，也就是说，在什么条件或者情况下，这个脚本才会触发，如单击鼠标、按键输入或物体碰撞，可确定脚本是否运行。Navisworks 提供了 7 类脚本触发事件类型，用于定义触发事件的方式，具体见表 7-4。

表 7-4　事件类型

图标	事件类型	说明
	启动时触发	只要启用脚本，事件就会触发脚本。如果在载入文件后启用了脚本，则将立即触发文件中的所有开始事件。这对设置脚本的初始条件很有用，如向变量指定初始值，或将相机移动到定义的起点。
	计时器触发	在预定义的时间间隔事件将触发脚本。
	按键触发	事件通过键盘上的指定按钮触发脚本。
	碰撞触发	当相机与特定对象碰撞时，事件将触发脚本。
	热点触发	当相机位于热点的特定范围时，事件将触发脚本。
	变量触发	当变量满足预定义的条件时，事件将触发脚本。
	动画触发	当特定动画开始或停止时，事件将触发脚本。

一个脚本包含多个事件时，可以使用一个简单的布尔逻辑组合事件，使用【AND/OR】和【括号】运算符组合事件，使脚本变得更为智能。其中，【AND】运算符表示只有当所有事件均发生时才会触发脚本，【OR】表示任一个事件发生都会触发脚本，如图 7-47 所示。

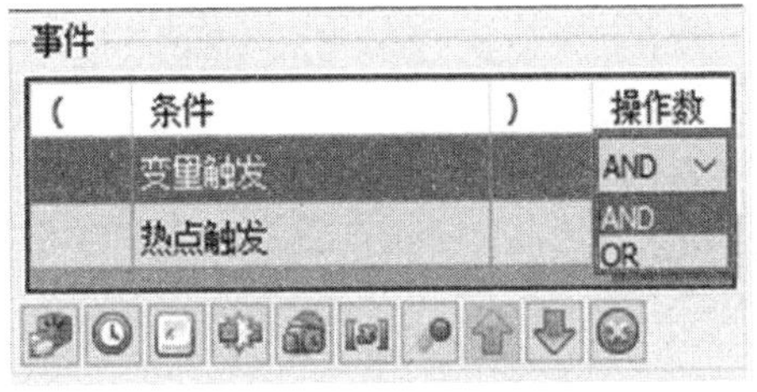

图 7-47　布尔逻辑组合“AND/OR”

【括号】将使括号中的事件作为一个成组的触发条件，如图 7－48 所示，【启动时触发】和【碰撞触发】需要同时发生，【热点触发】事件发生时也可以触发脚本。

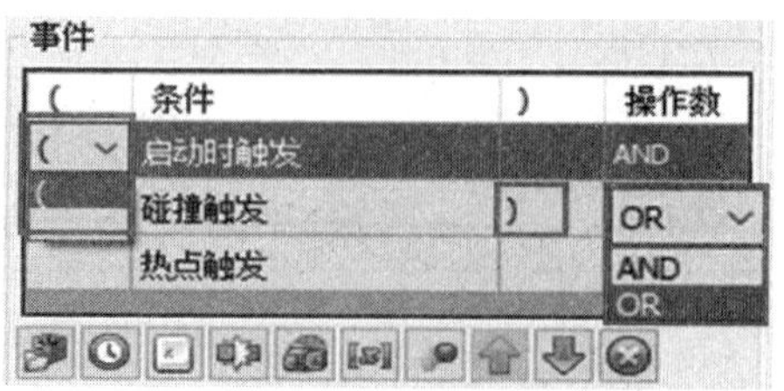

图 7－48　布尔逻辑组合“括号”

Navisworks 可以在触发事件中嵌套多组括号，与数学运算类似的，最内侧的括号具有最高优先级。需注意的是，使用括号时必须配对，即括号必须形成一个闭合，可选中事件，单击鼠标右键，选择【测试逻辑】，对事件组合是否合理进行测试，若合理，Navisworks 将会给出提示；否则，给出错误提示，如图 7－49 所示。

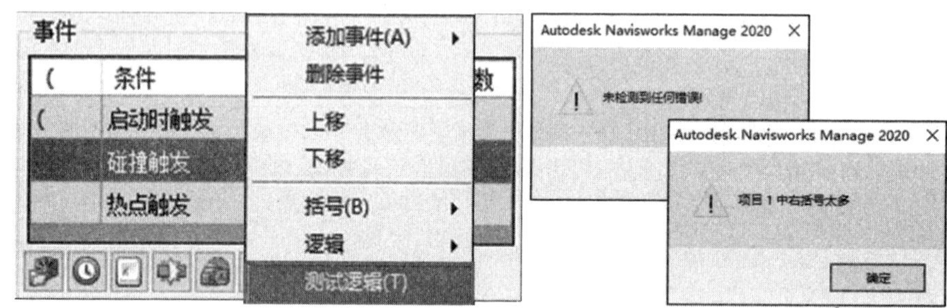

图 7－49　组合事件合理性测试

3. 操作视图

操作是脚本被激活后需要执行的动作或者活动，操作视图显示与当前选定脚本关联的动作，也就是说，我们定义了这个脚本，那么激活这个脚本后，它要干什么，它的具体动作是什么？

脚本可包含多个动作，并按照列表顺序由上至下逐个执行，因此确保动作顺序正确非常重要。Navisworks 提供了 8 种操作类型，如表 7－5 所示。

表 7－5　操作类型

图标	动作类型	说明
	播放动画	指定要在触发脚本时播放哪个动画的动作。
	停止动画	指定要在触发脚本时停止哪个当前正在播放的动画的动作。
	显示视点	指定要在触发脚本时使用哪个视点的动作。

（续表）

图标	动作类型	说明
	暂停	用于在下一个动作运行之前使脚本停止指定的时间长度。
	发送消息	在触发脚本时向文本文件中写入消息的动作。
	设置变量	在触发脚本时指定、增大或减小变量值的动作。
	存储特性	在触发脚本时将对象特性存储在变量中的动作。通常用于需要根据嵌入的对象特性或链接数据库中的实时数据触发事件。
	载入模型	在触发脚本时打开指定的文件的动作。通常用于显示一组不同模型文件中包含的一组选定的动画场景。

4. 特性视图

特性视图显示当前选定的事件或者动作的特性，用于配置脚本中的事件和动作的行为。

3.2 交互式动画创建

练习文件

交互式动画

交互式动画创建是在场景动画创建完成的基础上，对场景动画添加交互性，基本流程如下：

(1) 在 Animator 中定义相关对象的基本动画、相关视点；

(2) 在 Scripter 中，创建相应的文件夹、脚本；

(3) 确定事件类型和条件，设置好条件参数；

(4) 创建相应的事件动作，并设置相应的动画参数；

(5) 启用脚本进行测试；

(6) 对结果进行分析，对相关的条件和动作属性参数进行编辑。

接下来扫描二维码打开练习文件中的“7.3 交互动画.nwf”场景文件，进行不同触发脚本的练习。

1. 启动时触发

从打开文件的【保存的视点】窗口，选择“实训基地入口”视点，文件内已经创建好了开门动画，在此基础上定义脚本动画。启动时触发指只要启用脚本，事件就会触发脚本。

(1) 新建脚本

使用前面任意一种打开方式，激活【Scripter】工具窗口，在【脚本】窗口灰色背景区域点击鼠标右键，选择【添加新脚本】，或者使用树形图下方【添加新脚本】按钮，重命名为“开门动画(启动时触发)”。

注意：【Scripter】工具窗口不能直接输入中文，可以新建文档，输入相应文字后复制过去。

（2）设置触发事件类型和条件

选中新建的脚本，在事件视图底部的事件图标中选择第一个触发事件，点击【启动时触发】，启动时触发时无须为该事件类型配置任何特性。

（3）创建事件动作

在操作视图创建事件的动作，在底部动作图标中点击第一个图标【播放动画】，右侧特性视图出现该动作特性，如图 7－50 所示。

图 7－50　启动时触发

在特性视图的【动画】选项中选择已制作好的开门动画（前后开启），设置动画开始和结束时间，如想让动画倒放，“开始时间”选择【结束】，“结束时间”选择【开始】。

一个事件可以设置多个操作，前面第一个操作为【播放动画】，开门动画（前后开启）倒放，即关门；第二个操作点击第四个图标【暂停】，延迟时间为 10s，比第一个操作播放的动画时间稍长；第三个操作选择【播放动画】，动画选择【开门动画（同时开启）】，前面门已经关上了，可以正常播放开门动画，因此“开始时间”选择【开始】，“结束时间”选择【结束】，如图 7－51 所示。

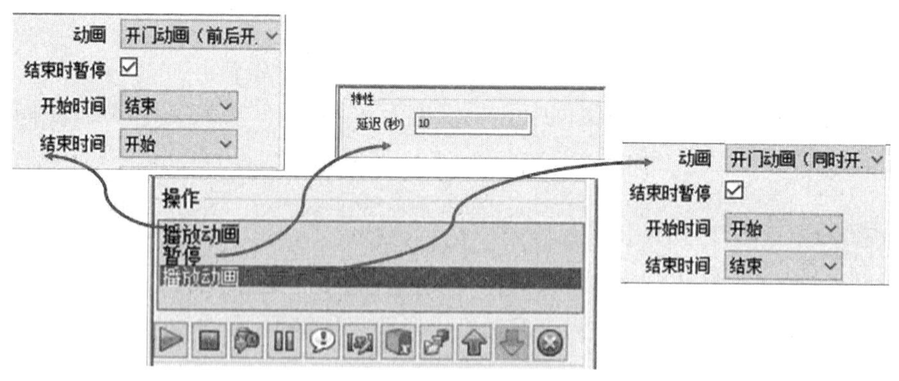

图 7－51　事件操作

在操作视图对应操作上单击鼠标右键，关联菜单上选择【测试操作】，软件会会检查脚本中的事件条件，并报告回任何检测到的错误。

（4）启用脚本

在【动画】选项卡的【脚本】面板，点击【启用脚本】，如图 7－52 所示，场景视图中可以看到动画被触发了。

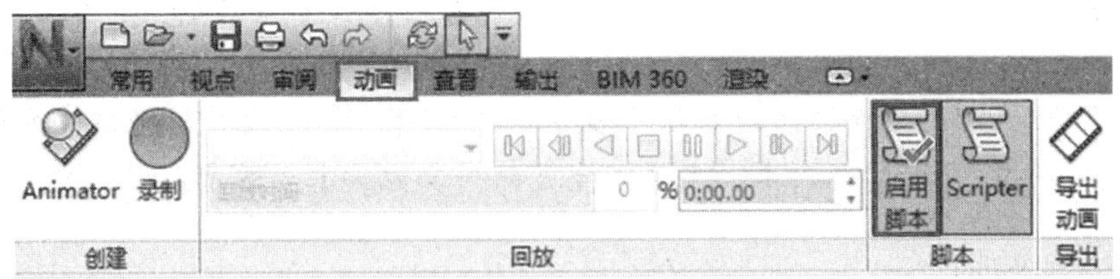

图 7－52 启用脚本

注意：在【启用脚本】后，【Scripter】工具窗口变为灰色，不能进行操作。只有关掉启用脚本，才能在【Scripter】工具窗口进行其他操作。

2. 计时器触发

计时器触发是在预定义的时间间隔后触发脚本。

（1）新建脚本

在【Scripter】工具窗口灰色背景区域点击鼠标右键，选择【添加新脚本】，重命名为"开门动画（计时器触发）"。

（2）设置触发事件类型和条件

选中新建的脚本，在事件视图底部的事件图标中选择第二个触发事件，点击【计时器触发】，计时器触发需要配置特性，如图 7－53 所示。

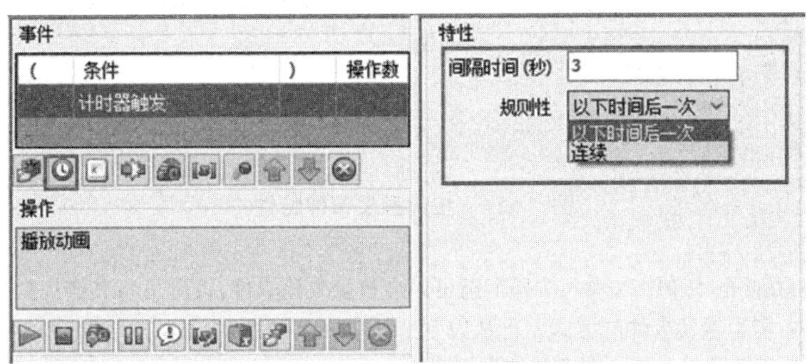

图 7－53 计时器触发事件特性

说明：① 间隔时间（秒）：定义计时器触发动作的时间长度，以秒为单位。

② 规则性：指定事件频率。可从以下选项选择：

a. 以下时间后一次：事件仅发生一次，可创建一个在特定时间长度之后开始的事件。

b. 连续：以指定的时间间隔连续重复事件，可以模拟工厂机器的循环工作。

将间隔时间设置为 3 s，规则性为"以下时间后一次"，即启用动画 3 s 后只触发一次操作。

（3）创建事件动作

在操作视图创建事件的动作，在底部动作图标中点击【播放动画】，右侧特性视图出现该动作特性，设置同【启动时触发】，选择"开门动画（同时开启）"。

（4）启用脚本

在【动画】选项卡的【脚本】面板，点击【启用脚本】，等待 3 s 后，场景视图中可以看到动画被触发了。

注意：启用脚本时，要保证该脚本处于激活状态，即【Scripter】树形图中脚本的【活动】复选框是选中状态，否则这个脚本动画是不生效的。其他脚本要取消激活状态。

3. 按键触发脚本

按键触发顾名思义，就是通过键盘的某个按键来控制指定脚本的触发，类似于平时使用的快捷键的方式。

（1）新建脚本

在【Scripter】工具窗口灰色背景区域点击鼠标右键，选择【添加新脚本】，重命名为“开门动画(按键触发)”。

（2）设置触发事件类型和条件

选中新建的脚本，在事件视图底部的事件图标中选择第三个触发事件，点击【按键触发】，按键触发需要配置特性，如图 7－54 所示。

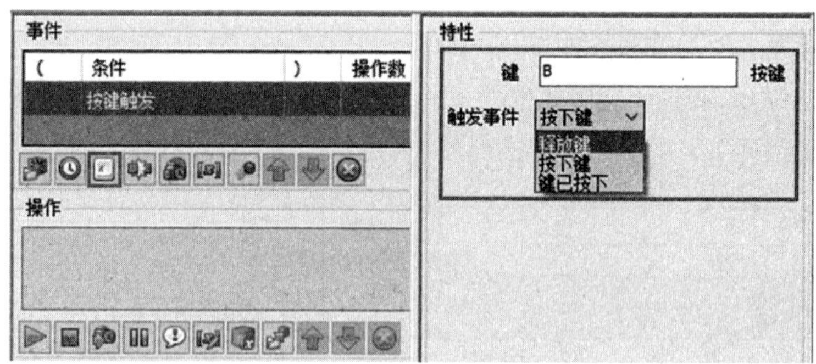

图 7－54 按键触发事件特性

说明：① 键：在此框中单击以输入按哪个键可以进行触发该事件，按键可将其链接到事件。

② 触发事件：定义触发事件的方式。可从以下选项选择：

a. 释放键：按键并释放键后会触发事件。

b. 按下键：只要按下键就会触发事件。

c. 键已按下：按键时触发事件。

在按键输入框中输入“b”，触发事件选择“按下键”，即当按下“b”时可以启动该事件。

（3）创建事件动作

在操作视图创建事件的动作，在底部动作图标中点击【播放动画】，右侧特性视图出现该动作特性，设置启动时触发，选择“开门动画(同时开启)”。

（4）启用脚本

在【动画】选项卡的【脚本】面板，点击【启用脚本】，等待 3 s 后，场景视图中可以看到动画被触发了。

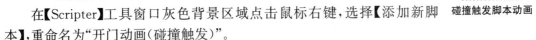

注意："键"的位置需要在键盘上指定按键，建议读者尽量使用字母键或数字键，不要使用按键自身带快捷功能的键，例如"Space""Ctrl"等键。

视频微课

碰撞触发脚本动画

4. 碰撞触发脚本

碰撞触发指当相机与特定对象碰撞时，事件将触发脚本。

(1) 新建脚本

在【Scripter】工具窗口灰色背景区域点击鼠标右键，选择【添加新脚本】，重命名为"开门动画(碰撞触发)"。

(2) 设置触发事件类型和条件

选中新建的脚本，在事件视图底部的事件图标中选择第四个触发事件，点击【碰撞触发】，碰撞触发需要配置特性，如图 7 - 55 所示。

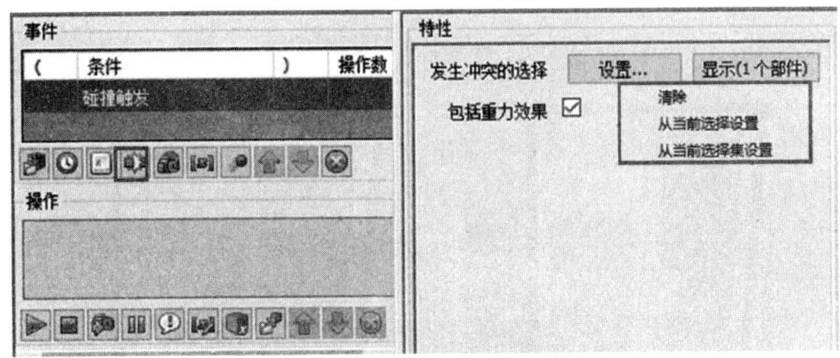

图 7 - 55　碰撞触发事件特性

说明：① 发生冲突的选择：

a. 清除：清除当前选定的碰撞对象；

b. 从当前选择设置：将碰撞对象设置为在【场景视图】中当前选择的对象；

c. 从当前选择集设置：将碰撞对象设置为当前搜索集或选择集。

② 包括重力效果：如果要在碰撞中包括重力，则选中该复选框。

先在场景视图中选择碰撞对象，即当漫游时碰撞到这个图元，才能触发事件的部分。选择开门动画中的一扇门，左键单击【设置】按钮，在关联菜单选择【从当前选择设置】，显示读框中会显示作为碰撞对象的数量"显示(1 个部件)"。要创建多个碰撞部件时，需要在场景视图中选中多个对象，单击【设置】选择【从当前选择设置】。

(3) 创建事件动作

在操作视图底部动作图标中点击【播放动画】，右侧特性视图出现该动作特性，在特性视图选择动画时可只选择设置为碰撞对象的那扇门，【开门动画(同时开启)】下的"玻璃门旋转"，如图 7 - 56 所示，即当启用脚本，第三人漫游时，碰撞到这扇门时，只执行这扇门打开的动作。

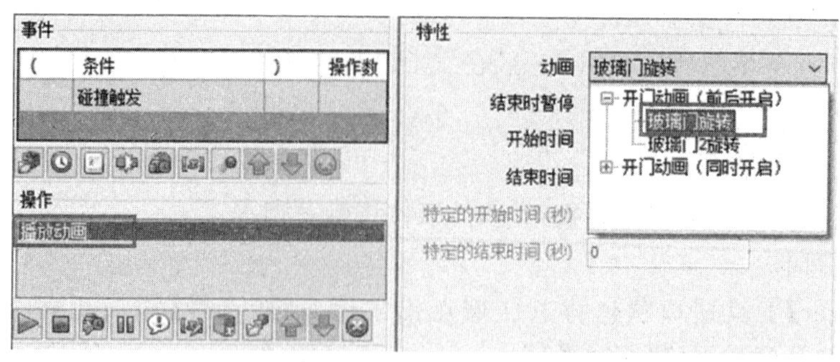

图 7－56　播放动画特性选择

（4）启用脚本

激活【漫游】的【真实效果】下拉菜单中勾选【第三人】、【碰撞】和【重力】。在【动画】选项卡的【脚本】面板中点击【启用脚本】，场景视图中漫游到碰撞到前面设置为碰撞对象的那扇门时，动画被触发，如图 7－57 所示。

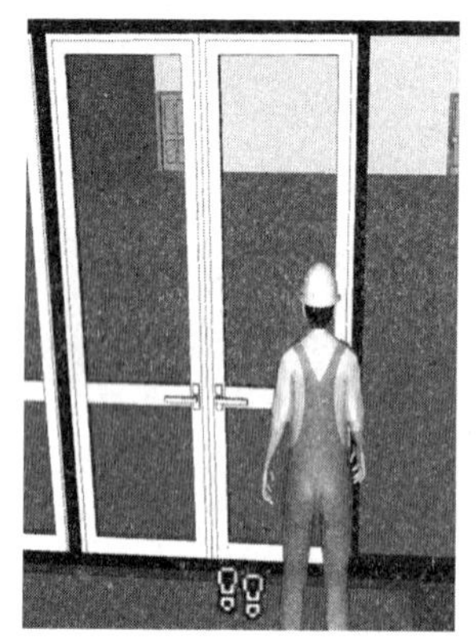
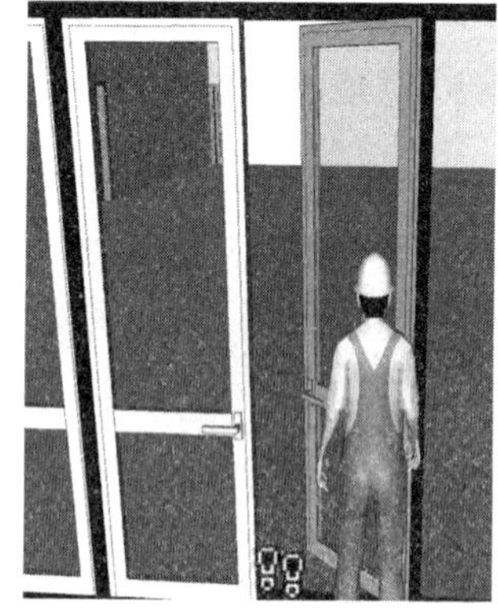

图 7－57　碰撞触发脚本

5. 热点触发脚本

视频微课

热点触发脚本动画

热点触发为当相机位于热点的特定范围时，事件将触发脚本。在练习文件上创建进入入口玻璃门 2m 范围，门打开。

（1）新建脚本

在【Scripter】工具窗口灰色背景区域点击鼠标右键，选择【添加新脚本】，重命名为“开门动画(热点触发)”。

（2）设置触发事件类型和条件

选中新建的脚本，在事件视图底部的事件图标中选择第五个触发事件，点击【热点触发】，碰撞触发需要配置特性，如图 7－58 所示。

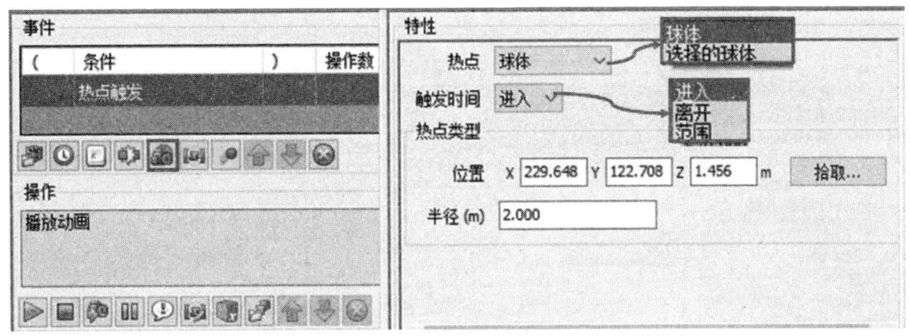

图 7－58　热点触发事件特性

说明：①【热点】：定义热点类型，从以下选项选择。

a. 球体：基于空间中给定点的简单球体，需要定义给定点。

b. 选择的球体：围绕选择的球体，不要求在空间中定义给定点，热点将随选定对象在模型中的移动而移动。

②【触发时间】：定义触发事件的方式。从以下选项选择。

a. 进入：在进入热点时触发事件。

b. 离开：在离开热点时触发事件。

c. 范围：位于热点内部时触发事件。

③【热点类型】：设置热点的位置后和半径。

如果选择的热点是【选择的球体】，【位置】、【拾取】按钮不可用。

选择热点类型为【球体】，触发事件为【进入】，热点类型点击【拾取】后，在场景视图中两扇玻璃门中间位置点击，半径设置为 2 m。

(3) 创建事件动作

在操作视图底部动作图标中点击【播放动画】，右侧特性视图出现该动作特性，在特性视图选择开门动画。

(4) 启用脚本

激活【漫游】，【真实效果】下拉菜单中勾选【第三人】、【碰撞】和【重力】。在【动画】选项卡的【脚本】面板中点击【启用脚本】，场景视图中漫游到距离热点 2 m 范围内时，动画被触发，完成开门。

如果想通过与门的距离实现自动打开再关闭动画，一种方式是在一个热点触发脚本下设置多个操作，先正向播放开门动画，暂停延迟后，再反向播放开门动画(即关门动画)，实现自动开门再关门的效果，但这种方式关门动画由暂停时间控制。

第二种方式是通过两个脚本实现，先新建文件夹重命名为“开关门动画(热点触发)”，在该文件夹下新建脚本 1“开门动画”、脚本 2“关门动画”，【开门动画】按照上面的步骤设置进入热点 2 m 范围内开门，如图 7－59 所示；【关门动画】设置为离开热点 2 m 范围内关门，如图 7－60 所示。

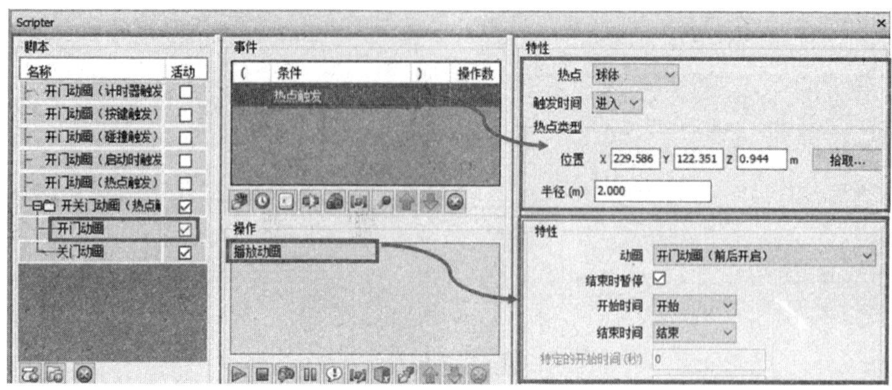

图 7-59　开门动画设置

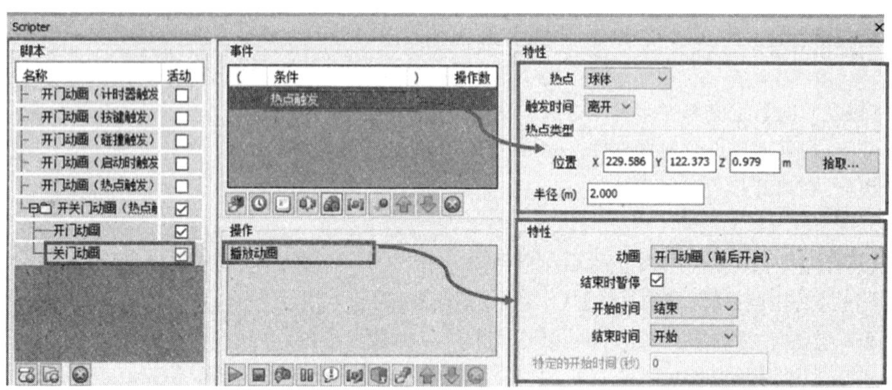

图 7-60　关门动画设置

保证开关门动画文件夹都处于激活状态，漫游状态下启用脚本，就可以形成进入范围内自动开门，退出范围内自动关门的效果。

6. 变量触发脚本

视频微课

变量触发脚本动画

变量触发，顾名思义，是通过设置变量来触发动画，当变量符合设定的条件后，就会触发后面的动作，该脚本的定义较难理解，这里通过示例展示开关门变量触发事件定义脚本的方法。

通过设置变量，漫游进入半径范围内时，同一扇门相邻两次的开启方式不一样，例如，第一次是前后开启的方式打开，第二次是同时开启的方式打开，第三次又是前后开启的方式打开，如此循环。

(1) 新建文件夹

在【Scripter】脚本窗口灰色背景区域点击鼠标右键，选择“添加新文件夹”，并重命名为“变量触发脚本示例 1”。

(2) 新建脚本 1

在该文件夹下创建 3 个脚本，第一个脚本命名为“设置变量初始值”，事件选择【启动时触发】，操作选择【设置变量】，并将右侧特性里面的变量名称栏输入“B”，值输入“1”，如图

7 - 61 所示。

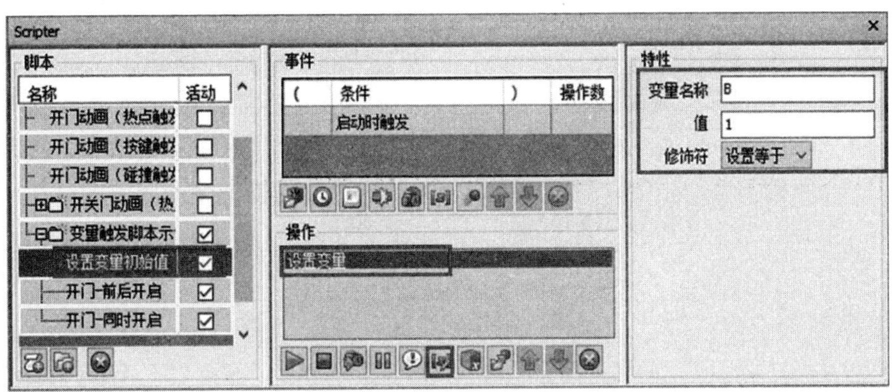

图 7 - 61　设置变量初始值

(2) 新建脚本 2

第二个脚本命名为"开门—前后开启",事件选择【变量触发】和【热点触发】两个事件,操作数选择"AND",即两个事件同时满足要求时,才触发后面的动作。

【变量触发】右侧特性变量栏输入"B",值输入"1",计算选择"等于",【热点触发】的设置同前,热点为入口双扇玻璃门中间位置,半径为 5 m,如图 7 - 62 所示。

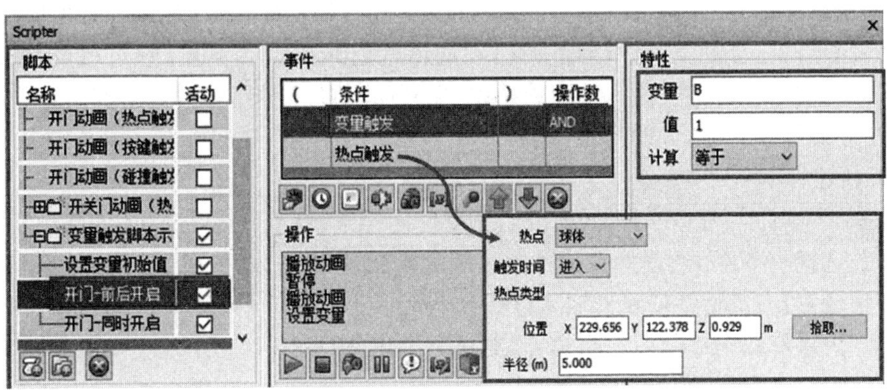

图 7 - 62　变量触发事件设置

操作视图中添加四个动作,前三个动作【播放动画】、【暂停】、【播放动画】的设置与热点触发设置相同,先添加【播放动画】,选择前后开门动画正向播放,延迟暂停 10 s,再【添加动画】,选择前后开门动画反向播放,完成先开门后关门的动作,最后要注意,添加第四个动作【设置变量】,其特性变量"B"的值改为了"2",如图 7 - 63 所示。

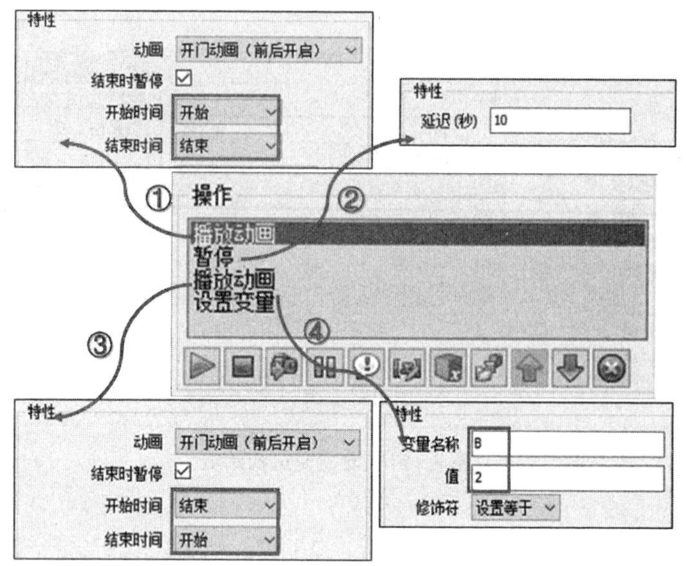

图 7-63　操作特性设置

在启动脚本之后，即触发启动时触发事件，此时变量 B 的值设为了“1”，接着触发【变量触发】和【热点触发】事件，在【变量触发】里面将 B 值设为 1，也就是说，在“B=1”时，会触发【变量触发】事件，而在第一个脚本里面，设置了变量 B 的初始值就是 1，当前场景里，B=1，【变量触发】事件符合触发条件，当漫游时到达热点范围 5m 时，满足【热点触发】条件，此时两个事件均符合要求，依次执行后面的动作，先开门，暂停后再关门，到第四个动作，将变量 B 的值设为 2，也就是说，此时场景里的 B=2。

（4）新建脚本 3

第三个脚本命名为“开门—同时开启”，事件同样选择【变量触发】和【热点触发】两个事件，操作数选择“AND”，还是两个事件同时满足要求时，才触发后面的动作。

【变量触发】右侧特性变量栏输入“B”，值输入“2”，计算选择“等于”，【热点触发】的设置同上，热点为入口双扇玻璃门中间位置，半径为 5 m，如图 7-64 所示。

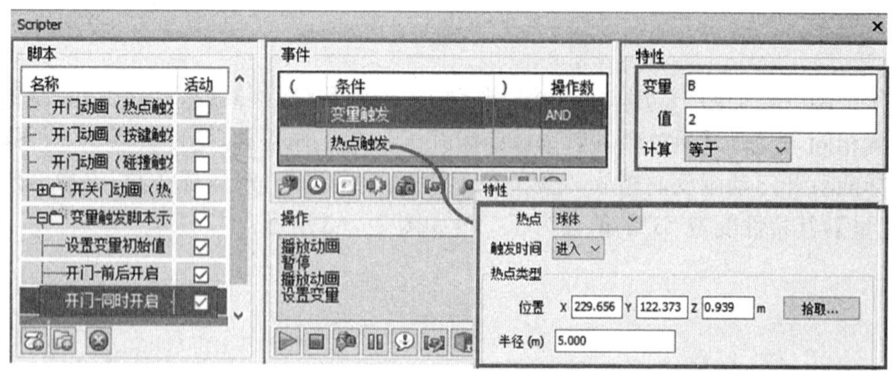

图 7-64　变量触发事件设置 2

操作视图中添加四个动作，前三个动作【播放动画】、【暂停】、【播放动画】的设置与热点触发设置相同，先添加【播放动画】，选择同时开门动画正向播放，延迟暂停 10 s，再【添加动画】，选择同时开门动画反向播放，完成先开门后关门的动作，最后要注意，添加第四个动作【设置变量】，其特性变量 B 的值改为 1，如图 7－65 所示。

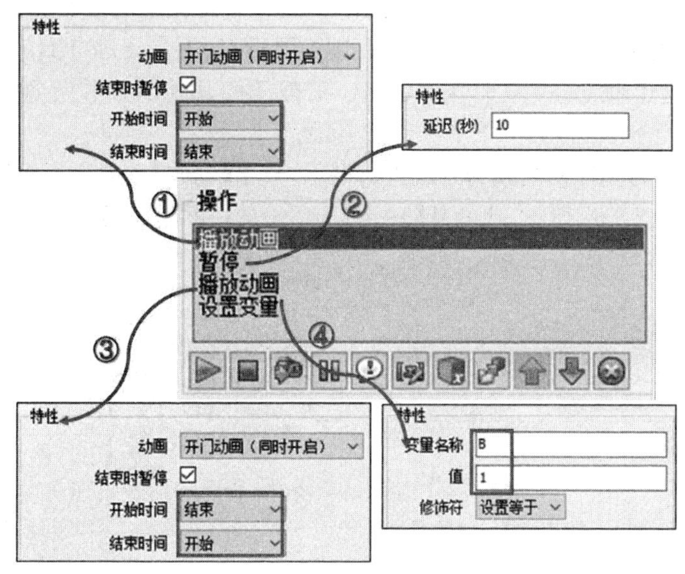

图 7－65　操作特性设置 2

第二个脚本运行完成后，变量 B 的值变为 2，而第三个脚本【变量触发】条件要求变量 B=2，所以，此时的环境满足了第三个脚本【变量触发】的条件，当漫游到热点半径 5 m 范围时，【热点触发】条件也满足，会依次执行后面的动作，当执行完第三个动作【播放动画】之后，门关闭，执行第四个动作，将变量 B 的值重新设为 1，也就是说，此时环境里 B=1。这时再漫游向门时，又触发第二个脚本，如此循环，即可实现相邻两次门的开启方式不一样。

7. 动画触发脚本

动画触发，顾名思义，就是通过插入的动画事件来触发动作，可以将【Animator】中的动画串联到一起，指定触发事件完成一组动画播放。

在【Scripter 脚本】窗口灰色背景区域点击鼠标右键，选择【添加新文件夹】，并重命名为"动画串联"。先添加第一个脚本，可以任意设置其触发事件，操作选择播放第一个动画。

第二个脚本选择【动画触发】，如图 7－66 所示，事件特性中动画选择触发事件的动画，这里是第一个动画，触发事件方式，可以当动画开始时触发事件，也可以当动画结束时触发事件，操作中添加第二个动画播放。

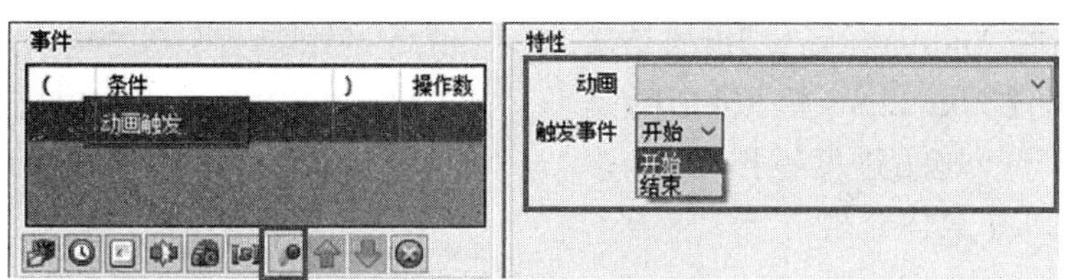

图 7－66　动画触发事件特性

视频微课

动画输出

任务四　动画输出

动画创建完成之后，会有一些成果展示的需求，软件提供了 2 种方式。

第一种，是直接在 Navisworks 软件里面进行展示，利用快捷键“F11”，模型场景视图将会全屏展示，在这个状态下，只有场景模型，没有任何其他的操作界面、菜单等，再次按“F11”键，可退出全屏状态。

第二种是导出为图片或视频的方式进行展示，点击【动画】选项卡下面【导出】面板的【导出动画】按钮，如图 7－67 所示，或者从【输出】选项卡的【视觉效果】面板的【动画】、【图像】按钮导出，如图 7－68 所示。

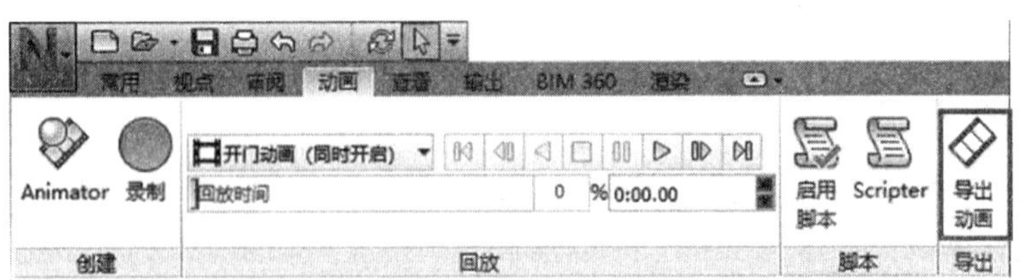

图 7－67　动画导出 1

图 7－68　动画导出 2

4.1　视点/场景动画的导出

点击【动画导出】后会弹出【导出动画】对话框，如图 7－69 所示。

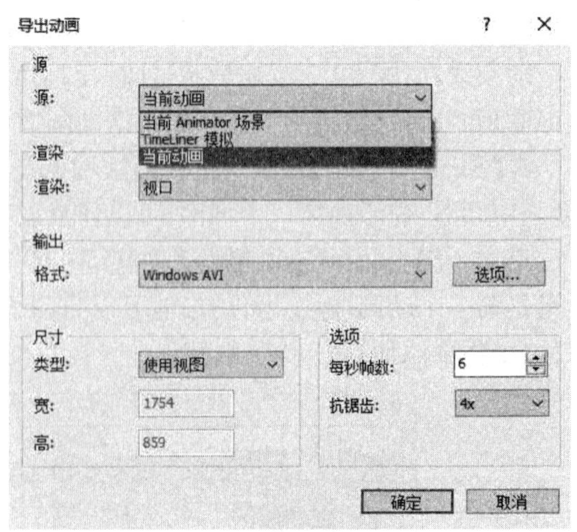

图 7－69　“导出动画”对话框

1. 源

选择从中导出动画的源，【当前动画】指的是当前选定的【保存的视点】窗口中的视点动画，【当前 Animator 场景】指的是选定的场景动画，【TimeLiner 模拟】指的是选定的 TimeLiner 施工进度模拟动画，该功能将在模块八中具体介绍。

2. 渲染

选择动画渲染器，分为视口和 Autodesk 两种。

视口用于快速渲染动画，仅当前场景视图的显示样式，适合于预览动画。

Autodesk 可导出动画，使其具有当前选定渲染样式，可以在功能区选择【自定义设置】渲染样式，在导出动画之前使用【Autodesk 渲染】窗口的【设置】选项卡上的选项优化调整渲染的质量和速度。这种模式导出时间长，系统资源占用率高，一般情况下不推荐使用【Autodesk】渲染模式。

3. 输出

选择输出格式，软件提供四种格式，如图 7－70 所示。

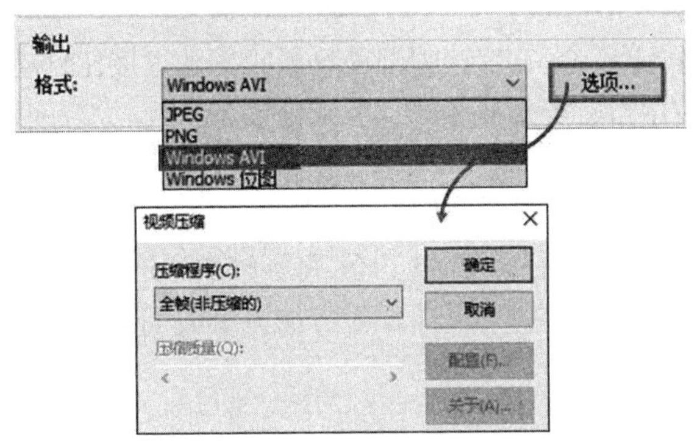

图 7－70 输出格式

JPEG、PNG、Windows 位图为图片格式，是从动画中的单个帧提取的一系列静态图像，能保证色彩的还原。输出的图像序列，可以借助各种视频图像处理软件将其转换为视频，比如 Adobe After Effects、会声会影等。

这三种图像格式里面，比较推荐输出 PNG 格式，体积比较小，而且图像质量也不错，能满足使用需求；JPEG 格式是有损压缩格式，体积更小，但是以牺牲图片质量为代价换来的；Windows 位图图像格式能很好地保证图像质量，但输出的图像体积也是最大的。其中 JPEG 和 PNG 格式可以通过右侧的选项对图片的压缩质量进行调整。

Windows AVI 为输出的视频格式，是 Windows 标准视频文件，可在选项后进行参数设置，默认全帧（非压缩）类型，视频非常大，可以从压缩程序下拉列表选择其他格式，如 Microsoft Video 1 格式，可选择压缩率，控制压缩质量和大小，如图 7－71 所示。

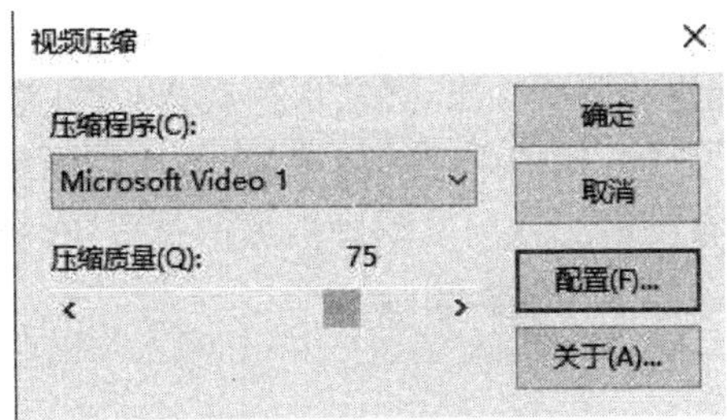

图 7－71 视频压缩选项

4. 尺寸

指定设置已导出动画的尺寸，尺寸以像素为单位，有三种选择：显式、使用纵横比、使用视图，如图 7－72 所示。

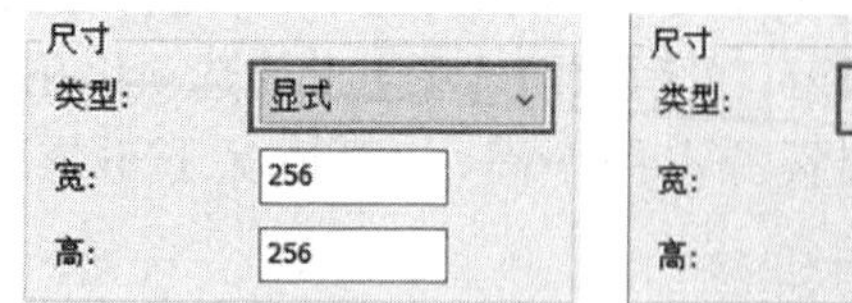

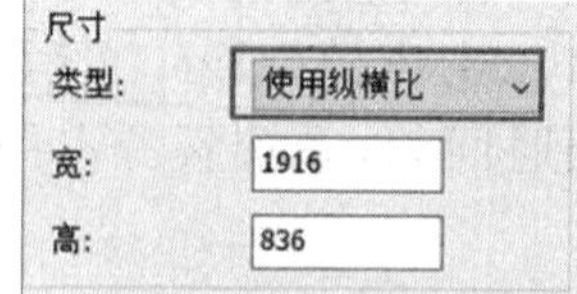

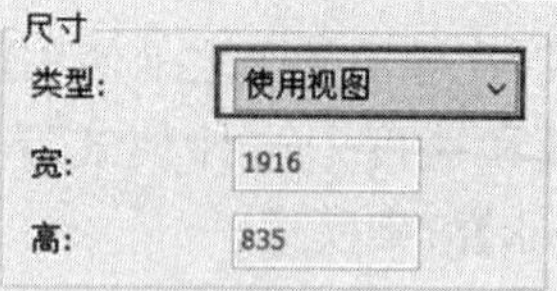

图 7－72　动画尺寸

显式模式下，可输入自定义尺寸大小，完全控制宽度和高度。导出动画的分辨率一般比静态图像低得多一般常用 4∶3 或者 16∶9，例如 640×480。

使用纵横比，可以指定高度，宽度根据当前场景视图的纵横比自动计算的。

使用视图模式下使用当前场景视图的宽度和高度，是自动提取的，不能修改。

5. 选项

选项的设置，如图 7－73 所示，可调整 FPS(每秒帧数)，这与导出视频质量有关，FPS 越大，动画将越平滑流畅。但使用高 FPS 将显著增加渲染时间。通常，使用 10 到 15FPS，24 及以上 FPS 导出视频质量更流畅。

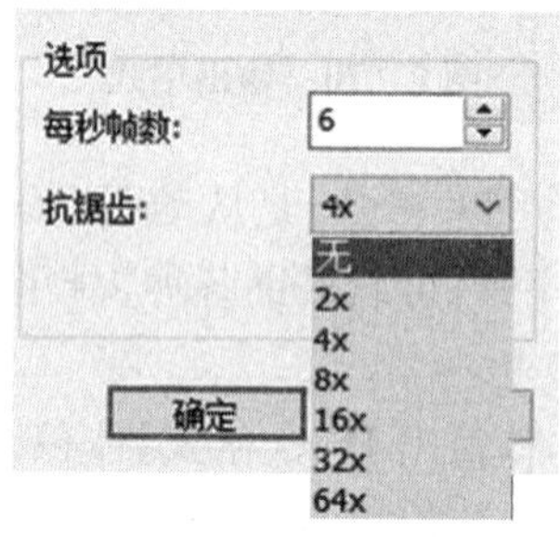

图 7－73　选项设置

抗锯齿适用于视口渲染器，使导出图像的边缘变平滑。从下拉列表中选择相应的值，数值越大，图像越平滑，但是导出所用的时间就越长。4x 适用于大多数情况。

4.2　交互式动画的导出

脚本动画不能直接从导出动画中导出，无法保存其交互性，要保存带脚本的视频可以把脚本的动画行为做到场景动画里，比如开门的效果，直接用动画集的方式做进去，然后作为场景动画直接导出；或者是在脚本配合场景动画播放的过程中，把 Navisworks 打开成全屏模式，用录屏软件去录制当前播放的脚本动画。

【小结·思维导图】

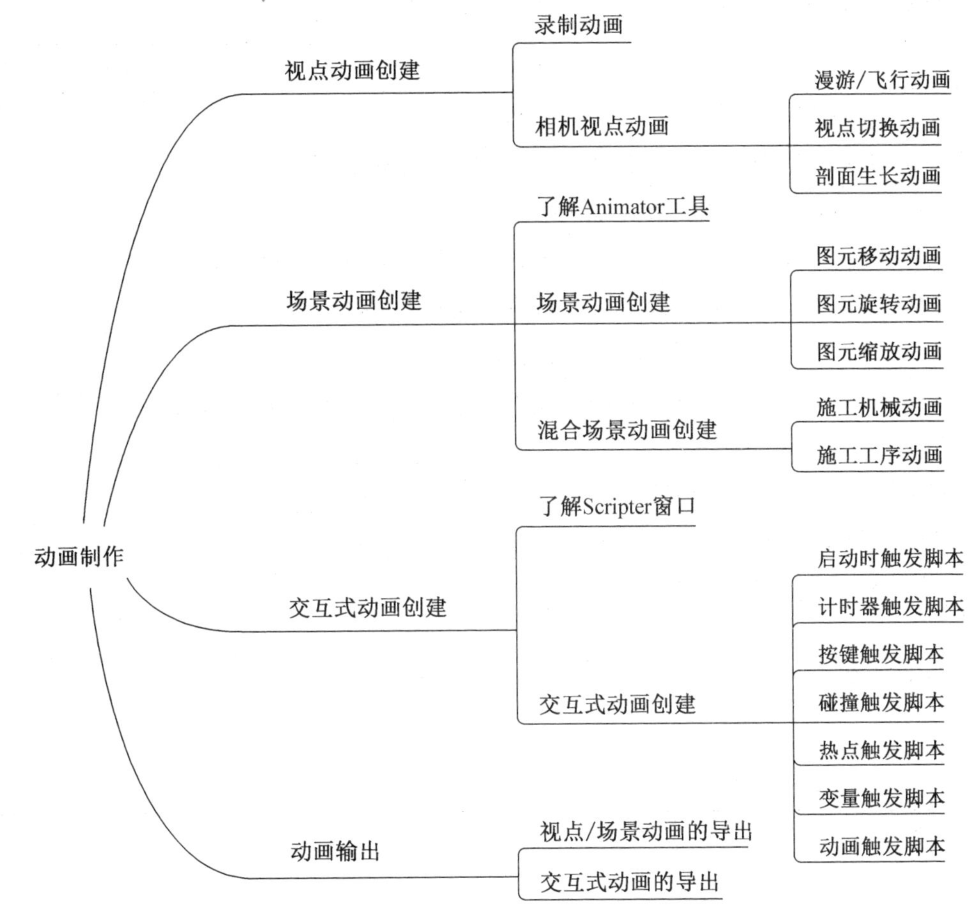

【拓展演练】

请扫码下载练习文件，并在 Navisworks 中完成以下任务：

1. 将建筑、结构模型进行整合，并将车辆添加到场地道路上，将人货施工电梯添加到结构模型合适位置并进行后续处理；

2. 创建建筑室内漫游的录制动画；

3. 创建车辆在道路上行驶、停入车位的的视点动画；

4. 使用剖分工具，创建结构模型从无到有的生长动画；

5. 使用 Animator 工具，创建结构施工时人货施工电梯动画，要体现第三人视角；

6. 使用 Animator 工具，按照结构施工工艺要求，创建结构施工工序动画；

7. 使用 Scripter 窗口，分别创建热点触发人货施工电梯动画和联合动画触发结构施工工序动画；

8. 导出以上视点、场景动画为当前视图下的 AVI 格式，导出交互式动画。

课后习题/练习文件

模块七/拓展练习文件7

【自我评价】

请根据对软件操作掌握程度，在自我评价量表上打分。

序号	评价指标	分值(0～10 分)
1	我能够使用录制命令录制视点动画并进行相应编辑	
2	我能够使用保存视点的方式创建漫游、切换动画并进行相应编辑	
3	我能够使用剖分命令创建剖面生长动画并进行相应编辑	
4	我能够使用 Animator 工具创建图元移动、旋转、缩放动画并进行相应编辑	
5	我能够使用 Animator 工具创建施工机械动画并进行相应编辑	
6	我能够使用 Animator 工具创建施工工序动画并进行相应编辑	
7	我能够使用 Scripter 窗口创建不同类型触发动画：启动时、计时器、按键、碰撞、热点	
8	我能够使用 Scripter 窗口创建变量触发、动画触发交互式动画	
9	我能够设置动画输出参数，导出需要格式、尺寸、清晰度的视点、场景动画	
10	我能够将交互式动画进行保存导出	
总分		
备注	(采取措施)	

模块八

TimeLiner 施工进度模拟

知识拓展

工程建造新技术

【知识目标】

1. 熟悉 TimeLiner 工具界面；
2. 掌握 TimeLiner 施工进度模拟流程；
3. 掌握 TimeLiner 施工进度模拟应用。

【能力目标】

1. 能够使用 TimeLiner 工具，通过手动、自动的方式，完成进度任务的定义；
2. 能够使用 TimeLiner 工具，从外部导入进度数据的方式完成进度任务的定义；
3. 能够使用 TimeLiner 工具，完成动画模拟参数的设置，并导出动画。

【素质目标】

通过学生自主探究，在遵循施工标准的前提下，完成进度计划的模拟与调整，掌握进度控制的关键要点，让学生在进度管控过程中培养统筹兼顾的工程思维意识，树立大局观。

【任务介绍】

任务一　了解 TimeLiner：TimeLiner 工具；TimeLiner 施工进度模拟流程；

任务二　施工进度模拟应用：定义施工进度任务；施工进度模拟应用；动画导出。

【任务引入】

施工进度计划是项目建设和指导工程施工的关键技术文件，也是施工单位进行生产和经济活动的重要参照依据。由于大型工程项目具有工程量大、项目参与方多、现场管理困难、涉及专业多、工艺复杂等特点，在施工进度上，经常出现工程不能按时完成的现象。

在施工前将三维施工模型与施工进度相关联，进行 BIM 虚拟模拟，有助于预测实际施工过程中可能碰到的问题，提前预防和减少返工以及资源浪费的现象，优化施工方案，合理配置施工资源，节省施工成本，加快施工进度，控制施工质量。

某医院项目依托 BIM 技术，使用 Navisworks 软件提前模拟整套施工进度计划，并在建造过程中实时纠偏，提出工期预警，最终实现了地下室提前 74 天封顶，全部结构提前 115 天封顶。

思考：

1. 建设工程施工进度延误的原因有哪些？可以采取哪些措施预防？
2. 使用 Navisworks 软件的施工进度模拟 TimeLiner 模块，如何添加进度任务？
3. 软件中添加的进度进度任务如何与模型关联，实现进度模拟？

任务一　了解 TimeLiner

Timeliner 即时间轴。TimeLiner 模块能够模拟施工顺序并将效果可视化，根据施工进度计划为场景中图元定义施工时间、日期及任务类型等信息，在三维模型的基础上生成具有施工顺序信息的 4D 信息模型，并生成用于展示项目施工场地布置及施工过程的进度模拟动画，有助于预先发现建造过程中可能存在的风险，提前避免这些问题。

利用 TimeLiner 模块，可以直接创建施工节点和任务，也可以导入 Project、Excel 等施工进度管理工具生成的进度数据，自动生成施工节点数据。

1.1　TimeLiner 工具

通过【TimeLiner】可固定窗口，可以将模型中的项目附加到项目任务，并模拟项目进度。如图 8－1 所示，单击【常用】选项卡下【工具】面板中的【TimeLiner】，打开 TimeLiner 工具窗口。

图 8－1　TimeLiner 工具窗口打开方式

TimeLiner 工具窗口包含四个选项卡：任务、数据源、配置、模拟，如图 8－2 所示。

图 8－2　TimeLiner 工具窗口

1. "任务"选项卡

通过"任务"选项卡可以创建和管理项目任务。"任务"选项卡包含上部工具栏和下部的任务视图、甘特图视图，如图 8－3 所示。

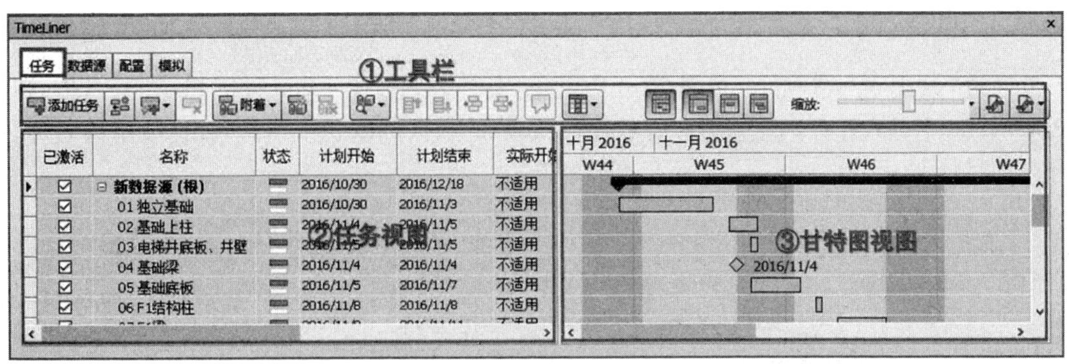

图 8-3　“任务”选项卡

(1) 工具栏

工具栏中包含很多按钮，具体功能可扫码查看。

微课资源

“任务”选项卡工具栏按钮功能

(2) 任务视图

通过任务视图可以创建和管理任务，任务都显示在包含多列信息的表格中，如图 8-4 所示，【已激活】列中的复选框可用于打开/关闭任务，如果任务已关闭，则模拟中将不再显示此任务；单击任务左侧的加号或减号可以展开或收拢任务层次结构。

已激活	名称	状态	计划开始	计划结束	实际开始	实际结束	任务类型	附着的
☑	⊟ 新数据源（根）		2020/10/30	2020/11/14	2020/10/31	2022/11/5	构造	
☑	01 独立基础		2020/10/30	2020/10/30	2020/10/31	2020/11/1	构造	集合…
☑	02 基础上柱		2020/11/4	2020/11/4	2020/11/4	2020/11/4	构造	集合…
☑	03 电梯井底…		2020/11/5	2020/11/5	2020/11/5	2020/11/5	构造	集合…
☑	04 基础梁		2020/11/4	2020/11/4	2020/11/3	2022/11/3	构造	集合…
☑	05 基础底板		2020/11/5	2020/11/5	2020/11/5	2022/11/5	构造	集合…
☑	06 F1结构柱		2020/11/8	2020/11/8	2020/11/7	2020/11/8	构造	集合…

图 8-4　任务视图

状态栏用图标中两个单独的条来标识任务计划、实际时间之间的关系，用不同颜色区分任务，最早(蓝色)、按时(绿色)、最晚(红色)和计划(灰色)。

将鼠标指针放置在状态图标上会显示工具提示说明任务状态，如“在计划开始之前完成”“早开始，早完成”等。任务视图中显示的列信息可以通过工具栏的【列】的下拉菜单进行自定义设置。

(3) 甘特图视图

甘特图显示为一个说明项目状态的彩色条形图。每个任务占据一行，水平轴表示项目的时间范围(可分解为增量，如天、周、月和年)，垂直轴表示项目任务。

任务可以按顺序运行，以并行方式或重叠方式运行。可以将任务拖动到不同的日期，也可以单击并拖动任务的任一端来延长或缩短其持续时间。所有更改都会自动更新到【任务】视图中。

2. “数据源”选项卡

通过“数据源”选项卡，可从第三方进度安排软件（如 Microsoft Project、Asta 和 Primavera）中导入任务，如图 8－5 所示，所有添加的数据源以表格格式列出，显示其名称、源和项目。

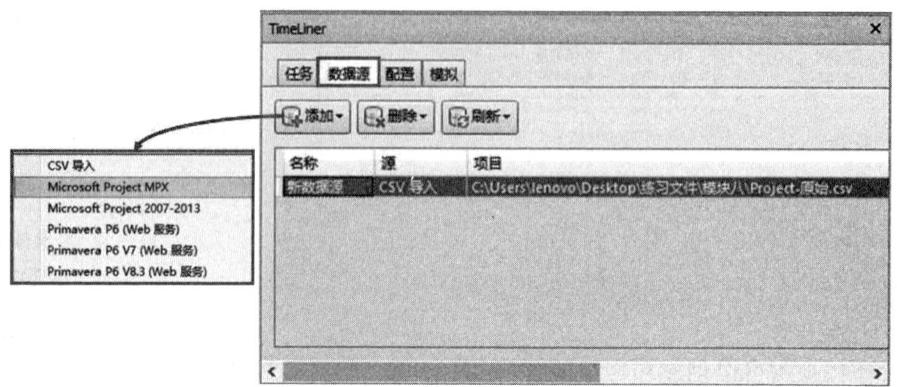

图 8－5　“数据源”选项卡

如数据源进行修改后，可利用【刷新】按钮对导入的数据格式进行更新。

3. “配置”选项卡

任务类型定义了附加到任务的项目将在模拟过程中如何显示，通过“配置”选项卡可以设置其参数，如任务的类型名称、外观定义及模拟开始默认模型外观，如图 8－6 所示。

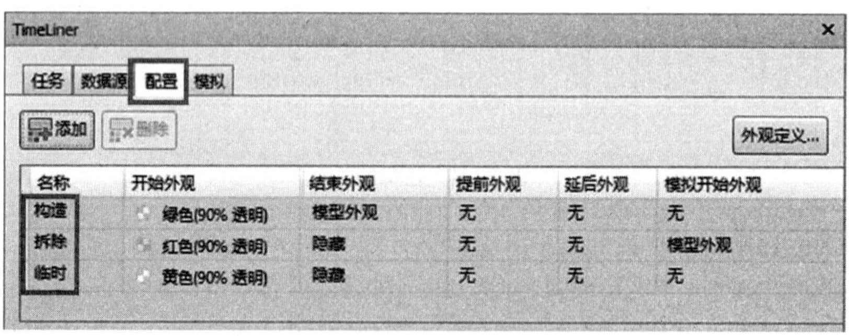

图 8－6　“配置”选项卡

默认的任务类型有构造、拆除、临时三种，每种类型都有五种外观定义，开始外观代表建造时项目的显示形式，结束外观代表建造完成后项目的显示形式，提前外观代表项目实际进度比计划提前时的显示形式，延后外观代表项目实际进度比计划延期时的显示形式，模拟开始外观代表建造前项目的显示形式。以【构造】为例，默认的施工序列将以所有隐藏项目开头，当任务开始时，附加的项目将以透明的绿色显示，然后在任务结束后，附加的项目将像在普通模型显示中那样显示。【无】表示不进行任何设置，将继续以前一阶段样式显示。

如要创建新的任务类型，点击【添加】按钮，从已定义的外观中选择不同外观；如要更改、新增外观定义，点击右上角【外观定义】，打开【外观定义】对话框，进行颜色、透明度的新建和修改，如图 8 - 7 所示。

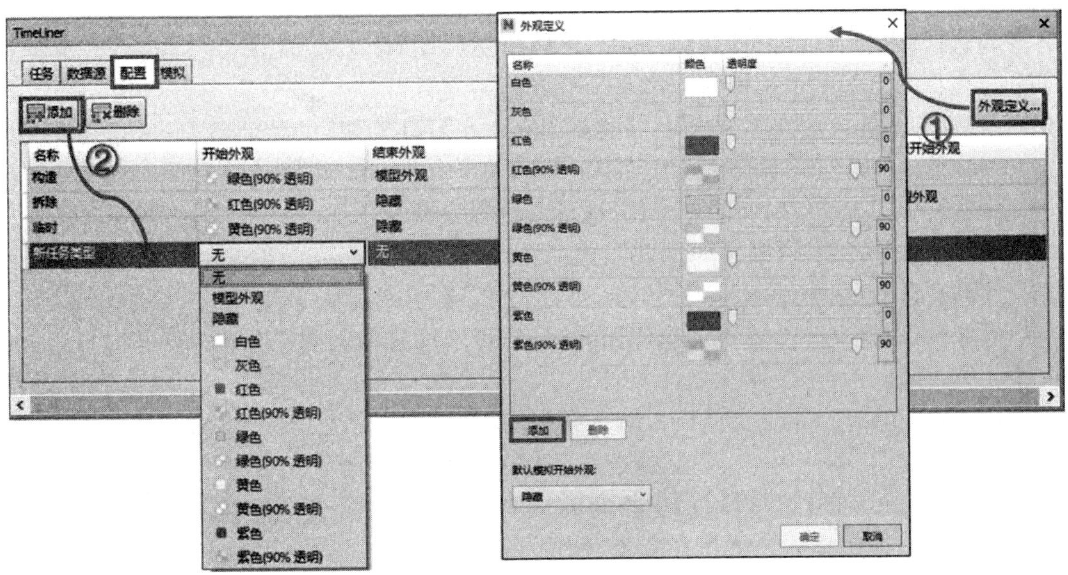

图 8 - 7　定义任务类型

4. “模拟”选项卡

通过“模拟”选项卡可以在项目进度的整个持续时间内模拟 TimeLiner 序列，如图8 - 8 所示，由一个播放控件、左侧任务视图和右侧甘特图视图组成。

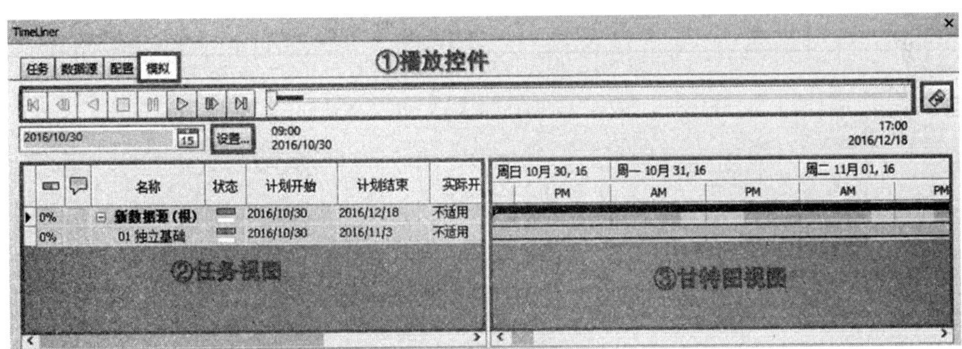

图 8 - 8　“模拟”选项卡

播放控件用于进度模拟动画播放设置，任务视图提供每个激活任务的当前模拟时间的信息以及模拟完成的剩余进度，该进度以百分比的形式显示，甘特图显示当前激活对象的项目状态的彩色条形图。任务视图和甘特图视图与【任务】选项卡中的一样。【导出动画】按钮可打开【导出动画】对话框，方便 TimeLiner 动画的导出。

单击【设置】按钮可打开【模拟设置】对话框，对项目计划进度模拟方式进行定义，如图 8-9 所示。

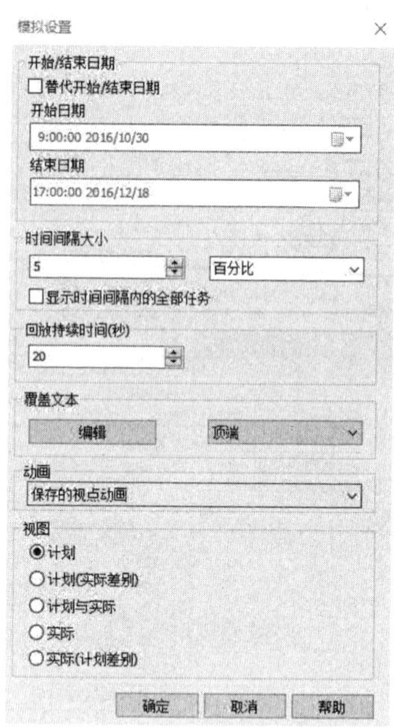

图 8-9 【模拟】设置

勾选【替代开始/结束日期】复选框，可以指定开始日期和结束日期。否则该模拟将在第一个任务开始之日开始，在最后一个任务结束之日结束。【时间间隔大小】可以定义要在使用播放控件播放模拟时使用的时间间隔大小，可设置为整个模拟持续时间的百分比，也可以设置为绝对的天数或周数等。勾选【显示时间间隔内的全部任务】复选框将高亮显示在此间隔中正在处理的所有任务。【回放持续时间】可以定义整个模拟的总体回放时间，可增加或减少持续时间。

【覆盖文本】可自定义当前模拟时场景视图中可见信息，如时间、日期、天及周等。默认情况下，日期和时间将以系统的控制面板的【区域设置】中指定的格式显示。可以通过在文本框中输入文本来指定要使用的确切格式。前缀有“%”或“$”字符的词语用作关键字并被各个值替换，除此以外的大多数文本将显示为输入时的状态。【日期/时间】、【费用】和【其他】按钮可用于选择和插入所有可能的关键字。【颜色】按钮可用于定义覆盖文字的颜色。

【动画】可向整个进度添加动画，【视图】将播放描述计划日期与实际日期关系的进度，如表 8-1 所示。

表 8-1 计划与实际进度视图

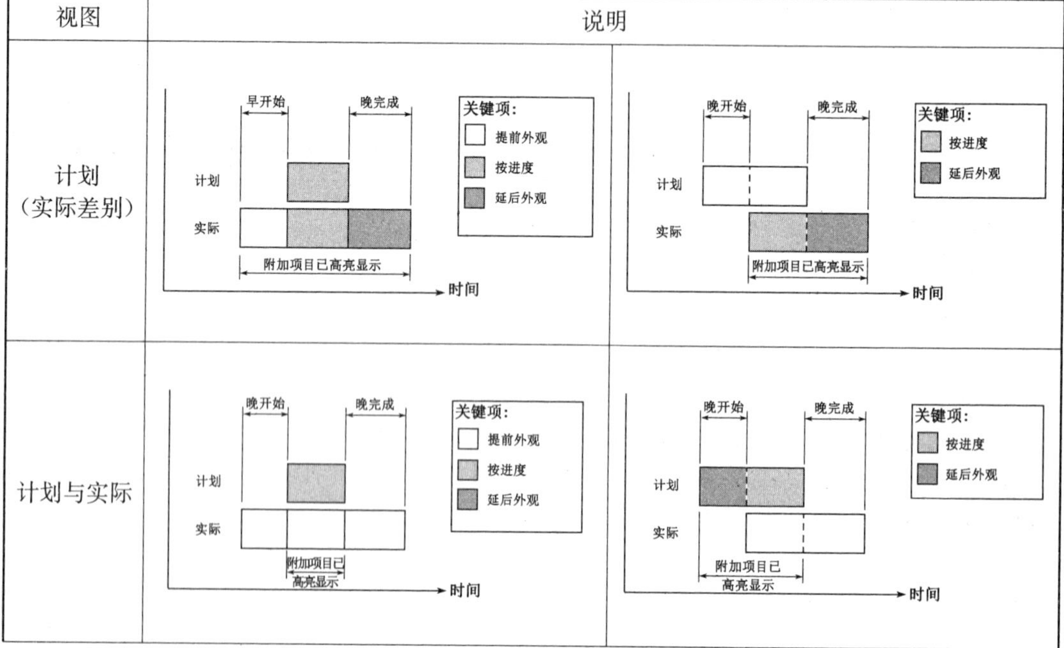

视图	说明	
计划（实际差别）	早开始；晚完成；计划；实际；附加项目已高亮显示；时间；关键项：提前外观、按进度、延后外观	晚开始；晚完成；计划；实际；附加项目已高亮显示；时间；关键项：按进度、延后外观
计划与实际	晚开始；晚完成；计划；实际；附加项目已高亮显示；时间；关键项：提前外观、按进度、延后外观	晚开始；晚完成；计划；实际；附加项目已高亮显示；时间；关键项：按进度、延后外观

（续表）

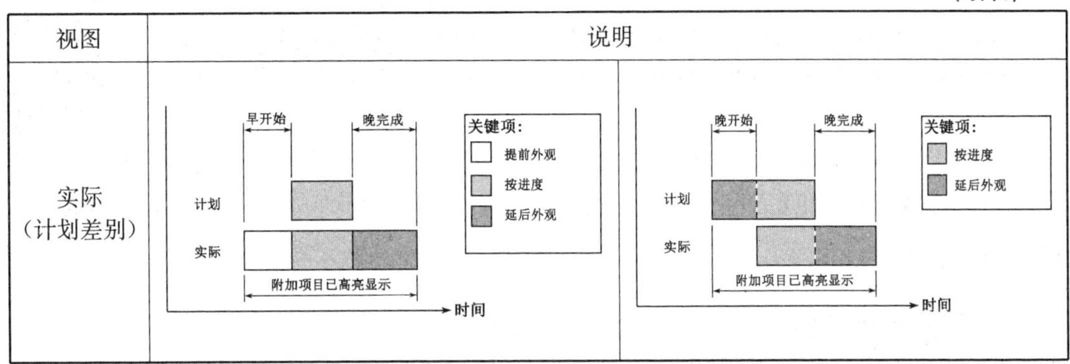

视图	说明
实际（计划差别）	

1.2　TimeLiner 施工进度模拟流程

要完成施工进度模拟，首先要在【TimeLiner】工具窗口创建任务，一种方式是在【任务】选项卡，通过手动添加的方式创建任务，并为每个任务确定名称、开始日期、结束日期；也可以单击【任务】选项卡中的【自动添加任务】，或者在【任务】区域中单击鼠标右键，基于图层、项目或选择集名称创建一个初始任务集。第二种方式是使用【数据源】选项卡导入外部源中的任务。

在【配置】选项卡上创建新的任务类型和编辑旧的任务类型，手动设置每个任务的任务类型，编辑任务参数，同时选择是否匹配动画效果。接着需要将模型中的对象附加到任务上，将模型与任务相关联。如果使用【任务】选项卡上的【自动添加任务】功能基于图层、项目或选择集名称创建了一个初始任务集，则已经为用户附着了相应的图层、项目或选择集。如果需要手动将任务附加到几何图形，则可以单击【附着】按钮，或者使用关联菜单附着选择、搜索或选择集；或者单击【使用规则自动附着】并自动使用规则附加任务。

在进行进度模拟时，通过【模拟】选项卡的【设置】调整模拟播放的方式及动画显示设置，通过播放控件控制模拟，检查要修改的地方。最后从【导出动画】将当前 TimeLiner 动画导出图像和 AVI 视频文件，如图 8－10。

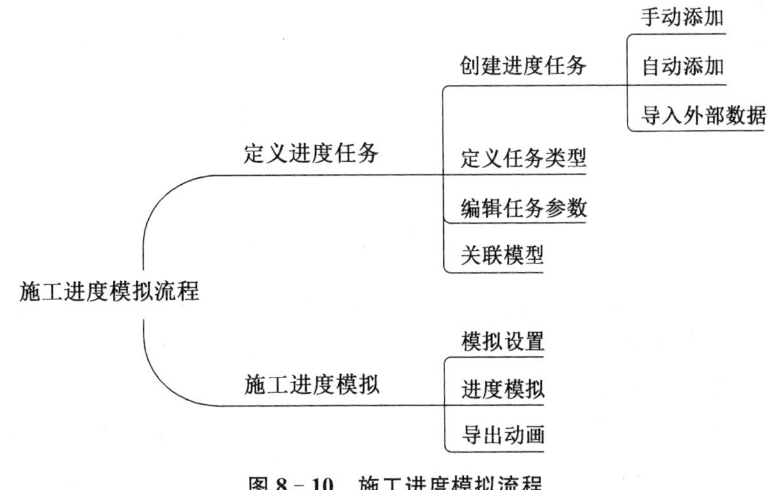

图 8－10　施工进度模拟流程

练习文件

施工进度模拟

任务二　施工进度模拟应用

扫描二维码打开练习文件中的“8.2 施工进度模拟.nwf”，单击【常用】选项卡下【工具】面板中的【TimeLiner】，打开【TimeLiner】工具窗口，按照以下过程完成施工进度模拟的练习。

2.1　定义进度任务

1. 手动添加任务

在【TimeLiner】工具窗口【任务】选项卡下，点击工具栏的第一个【添加任务】按钮，或者在任务视图灰色区域单击鼠标右键，选择【添加任务】，会在任务视图中增加一行新任务。

视频微课

准备图元/定义任务动画

单击此任务，修改重命名为对应的任务名称“结构基础”，从时间列下拉编辑器中设定计划开始、计划结束时间，如有实际时间数据，可选择实际开始时间、实际结束时间。

接着编辑任务参数，从【任务类型】下拉列表中，选择指定任务类型:【构造】。

在场景视图中选中所有的结构基础，在任务上单击鼠标右键，关联菜单中选择【附着当前选择】，或者选择前面已经定义好的结构基础集合，将任务附着到集合，如图 8－11 所示，重复以上步骤，直至所有任务添加完毕。

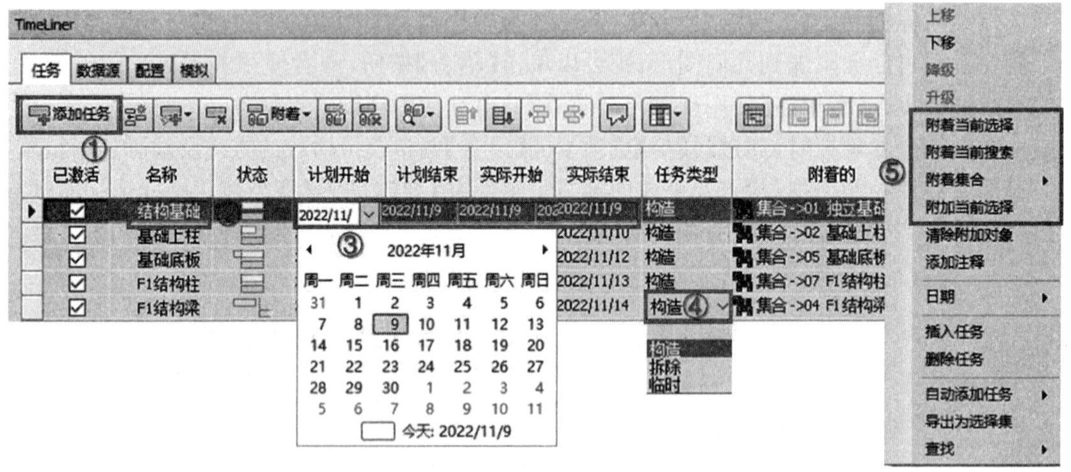

图 8－11　手动添加进度任务

在指定任务类型时，较为快速的方法是将第一个任务类型设置为【构造】，按住“Shift”选中所有任务名称后不动，在任务类型列单击鼠标右键，选择“向下填充”，可以一次性将所有选中的任务类型指定为【构造】。

将任务附着到集合时，较为快速的方法是使用工具栏第六个【使用规则自动附着】按钮，如图 8－12 所示，在弹出的 TimeLiner 规则窗口，选择要应用的所有规则“使用相同名称匹配大小写将任务名称对应到选择集”，点击【应用规则】后，可以将所有与任务名称相同的集合对应并自动附着。

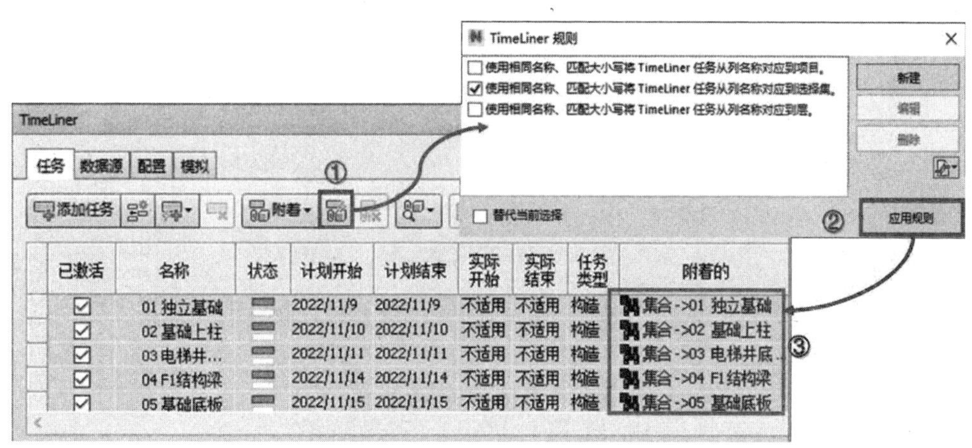

图 8-12　使用规则自动附着

注意：要应用规则自动附着，新建任务的名称应当与已定义的集合名称一致。

手动添加任务的方式只能一条一条的录入任务的名称、时间，并指定任务类型和附着集合，操作烦琐。

2. 自动添加任务

在【TimeLiner】工具窗口【任务】选项卡下，点击工具栏的第三个【自动添加任务】按钮，或者在任务视图灰色区域单击鼠标右键，选择【自动添加任务】，可以基于选择树结构、搜索集或选择集添加任务，如图 8-13 所示。

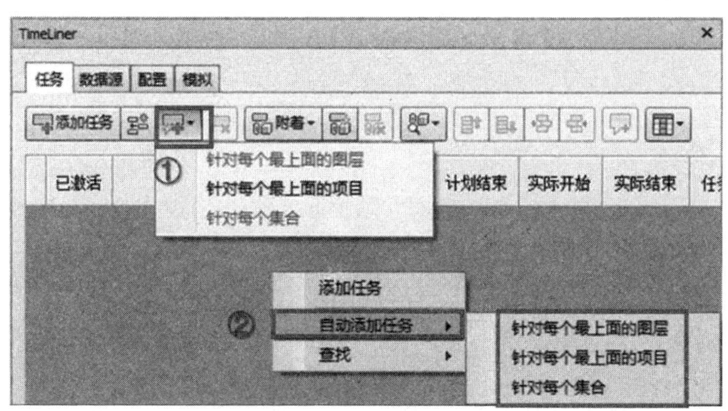

图 8-13　自动添加任务

(1) 单击【针对每个最上面的图层】，可创建选择树中选中项目中每个最顶部图层同名的任务，如图 8-14 所示。

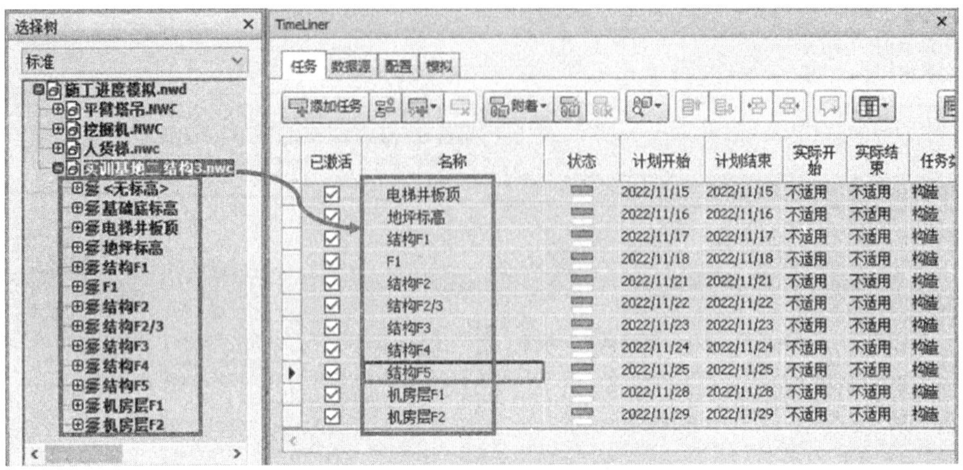

图 8－14 【针对每个最上面的图层】添加任务

（2）单击【针对每个最上面的项目】，可创建与选择树中的每个最顶部项目同名的任务，请，如图 8－15 所示。

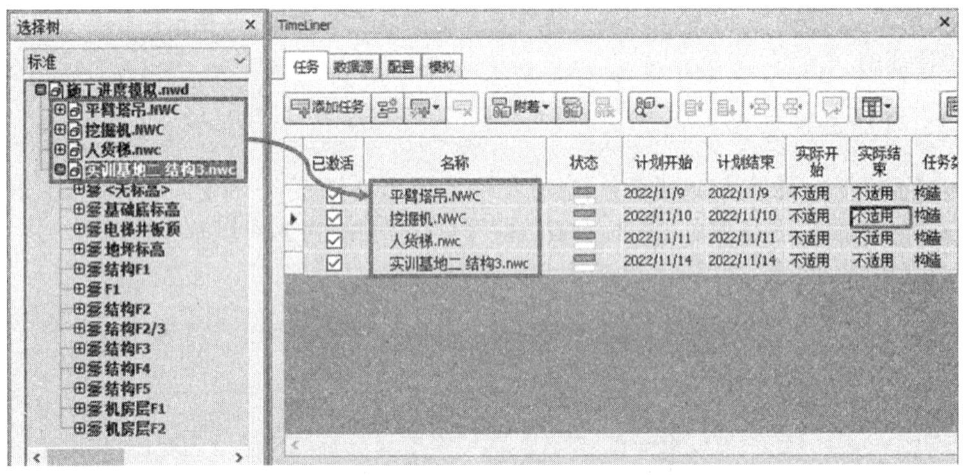

图 8－15 【针对每个最上面的项目】添加任务

（3）单击【针对每个集合】，可创建与集合可固定窗口中的每个选择集和搜索集同名的任务。

注意：以上三种自动添加任务的方式，系统将自动从当前系统日期开始，创建任务的计划开始日期和计划结束日期，针对随后的每个结束日期和开始日期递增一天，【任务类型】将设置为【构造】，自动附着模型。

自动添加任务的方式较为方便，但需要根据施工进度计划修改任务开始、结束时间，根据实际任务编辑任务类型。

3. 外部数据导入

除了前面两种创建进度任务的方式外，还可以通过【数据源】选项卡，使用已有的项目进度数据进行导入，比较常用的 CSV 数据格式，即“逗号分隔”格式的 CSV 文件，可以直接用 EXCEL 创建并保存。

（1）添加外部数据文件

点击【数据源】选项卡的【添加】按钮，从下拉菜单中选择【CSV 导入】，选择练习文件中的“Project-原始. csv”文件打开，弹出【字段选择器】窗口，自定义【TimeLiner】与外部项目文件之间的列映射，如图 8－16 所示，【TimeLiner】会尝试将导入数据文件中的任何列映射到 CSV 文件中名称类似的列。

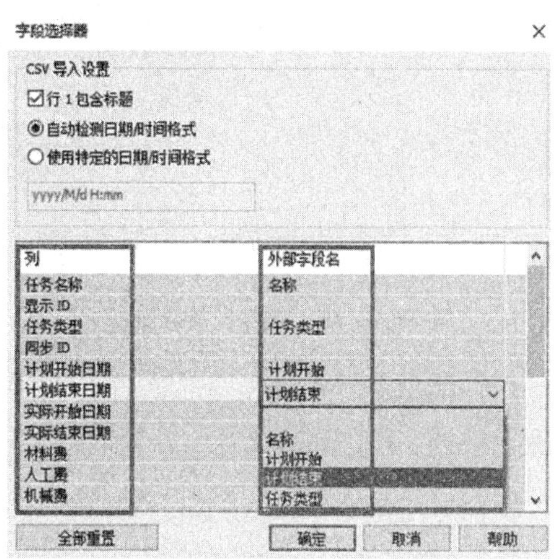

图 8－16　字段选择器

① 映射数据字段

【行 1 包含标题】复选框，如勾选，【TimeLiner】将 CSV 文件中的第一行数据视为列标题，使用其填充【外部字段名】选项。【TimeLiner】与数据源 CSV 文件的数据字段映射关系显示在下方字段映射轴网列表中，如【任务名称】要关联 Project 文件的【名称】字段，【任务类型】要映射数据源里的【任务类型】等。

【自动检测日期和时间】选项勾选后，【TimeLiner】尝试确定在 CSV 文件中使用的日期/时间格式，如果要手动指定应使用的日期/时间格式，选中“使用特定的日期/时间格式”选项。

点击【确定】后，弹出警告提示，选择【否】，如图 8－17 所示。默认情况下，会在【数据源】选项卡中增加名为“新数据源(X)”(X 是最新的可用编号)的。

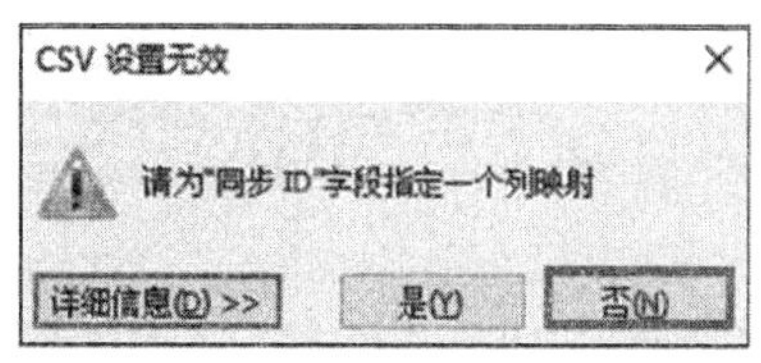

图 8－17　CSV 设置无效警告

② 重建任务层次

数据源创建完成后，还需要将映射的进度任务数据在 Navisworks 里重新提取，在数据源上单击鼠标右键，关联菜单中选择【重建任务层次】，弹出警告提示，直接点击【确定】，如图 8－18 所示，【任务】选项卡中就可以看到从数据源提取出来的任务列表。

如后期数据源有修改，可以在该数据源上单击鼠标右键，关联菜单上单击【同步】，再单击鼠标右键选择【重建任务层次】，可以更新进度数据。

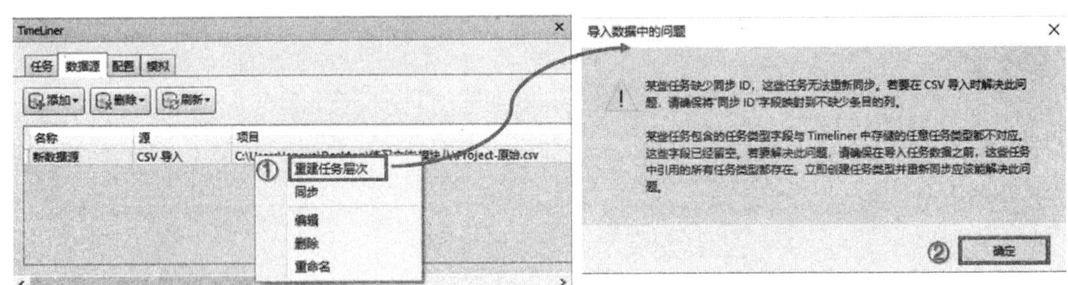

图 8－18　重建任务层次

(2) 进度任务附着模型

回到【任务】选项卡，映射数据字段【名称】、【计划开始时间】、【计划结束实际】、【任务类型】已从数据源提取，还需要附着模型，如图 8－19 所示。

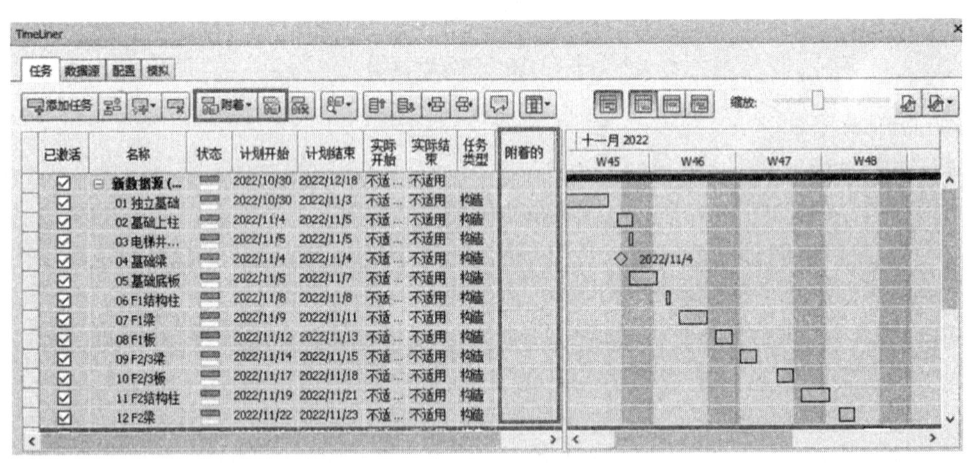

图 8－19　外部数据导入创建任务

附着方式同前面，利用【使用规则自动附着】，将所有已定义选择集或搜索集附着到对应的进度任务上，特别要注意的是，同一构件的已定义的集合名称与进度数据中的任务名称要完全一致，才能成功附着。

(3) 添加其他信息

进度任务的名称、时间、任务类型和附着是进行施工进度模拟必须要添加的内容，除了以上几项外，还可以添加成本费用、动画等信息，点击工具栏【列】按钮，从下拉菜单中选择【选择列】，弹出【选择 TimeLiner 列】对话框，勾选需要显示在任务视图的信息，如图 8－20 所示。

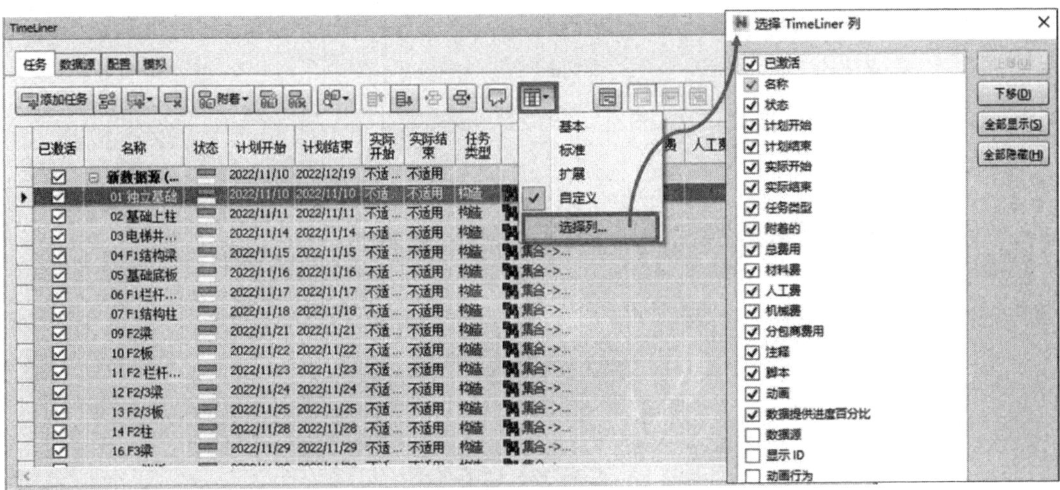

图 8 - 20　选择列

① 费用信息

从【选择 TimeLiner 列】对话框勾选人工费、材料费、机械费等费用信息，费用信息的显示可以采用手动和自动的方式，手动的方式是直接将人、材、机及分包商费用输入，总费用自动计算，自动的方式是在外部数据源进度计划中增加相关成本信息，映射数据后提取成本信息，如图 8 - 21 所示。添加的成本信息在进行进度模拟时可以随着进度计划显示。

图 8 - 21　费用信息

② 添加动画

从【选择 TimeLiner 列】对话框勾选【动画】、【动画行为】，可以对具体的任务添加定义过的场景动画。接下来，利用前面制作完成了反铲挖掘机挖土的动画进行进度模拟与场景动画的结合演示。

在【TimeLiner】工具窗口的【任务】选项卡新建一个名为“挖掘机”的任务，确定其计划开始时间、计划结束时间，如图 8 - 22 所示，任务类型为【临时】，将挖掘机附着到该任务。

点击【动画】字段的下拉箭头，可以看到所有的场景动画，可以选总的场景动画，也可以选择场景动画下的动画集。

单击【动画行为】字段的下拉箭头，可以选择该任务的播放方式，【缩放】是默认设置，动画持续时间与任务持续时间匹配，即动画从该任务开始时间一直播放到结束时间。【匹配开始】代表动画在任务开始时开始，如果动画的运行超过了【TimeLiner】模拟的结尾，则动画

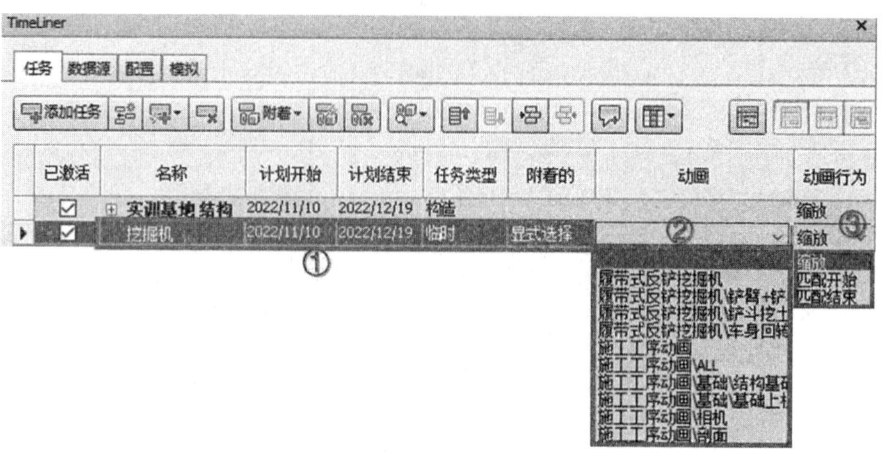

图 8－22　动画

的结尾将被截断。【匹配结束】代表动画在任务结束时解释，动画开始的时间要足够早，以便动画能够与任务同时结束。如果动画的开始时间早于【TimeLiner】模拟的开始时间，则动画的开头将被截断。设置好动画及动画行为后，在进行结构进度模拟的同时，可以看到挖掘机完成挖土动画效果。

2.2　施工动画模拟

视频微课

定义任务类型及动画导出

1. 动画模拟设置

在完成以上任务的定义之后，就可以利用【TimeLiner】工具窗口的【模拟】选项卡进行进度动画的模拟，点击播放控件的【播放】按钮完成动画的预览。

单击【设置】按钮可打开【模拟设置】对话框，【替代开始/结束日期】选项用于设置模拟指定时间范围内的施工任务，本次不勾选，【时间间隔大小】定义施工动画每一帧的间隔，修改为 1 天，【回放持续时间】定义播放当前场景中所有已定义施工任务所需动画总时长，修改为 30 s。

【覆盖文本】可以设置进度模拟时，显示在场景视图中各类信息的状况，并根据需要定制显示格式与内容。点击【覆盖文本】中的【编辑】按钮，打开【覆盖文本】对话框，如图 8－23 所示。

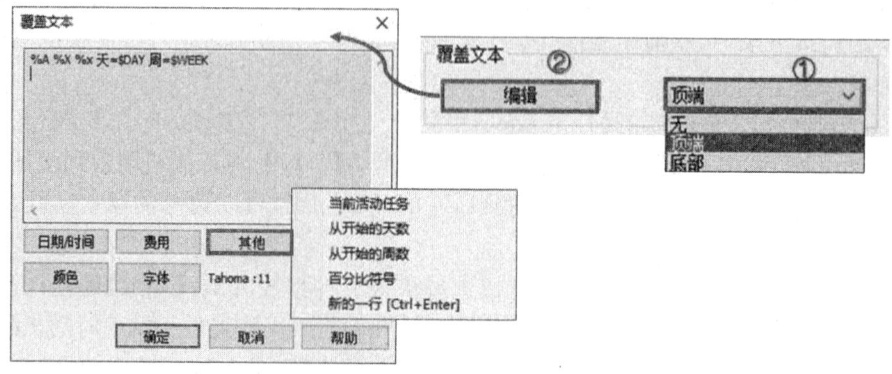

图 8－23　覆盖文本编辑

将覆盖文本设置在顶端，在【覆盖文本】对话框中，点击【其他】按钮，插入【新的一行】，选择【当前活动任务】，增加任务百分比、人工费、材料费等费用信息，如图 8－24 所示。

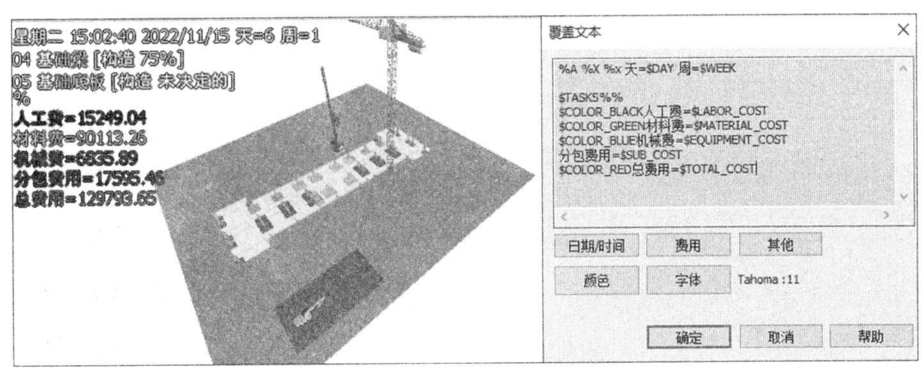

图 8－24　覆盖文本编辑

单击【动画】字段中的下拉箭头，如图 8－25 所示，无链接将不播放视点动画或相机动画，可选择【保存的视点动画】，将进度链接到当前选定的视点或视点动画；也可选择【场景 X】下的【相机】，将进度链接到选定动画场景中的相机动画。可以预先将要展示的效果制作成合适的视点或场景动画，如从外部逐渐向室内推进的效果，再链接到整个进度中。

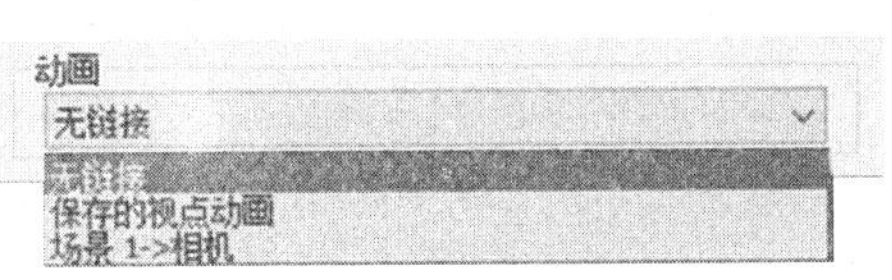

图 8－25　链接动画

演示动画

施工进度模拟动画

2. 进度模拟动画的导出

进度模拟动画的导出与视点动画和场景动画导出时一样的。点击【TimeLiner】工具窗口的【模拟】选项卡右上角的【导出动画】按钮，弹出【导出动画】对话框，如图 8－26 所示。注意【源】要选择【TimeLiner 模拟】，渲染器选择【视口】，格式根据需要选择 AVI 或者图片，尺寸类型选择【使用视图】，抗锯齿选择“4x”，点击【确定】导出动画。

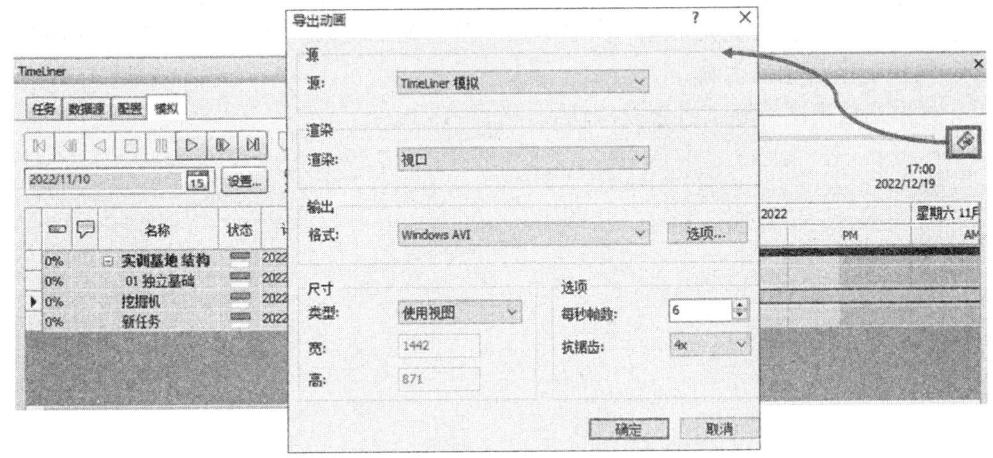

图 8－26　进度模拟动画导出

【小结 · 思维导图】

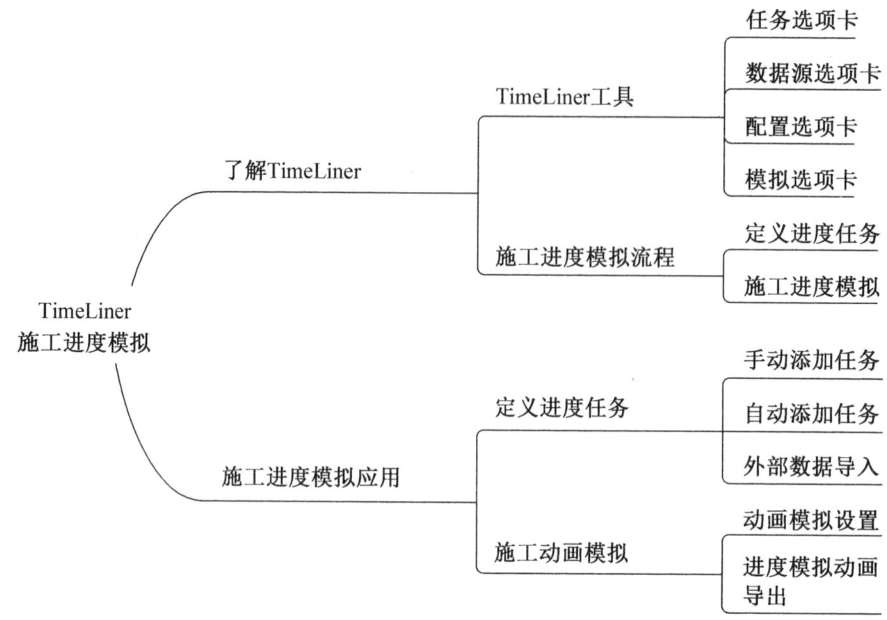

【拓展演练】

请扫码下载练习文件，并在 Navisworks 中完成以下任务：

1. 检查 Project 施工进度计划的完成度和正确性，为项目添加实际开工日期和实际完工日期；

2. 导入修正后的外部施工进度计划数据，在 Timeliner 工具中定义进度任务；

3. 手动添加塔式起重机、人货施工电梯的进度任务，将塔式起重机动画添加到 TimeLiner 施工模拟中；

课后习题/
练习文件

模块八/
拓展练习文件8

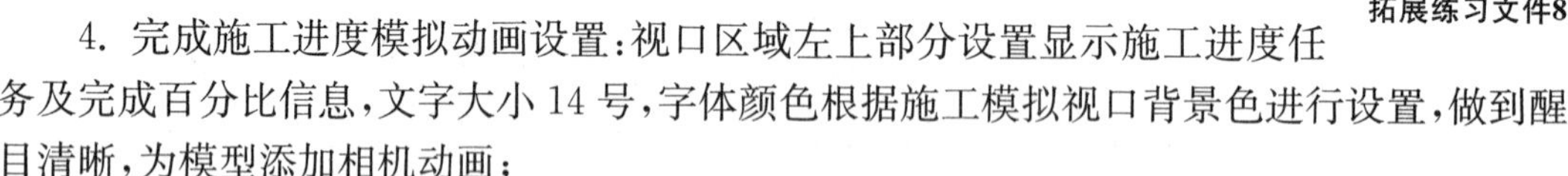

4. 完成施工进度模拟动画设置：视口区域左上部分设置显示施工进度任务及完成百分比信息，文字大小 14 号，字体颜色根据施工模拟视口背景色进行设置，做到醒目清晰，为模型添加相机动画；

5. 导出当前视图下施工进度模拟动画，格式 AVI。

【自我评价】

请根据对软件操作掌握程度，在自我评价量表上打分。

序号	评价指标	分值(0～10 分)
1	我能够快速并准确地找到 TimeLiner 工具窗口	
2	我能够熟练应用 TimeLiner 工具下的任务、数据源、配置、模拟选项卡，准确使用相应命令	
3	我能够快速并准确地手动添加进度任务	
4	我能够快速并准确地自动添加进度任务	
5	我能够根据模拟方案中要展示的施工工序重点，检查施工进度计划的正确性和完成性，并能快速准确地导入外部进度数据	
6	我能够快速并准确地设置任务类型，编辑任务参数	
7	我能够快速并准确地将定义的进度任务与模型进行关联	
8	我能够快速并准确地添加其他信息，如费用、动画等	
9	我能够快速并准确地进行模拟设置，定义动画时长、覆盖文本等	
10	我能够快速并准确地导出施工进度模拟动画	
总分		
备注	（采取措施）	

模块九

Quantification 工程量计算

【知识目标】

1. 熟悉 Quantification 工具界面；
2. 掌握 Quantification 算量原理；
3. 掌握 Quantification 算量应用流程；
4. 掌握算量数据更新及导出。

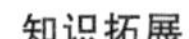

知识拓展

恒心建工程
匠心敬时代

【能力目标】

1. 能够利用 Quantification 工具创建算量项目；
2. 能够根据清单规则正确地创建组织目录，设置映射规则；
3. 能够根据施工需要分解资源并使用；
4. 能够根据构件的不同使用变量和公式计算模型工程量；
5. 能够对算量结果进行修改，并根据需要导出不同格式成果文件。

【素质目标】

通过精确的工程量计算，培养学生的敬业精神，强化对工作负责、对质量负责的责任感；通过鼓励学生勇于尝试新的方法，激发创新精神。

【任务介绍】

任务一　了解 Quantification 算量工具：Quantification 算量工具菜单；Quantification 算量方法及流程；

任务二　Quantification 算量应用：2D、虚拟、三维模型算量计算；算量结果更新、导出。

【任务引入】

某机场工程，新建 16 万平方米航站楼、41 个机位的站坪及其他配套设施工程，由于异形结构多，造型复杂、计算量大，利用 Navisworks 的 Quantification 算量功能实现模型体量数据计算功能，读取模型体量信息，辅助现场工程量确认和工程量复核、成本管理和资金控制。

思考：

1. 传统的手动计算工程量方法有哪些局限性？
2. Navisworks 的 Quantification 功能如何实现快速工程量计算？
3. Quantification 功能有哪些优点和缺点？

任务一　了解 Quantification 算量工具

1.1　Quantification 算量工具

Autodesk Navisworks 提供了 Quantification 模块，实现对新建、改建项目的工程模型构件数量、材质面积和体积等进行估算，方便对模型计算的工程量进行直观的检验。

单击【常用】选项卡【工具】面板的【Quantification】菜单，出现 Quantification 界面，Quantification 模块由【Quantification 工作簿】、【项目目录】、【资源目录】三部分组成。

1. Quantification 工作簿

Quantification 工作簿是主要的工作空间，在这里进行模型（自动）算量或虚拟（手动）算量操作，如图 9－1 所示。

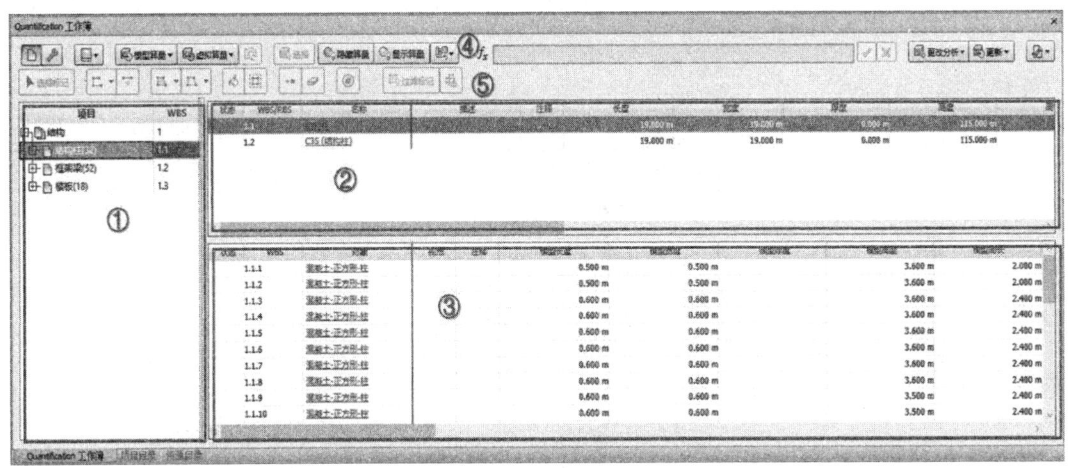

图 9－1　Quantification 工作簿

（1）【导航】窗格

该窗格包含项目和 WBS（工作分解结构）代码的列表，可查看直接与模型对象相关联的项目目录和资源目录的树状视图。

（2）【汇总】窗格

算量项目的摘要，显示在【导航】窗格选中的项目算量，单击鼠标右键表头，选择【选择列】命令，可更改【汇总】窗格中显示的列。

（3）【算量】窗格

显示所有算量项目和数据，与【汇总】窗格类似，可设置表格显示列。

（4）Quantification 工具栏

访问 Quantification 的主要功能，各按钮功能扫码查看。

（5）2D 算量工具栏

访问标记 2D 工作表所需的工具，然后将这些项目估算到 Quantification

微课资源

算量相关工具栏按钮功能

工作簿中以创建 2D 算量。

2. 项目目录

项目目录用于定义项目的组织结构，包含用于算量的项目和材质分组，可定义当前场景中图元构件的分类方式、外观显示样式，如图 9－2 所示。

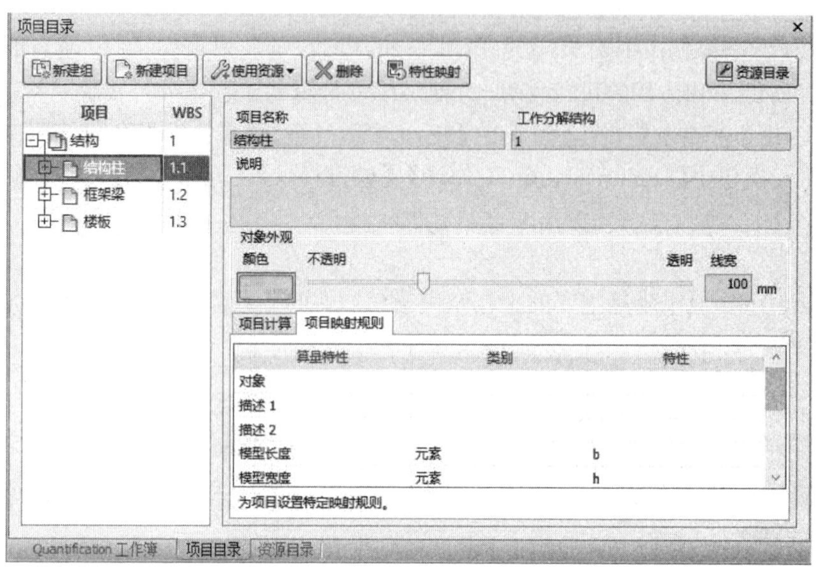

图 9－2　项目目录

3. 资源目录

资源目录是项目的资源数据库，可根据项目功能和类型与材质、设备或工具进行关联，如图 9－3 所示。

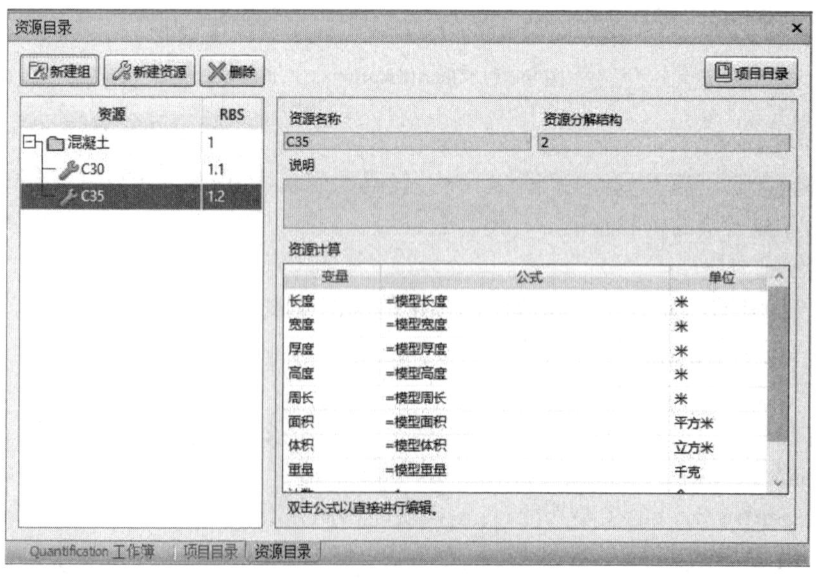

图 9－3　资源目录

1.2 Quantification 算量原理

1. 算量方法

Quantification 支持 3D 模型以及 2D DWF(x)和 DWG 文件的模型(自动)算量、虚拟(手动)算量和 2D(标记)算量。算量方法包括以下 3 种。

(1) 模型算量

利用三维模型原有属性，提取对象来创建算量数据，并将算量结果以列表形式显示在 Quantification 工作簿中。

(2) 虚拟算量

未链接到模型对象的算量项目，或其中的项目显示在模型中但不包含关联属性的算量项目，可以利用测量工具建立虚拟算量。

(3) 2D 算量

跟踪二维工作表上的现有几何图形(例如楼层平面图)以自动创建算量。

2. 算量流程

Quantification 算量流程如下。

(1) 创建算量项目

在 Navisworks 中，打开设计文件，打开 Quantification 工作簿，完成项目设置，创建项目。

(2) 执行算量

创建或选择算量项目，隐藏不需要的项目，对不在目录中的项目使用测量工具(用于虚拟算量)。

组织算量项目(更改项目顺序，创建新项目)，编辑公式/参数。

(3) 管理算量数据

更改数据后刷新模型，分析并验证算量数据，将算量数据输出为 Excel XLSX 格式。

视频微课/练习文件

定义资源/算量应用

任务二 Quantification 算量应用

2.1 创建项目

根据 Quantification 算量原理及流程，通过 2F 框架结构简单介绍 Quantification 算量的一般步骤，扫描二维码下载并打开练习文件中的“9.2 算量应用.nwf”文件，按照工程量清单分类对框架结构模型计算混凝土梁、板、柱的工程量及模板体积。

1. 项目设置

在项目文件下，打开【常用】选项卡【工具】面板的【Quantification】菜单，第一次使用【Quantification】算量时，将显示【项目设置】按钮，如图 9－4 所示。

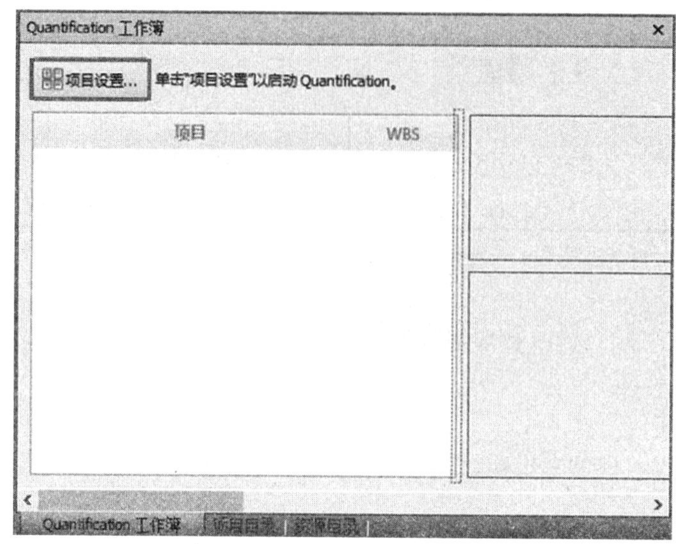

图 9-4　项目设置

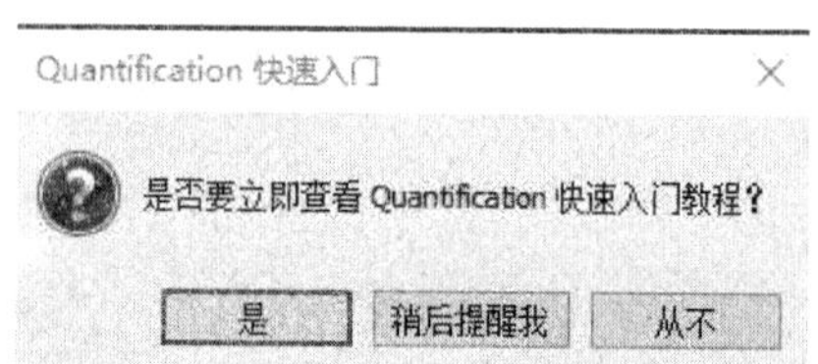

图 9-5　Quantification 快速入门教程提示

如第一次进入【Quantification 工作簿】中，单击【项目设置】后，出现 Quantification 快速入门教程提示，可查看教程，如图 9-5 所示。

2. 选择目录

跟着设置向导完成项目创建，在【设置 Quantification：选择目录】对话框中，选择列出的目录或浏览自定义目录，即算量模板来定义项目中的各个项目和资源，如图 9-6 所示。

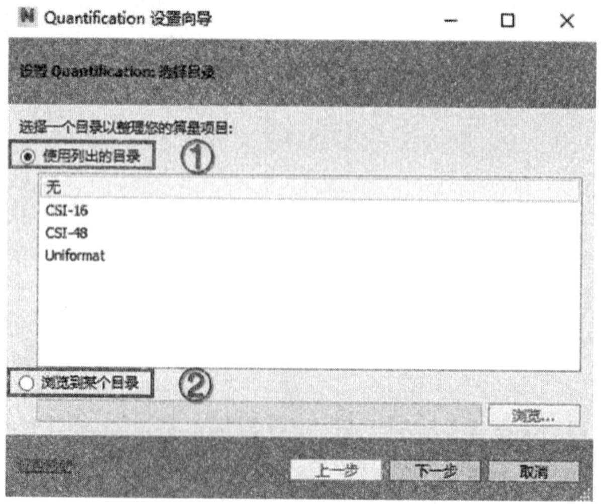

图 9-6　设置 Quantification：选择目录

（1）使用列出的目录

此处的目录是软件最常用的目录。

说明：①“无”标识没有任何初始设置。

②“CSI－16”是一个非常基本的目录模板，按构件材料特性分类，包含了 16 种根项目组，如图 9－7 所示。

③“CSI－48”是一个相对复杂的目录模板，按构件材料特性分类，包含了 48 中根项目组，如图 9－8 所示。

④“Uniformat”是一个综合的目录模板，按构件的建筑功能分类，每一个根目录下又包含了项目组，如图 9－9 所示。

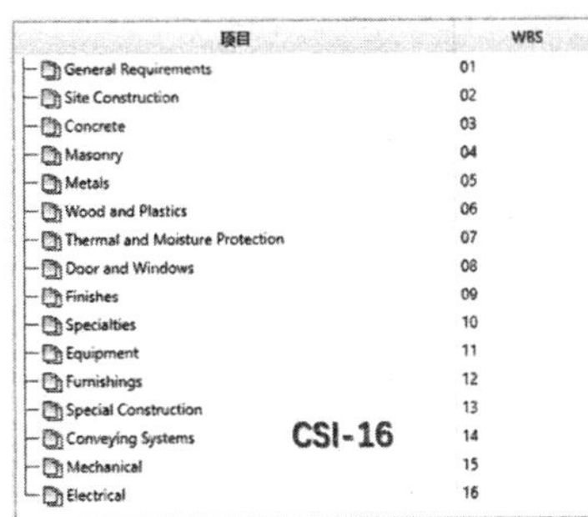

图 9－7 CSI－16 目录

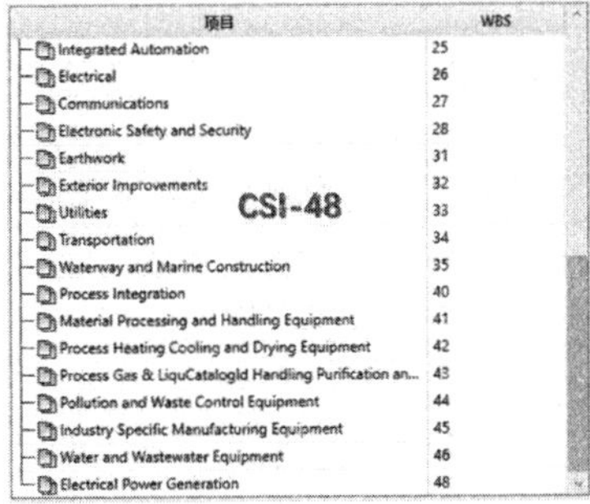

图 9－8 CSI－48 目录

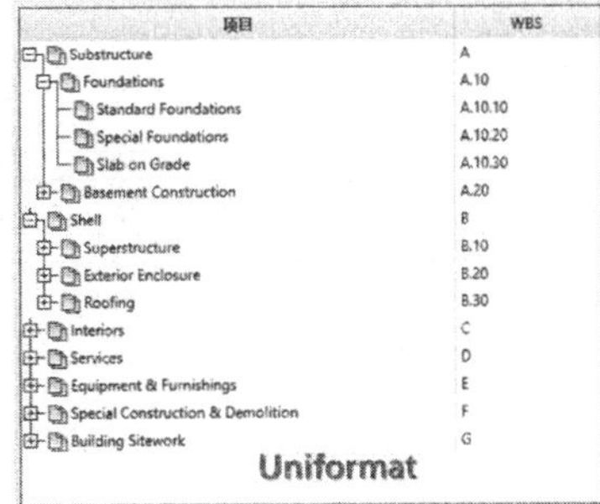

图 9－9 Uniformat 目录

“CSI－16”“CSI－48”“Uniformat”中的目录结构是按照每个建筑标准协会（CSI）提出的建筑分解标准制定，要编制国内工程量清单不能使用提供的默认模板，需要在列出的目录中选择“无”，根据国家清单规范的标准，如《房屋建筑与装饰工程工程量计算规范》（GB 50854—2013），按照其项目划分，创建自己的清单算量模板，如图 9－10 所示。

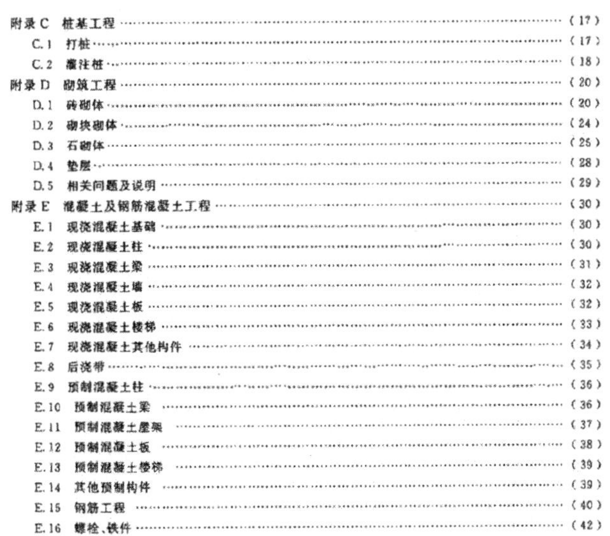

附录 C 桩基工程 ……（17）
C.1 打桩 ……（17）
C.2 灌注桩 ……（18）
附录 D 砌筑工程 ……（20）
D.1 砖砌体 ……（20）
D.2 砌块砌体 ……（24）
D.3 石砌体 ……（25）
D.4 垫层 ……（28）
D.5 相关问题及说明 ……（29）
附录 E 混凝土及钢筋混凝土工程 ……（30）
E.1 现浇混凝土基础 ……（30）
E.2 现浇混凝土柱 ……（30）
E.3 现浇混凝土梁 ……（31）
E.4 现浇混凝土墙 ……（32）
E.5 现浇混凝土板 ……（32）
E.6 现浇混凝土楼梯 ……（33）
E.7 现浇混凝土其他构件 ……（34）
E.8 后浇带 ……（35）
E.9 预制混凝土柱 ……（36）
E.10 预制混凝土梁 ……（36）
E.11 预制混凝土屋架 ……（37）
E.12 预制混凝土板 ……（38）
E.13 预制混凝土楼梯 ……（39）
E.14 其他预制构件 ……（39）
E.15 钢筋工程 ……（40）
E.16 螺栓、铁件 ……（42）

微课资源

房屋建筑与装饰工程
工程量计算规范

图 9－10 工程量清单目录

(2) 浏览到某个目录

选中该复选框，然后单击【浏览】以使用非标准的自定义目录。目录应采用 XML 格式，并且包含的测量单位和属性必须与当前项目文件中包含的目录相同。

对于已经创建好的目录模板，保存在“C:\Program Files\Autodesk\Navisworks Manage 2020\Quantification\catalogs”文件夹里，其他项目文件打开 Quantification 工作簿的时候可以利用【浏览到某个目录】调用自定义的模板。

3. 选择单位

在选择好目录后，单击【下一步】，进入【设置 Quantification：选择单位】对话框中，选择测量单位，如图 9-11 所示。

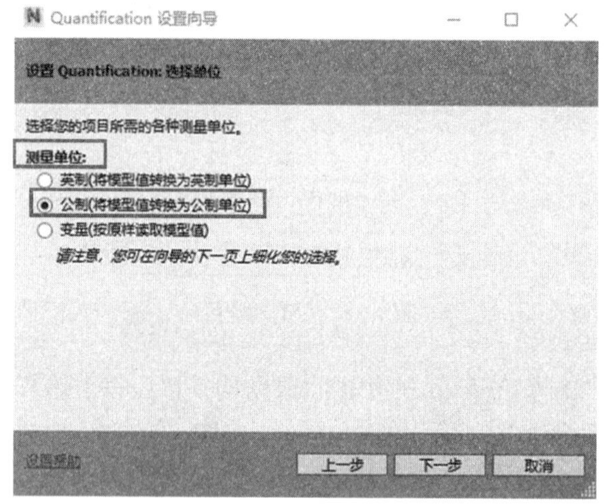

图 9-11 选择单位

(1) 英制

将模型中的单位转换为英制单位，例如英尺、磅或加仑。

(2) 公制

将模型中的单位转换为公制单位，例如米、千克或升。

(3) 变量

使用现有的模型值，即原始数值，可以在下一向导页面中更改每个单独算量属性的单位。

这里选择测量单位为【公制】，单击【下一步】。

4. 选择算量属性

在【设置 Quantification：选择算量属性】对话框中，选择要用于每个算量属性的单位，如图 9-12 所示。

从每个算量属性的下拉列表中选择单位。勾选【为每个算量属性显示公制和英制单位】，会在项目中为每个属性显示测量单位。单击【下一步】、【完成】，完成 Quantification 初始环境设置。

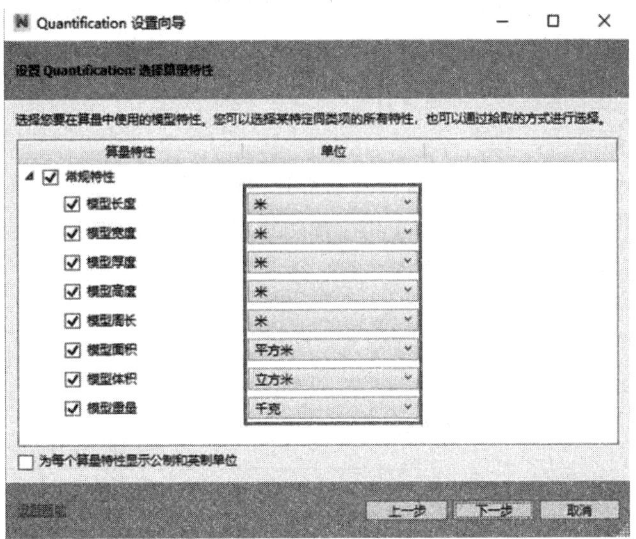

图 9－12 选择算量属性

视频微课

算量及结果导出

2.2 执行模型算量

1. 创建算量分类和组织目录

在前面创建项目时，因为未选择算量模板，Quantification 窗口不显示任何项目，如图9－13所示。

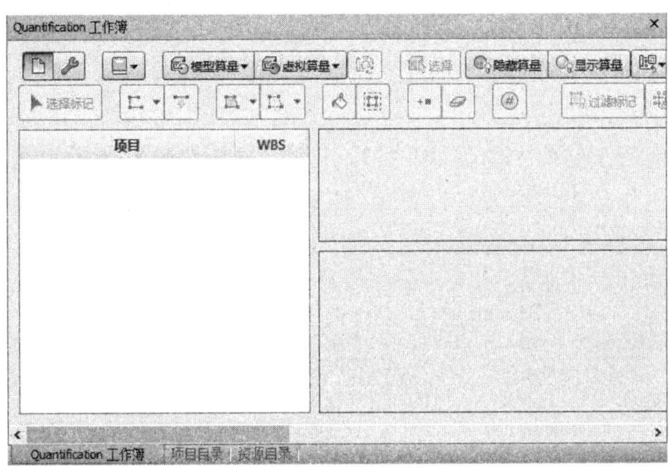

图 9－13 Quantification 窗口

Quantification 窗口由【Quantification 工作簿】、【项目目录】、【资源目录】三部分组成。单击【查看】选项卡下【工作空间】面板中的【窗口】下拉列表，在列表中不勾选【项目目录】和【资源目录】，将不显示【项目目录】和【资源目录】工具窗口。

注意：要打开【项目目录】和【资源目录】工具窗口，可使用同样方式在【窗口】列表勾选【项目目录】和【资源目录】，也可以在【Quantification 工作簿】，单击【显示或隐藏项目目录或资源目录】按钮，选择【项目目录】、【资源目录】，打开其工具窗口。

(1) 创建组织目录

要完成 Quantification 进行算量，需要在【项目目录】工具窗口先进行算量分类和组织目录的创建，进入【项目目录】工具窗口，单击【新建组】按钮，按照清单项目分类新建组，修改名称后，添加新建项目，如图 9－14 所示。

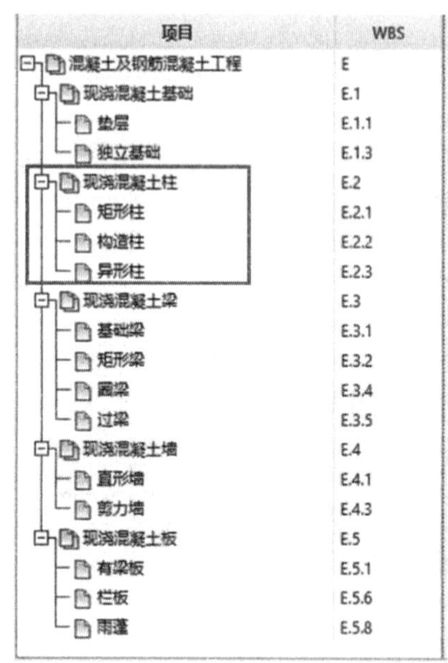

表 E.2 现浇混凝土柱(编号:010502)

项目编码	项目名称	项目特征	计量单位	工程量计算规则	工作内容
010502001	矩形柱	1. 混凝土种类 2. 混凝土强度等级	m^3	按设计图示尺寸以体积计算 柱高： 1. 有梁板的柱高，应自柱基上表面(或楼板上表面)至上一层楼板上表面之间的高度计算 2. 无梁板的柱高，应自柱基上表面(或楼板上表面)至柱帽下表面之间的高度计算 3. 框架柱的柱高：应自柱基上表面至柱顶高度计算 4. 构造柱按全高计算，嵌接墙体部分(马牙槎)并入柱身体积 5. 依附柱上的牛腿和升板的柱帽，并入柱身体积计算	1. 模板及支架(撑)制作、安装、拆除、堆放、运输及清理模内杂物、刷隔离剂等 2. 混凝土制作、运输、浇筑、振捣、养护
010502002	构造柱				
010502003	异形柱	1. 柱形状 2. 混凝土种类 3. 混凝土强度等级			

图 9－14 工程量清单目录结构

① 新建组

示例中涉及混凝土结构中的梁、板、柱构件，点击【新建组】，修改组名称为"混凝土及钢筋混凝土工程"，工作分级结构编码设置为"E"作为类别构件的第一级编码；在该分部下继续点击【新建组】，名称为"现浇混凝土柱"，编码为"E. 2"，重复以上操作，完成"现浇混凝土板"类别分组，如图 9－15 所示。

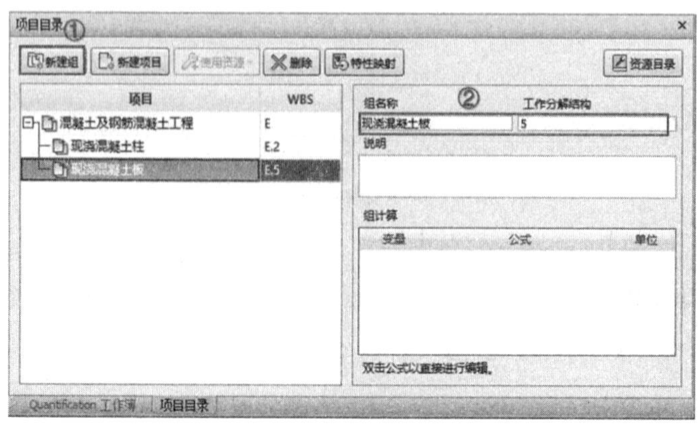

图 9－15 示例项目清单分类

② 新建项目

选择“现浇混凝土柱”编组，单击【新建项目】按钮，为当前编组分类添加指定项目【矩形柱】，设置编码为“1”，修改外观颜色及透明度，如图 9－16 所示。

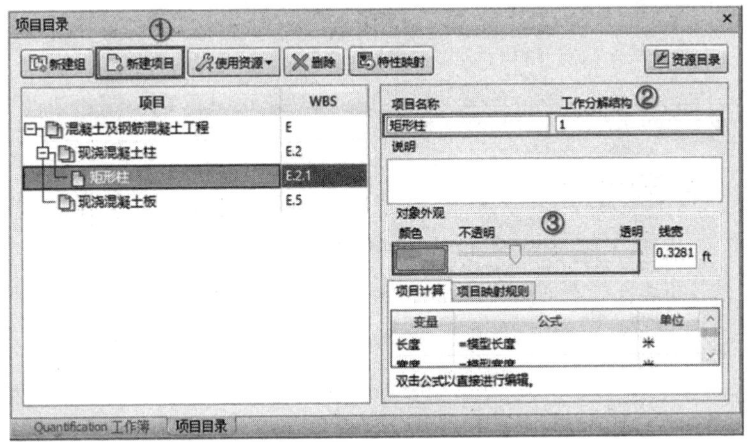

图 9－16 指定项目

选择“现浇混凝土板”编组，单击【新建组】按钮，添加【有梁板】编组，为当前编组分类添加指定项目【框架梁】、【楼板】，分别设置编码为“1”“2”，修改外观颜色及透明度，如图 9－17 所示。

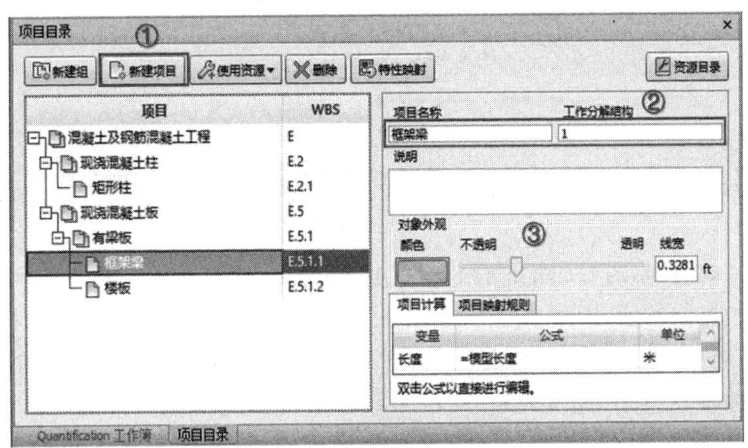

图 9－17 指定项目 2

（2）设置各算量项目映射规则

设置组织目录后，需要对各个算量进行映射。选择特定项目后，在【项目目录】中，单击【项目映射规则】选项卡，从【类别】、【特性】下拉菜单中选择与该算量特性关联的类别、特性。

① 查询特性

类别及特性的选择与模型构件【特性】窗口选项卡有关，选择模型中的矩形柱，点击【常用】选项卡【显示】面板中的特性，将显示柱子所有特性信息，其中【元素】特性中显示所有与工程量相关长度、宽度、面积、体积等参数，如图 9－18 所示。

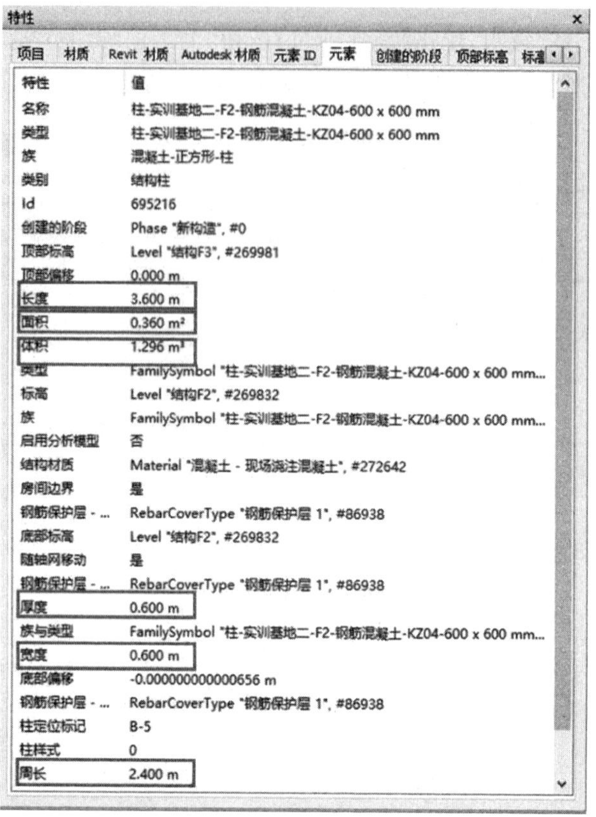

图 9 - 18　框架柱特性

注意：要显示构件所有特性，选取精度应设置为“最低层级的对象”。

② 映射规则

在进行项目映射时，需对应矩形柱构件能提取出的特性值，从类别下拉列表中选择【元素】，对应特性中提取的值，模型长度=元素的长度，模型宽度=元素的宽度，模型厚度=元素的厚度，模型周长=元素的周长，模型面积=元素的面积，模型体积=元素的体积，将算量特性与模型特性参数进行关联，如图 9 - 19 所示。

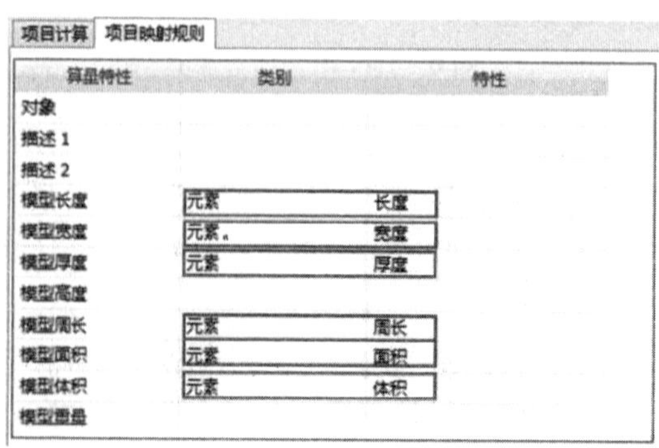

图 9 - 19　矩形柱项目映射规则

同样的方式，对照构件特性值，设置梁、板项目映射规则，如图 9－20、9－21 所示。

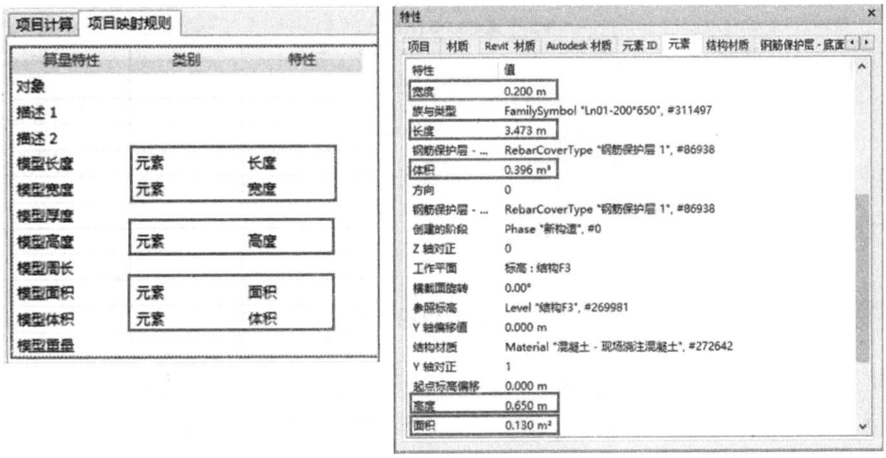

图 9－20 梁项目映射规则

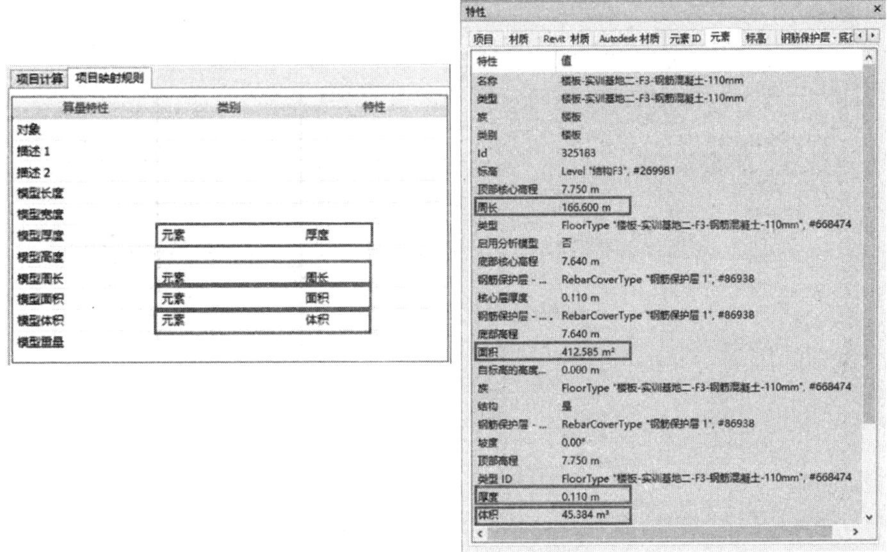

图 9－21 板项目映射规则

如两个项目所查询到的特性值一致时，也可以直接复制已完成映射规则的项目，粘贴到对应编组后，重命名，修改颜色、透明度。

（3）资源分解

① 新建资源

确定好项目后需要对资源进行分解，可从【资源目录】工具窗口新建资源，也可利用【项目目录】中【使用资源】按钮新建资源。

在【资源目录】中通过新建组，添加混凝土、模板编组，在组下根据资源分类新建资源，如图 9－22 所示。

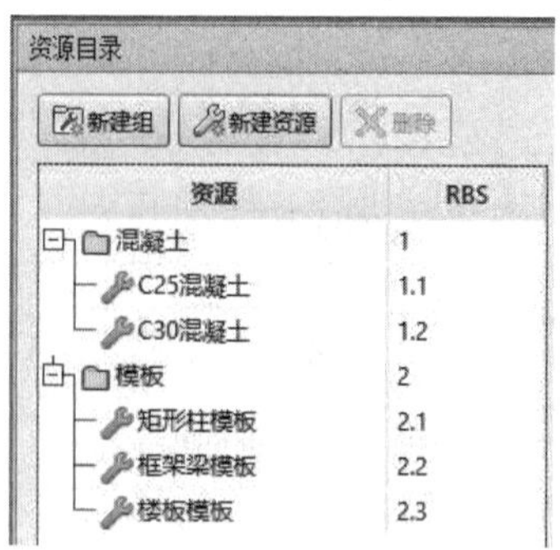

图 9 - 22　资源目录

② 使用资源

如在【资源目录】已经新建资源，进入【项目目录】窗口，选择项目，点击【使用资源】按钮，选择【使用现有主资源】，进入主资源列表，选择该项目所需资源，点击【在项目中使用】，完成资源使用，如图 9 - 23 所示。

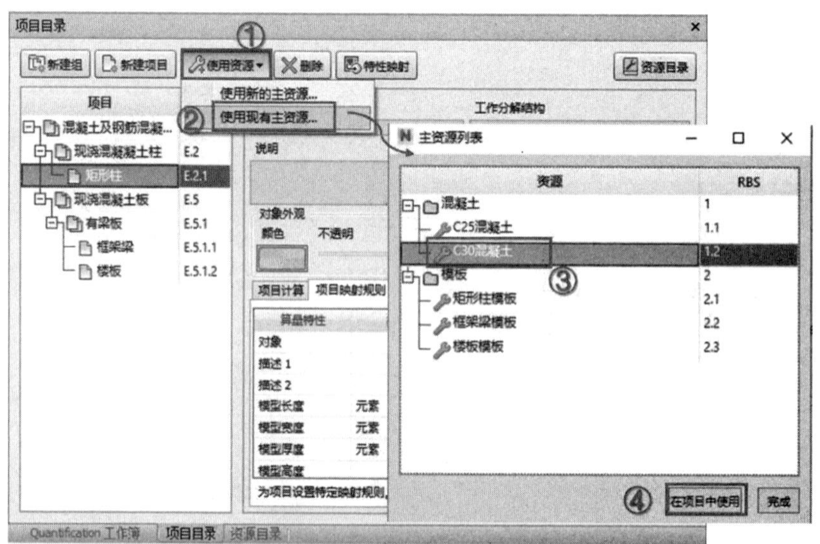

图 9 - 23　使用现有主资源

如未创建资源，或者资源目录中没有所需资源时，可直接点击【项目目录】窗口的【使用资源】按钮，选择【使用新的主资源】，进入【新建主资源】窗口，添加新资源，点击【在项目中使用】，该资源会出现在项目目录及资源目录中，如图 9 - 24 所示。

【项目目录】和【资源目录】窗口可利用输入不同计算公式进行算量，公式中尽量直接选用模型对象中的变量。一些变量可以从模型中直接获取，如长度、面积，有些不能直接从模型变量中获取，则需要从包含模型数据的公式中获得，如模型周长等。

以矩形柱模板资源为例，可以直接从模型中获取的数据有长度、宽度、厚度、面积、体积等变量。根据工程量清单计算规则，设置矩形柱模板公式“周长＝(宽度＋厚度) * 2”，单位为米，“面积＝周长 * 高度”，单位为平方米，如图 9 - 25 所示。

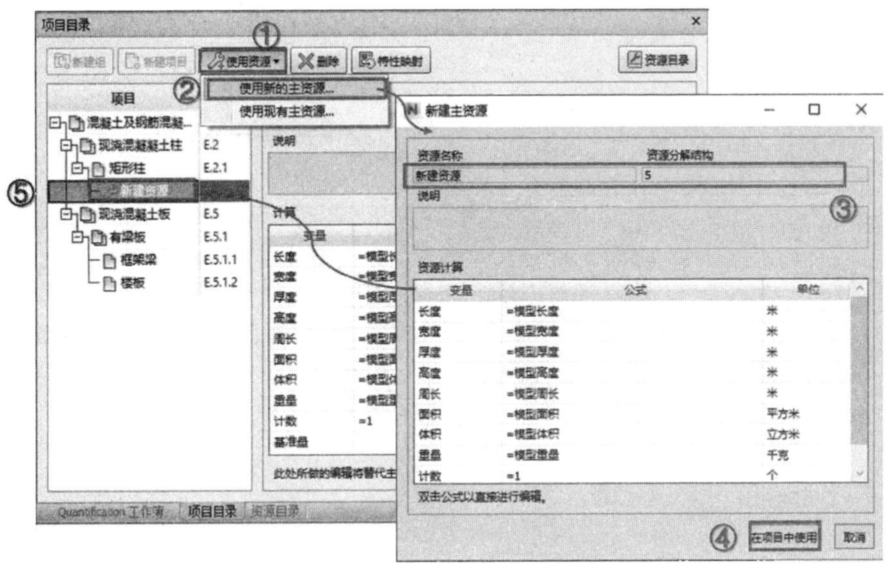

图 9－24 使用新的主资源

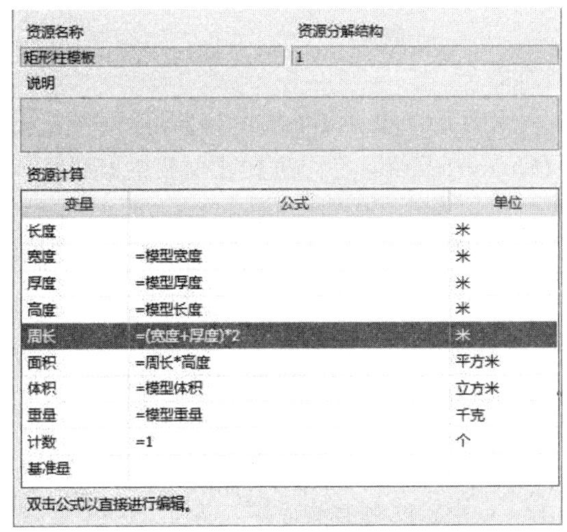

图 9－25 矩形柱模板资源公式

2. 执行模型算量

(1) 选择算量对象

在搭建组织架构和项目目录后，返回到【Quantification 工作簿】中，将需要算量的模型与项目目录产生关联。

创建或选择算量项目的方式有多种，【选择树】、【集合】、【选择】工具等都可以根据需要选择。

① 直接从【选择树】窗口选择图元

打开【选择树】窗口，切换到【特性】选项，在【元素】的【类别】下选中【结构柱】，场景视图中被选中对象蓝色亮显，将所选对象从【选择树】窗口拖拽至【Quantification 工作簿】的【矩形柱】项目上，如图 9－26 所示。

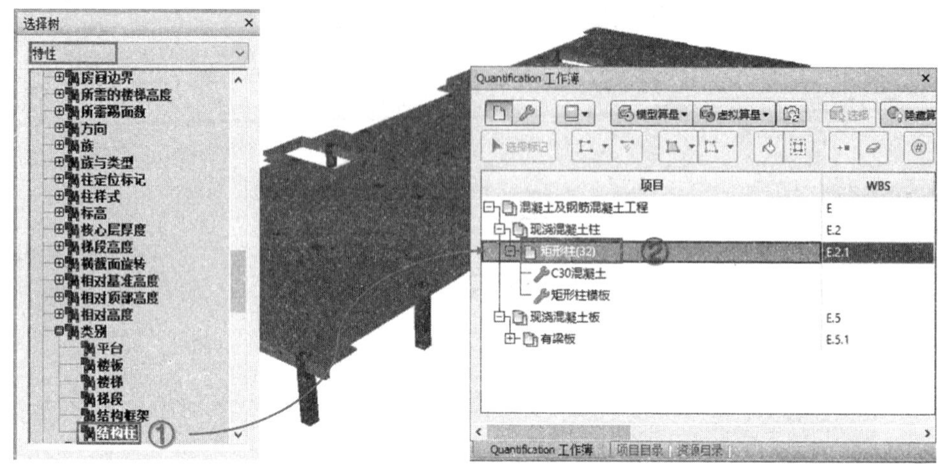

图 9－26　选择算量项目

也可以在选择树选中对象上单击鼠标右键，从弹出的快捷菜单中选择【Quantification】下对应的算量选项。

② 利用图元特性创建集合

操作方法详见 4.2，利用图元特性，在【查找项目】对话框中设置查找条件，保存搜索集，将所选对象集合拖拽至【Quantification 工作簿】的【框架梁】项目上，如图 9－27 所示。

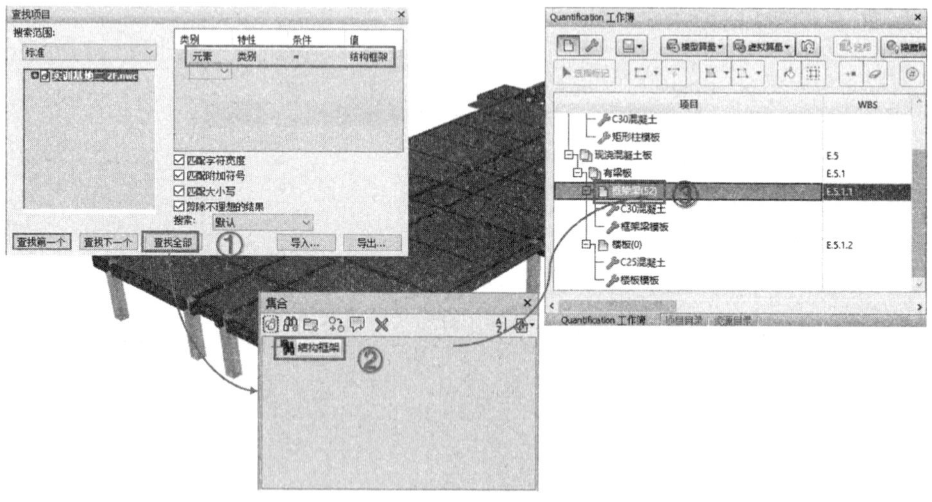

图 9－27　选择算量项目 2

③ 选择工具

前两种方法适合具有同一特性的图元，楼板部分可选图元较少时，可直接在场景视图中利用选择工具，【常用】选项卡【选择和搜索】面板下的【选择相同项目】，选择【同名】或【同类型】，选中图元后直接拖拽到【Quantification 工作簿】的【楼板】项目上，或者在

【Quantification 工作簿】工具窗口，单击选择【楼板】项目类别，单击【模型算量】按钮，在下拉列表中选择【算量到以下项目：楼板】。

（2）对现有项目进行算量

选定图元项目后，可利用以上任意一种方式进行算量项目图元添加，【Quantification 工作簿】会自动执行算量，生成相关模型的工程量，并将模型图元以资源目录下设置的对象外观显示出来，如图 9－28 所示。

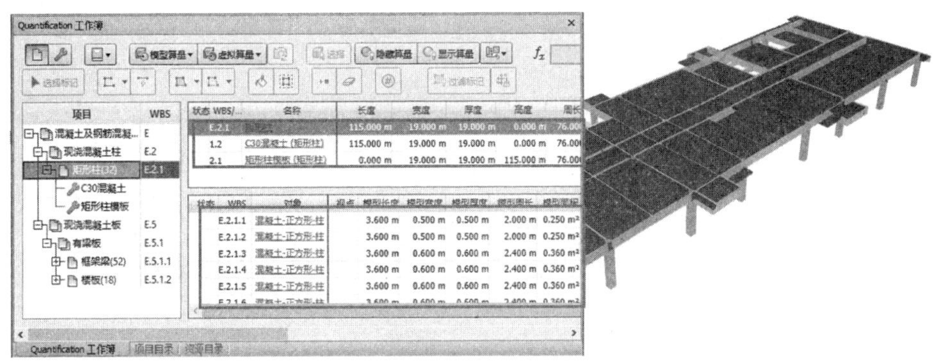

图 9－28　执行算量

在图元列表中，可手动输入图元的模型长度、模型宽度、模型厚度、模型高度的值，Navisworks 将自动根据资源中已定义的公式计算混凝土的体积、模板的面积。

3. 执行虚拟算量

当模型对象具有几何图形，但没有关联的特性属性时，可以选择对象后，在【Quantification 工作簿】创建虚拟算量，利用【审阅】选项卡的测量工具添加一些特性详细信息，将测量相关数据添加到模型对象中，再利用项目目录中编辑公式对其属性进行算量，如图 9－29 所示。

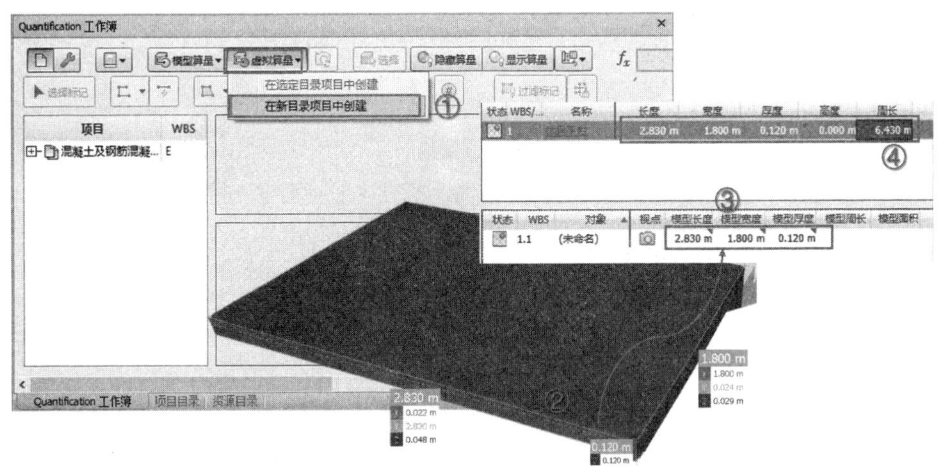

图 9－29　虚拟算量

4. 执行 2D 算量

当需要对模型中添加的图纸进行线、区域计数时，可以执行 2D 算量，通过标记几何图形精准计算，与 Quantification 三维算量保持一致。图纸的整合详见 10.1.2 节，本部分不具体介绍。

2D 算量工具栏详见 2.1.1 节，通过 2D 算量工具在楼层平面上标记几何图形，在 Quantification 工作簿中将显示对象面积、周长或长度等特性，如图 9－30 所示。在【项目目录】中可以修改算量项目颜色、不透明度等外观。

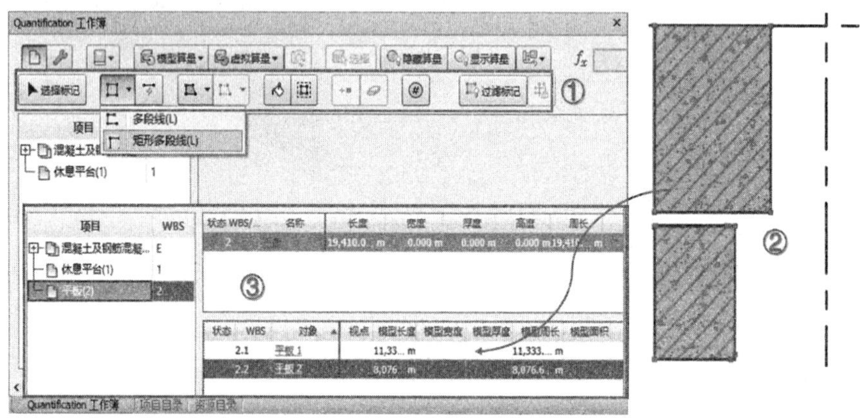

图 9－30　2D 算量

2.3　算量数据更新及导出

1. 更改分析

在【Quantification 工作簿】窗口右上角的【更改分析】选项可以比较不同模型版本之间的属性更改分析。有变化的项目会在【导航】窗格蓝色亮显，【汇总】和【算量】窗口中会显示状态通知图标，如图 9－31 所示。

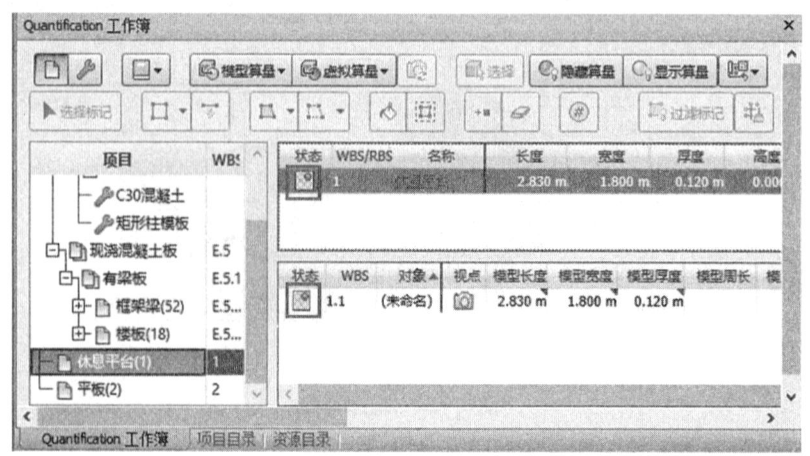

图 9－31　更新分析

不同状态图标显示不同含义,【状态】列中显示绿色灯,公式已被替代且【更改分析】尚未运行时;【状态】列中显示红色灯,模型对象已更改;【状态】列中显示黑色灯,算量的模型项目已被删除。

在替代分析、删除算量数据和公式后,需要选定【汇总】窗格,点击【更新】的【选择行】,进行算量更新。

2. 算量导出

对于算量成果汇总导出,可以在 Quantification 工具窗口顶部右侧,单击【导入/导出目录和导出工料】,从下拉列表中,选择导出选项,将算量导出为 Excel,目录导出为 XML 格式,如图 9-32 所示。

演示文件

算量报告

图 9-32 算量导出

【小结·思维导图】

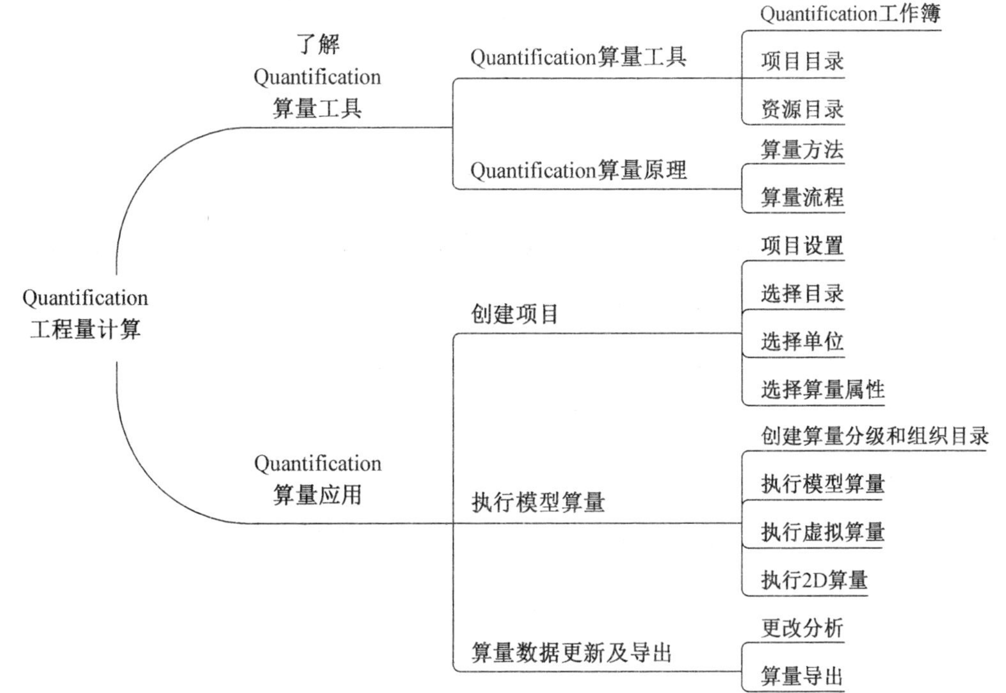

【拓展演练】

请扫码下载练习文件，并在 Navisworks 中完成以下任务：

1. 根据清单规则创建组织目录，运用公式和变量，计算练习文件中的一层混凝土梁板、二层混凝土柱墙的模板和混凝土的工程量；
2. 进行道路的虚拟算量；
3. 将算量结果分别导出 XML 目录和 Excel 文件。

课后习题/练习文件

模块九/拓展练习文件9

【自我评价】

请根据对软件操作掌握程度，在自我评价量表上打分。

序号	评价指标	分值(0～10 分)
1	我能够快速并准确地创建算量项目	
2	我能够快速并准确地根据清单规则创建算量分类好组织目录	
3	我能够快速地查询构件特性，并准确地设置算量映射规则	
4	我能够快速并准确地进行资源创建和使用	
5	我能够快速并准确地根据构件特性，使用变量和公式计算工程量	
6	我能够使用不同的方法选中算量构件，并正确地执行模型算量	
7	我能够快速并准确地创建虚拟算量项目，将测量的特性信息添加到模型对象中，并执行虚拟算量	
8	我能够快速并准确地对整合的图纸执行 2D 算量	
9	我能够快速并准确地对算量结果进行替代、汇总等分析	
10	我能够快速并准确地将算量结果导出不同格式	
总分		
备注	(采取措施)	

模块十

数据整合与发布

知识拓展

“小砌匠”到大国工匠

【知识目标】

1. 掌握链接工具和外部数据的链接流程；
2. 掌握图纸浏览器的图纸导入、定位和查找图元；
3. 掌握发布和导出不同数据格式的方法；
4. 了解批处理数据转换命令的使用。

【能力目标】

1. 能够正确使用链接工具添加和编辑不同类型的外部数据；
2. 能够使用图纸浏览器对图纸进行导入、定位和查找；
3. 具备发布和导出不同格式文件的能力；
4. 能使用批处理应用程序进行文件转换任务。

【素质目标】

通过任务驱动，问题引领，培养学生善于观察，主动探究分析问题、解决问题的能力。

【任务介绍】

任务一　数据整合管理：外部数据链接；图纸整合；

任务二　数据发布：数据发布与导出；批处理应用。

【任务引入】

假设你的团队刚刚完成了一个大型商业建筑的 BIM 工作。这个项目涉及许多复杂的结构和细节。为了确保这些内容完全符合设计要求并精准建造，你需要使用一些工具将专业设计数据链接到模型上，并在同一平台上浏览所有的设计图纸，以便进行有效的协调与修订。待所有工作结束后，你还需将这些信息发布至共享平台，以便参与项目的所有团队成员都可以查看和下载。

思考：

1. Navisworks 能否实现数据链接、图纸浏览，如何实现？
2. Navisworks 文件如何导出到其他平台？
3. Navisworks 软件的突出优势有哪些？BIM 技术还能解决项目建设中的哪些问题？

视频微课/
练习文件

外部数据链接/
数据整合链接

任务一　数据整合管理

Navisworks 是一个 BIM 数据信息整合和管理的平台，除了整合场景中的模型数据外，还可以将照片、表格、文档、超链接等各种不同格式的数据进行整合，从而添加现场照片信息、合同信息以及维护数据信息等外部信息，形成完整的 BIM 数据应用。

1.1　外部数据链接

Navisworks 提供了链接工具，用于将外部图片、文本、超链接等数据文件链接至当前场景中，并与场景中指定的图元进行关联。

扫描二维码下载并打开练习文件中的“10.1 数据整合.nwf”，切换到【视点】选项卡，将【渲染样式】面板中【模式】设置为【着色】，模型显示更平滑。

Navisworks 中必须针对指定的图元添加外部数据链接，因此先要从【选择和搜索】面板中点击【选择】，确认选择的精度为【最高层级的对象】，如图 10－1 所示。不同选取精度的区别详见 4.1.1。

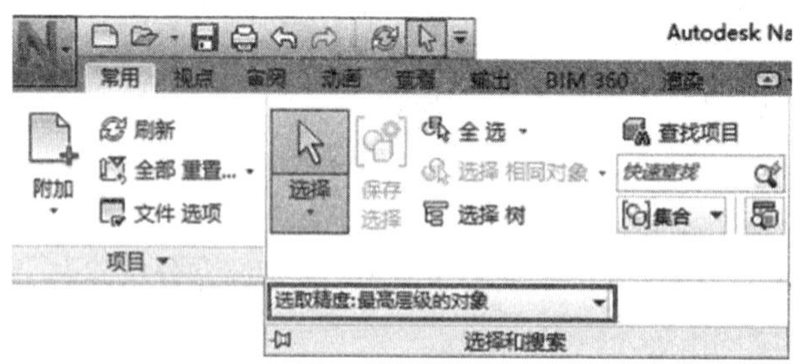

图 10－1　选择精度设置

在场景视图中单击要添加外部数据的构件图元后，Navisworks 将自动显示【项目工具】选项卡，切换到【项目工具】选项卡后，使用【链接】面板进行链接管理，如图 10－2 所示。

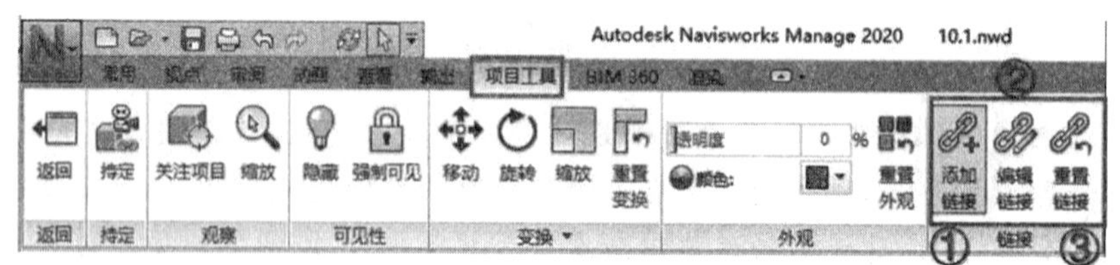

图 10－2　链接面板

1. 添加链接

单击【链接】面板中的【添加链接】工具，弹出【添加链接】对话框，如图 10－3 所示。

(1) 名称

在【添加链接】对话框的【名称】框中输入链接的名称："施工现场照片"。

(2) 链接到文件或 URL

在【链接到文件或 URL】框中，可直接键入所需数据源或 URL 地址的完整路径；也可以通过点击浏览 [...]，打开所需添加的外部文件夹，如图 10－4 所示，更改文件类型为【全部】，选择练习文件数据整合中的"外墙干挂石材施工照片.jpg"图片，单击【打开】按钮，返回【添加链接】对话框。

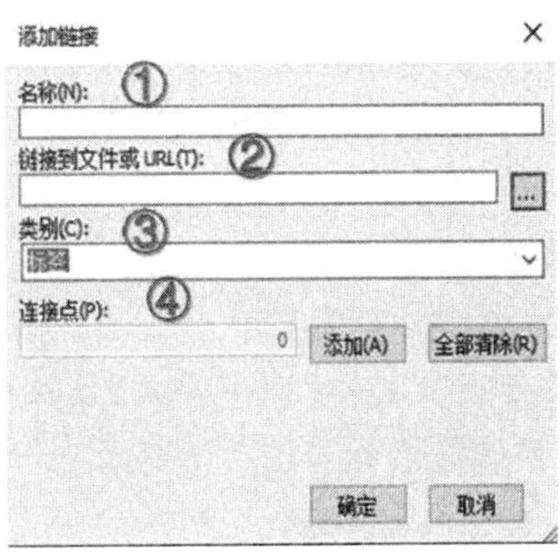

图 10－3　"添加链接"对话框

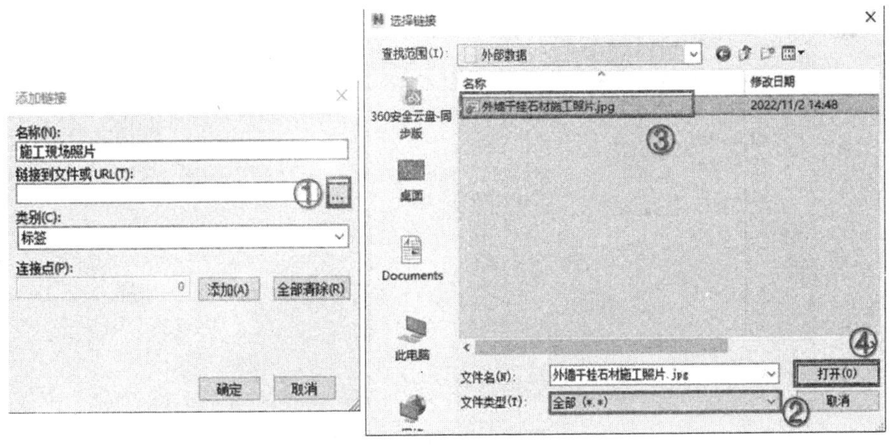

图 10－4　链接文件

(3) 类别

根据添加数据类型从【类别】下拉列表中选择类别：标签或超链接。

要创建自定义类别类型，可直接在【类别】框中键入其名称，在保存链接时，会自动创建对应的用户定义的类别。

(4) 链接点

默认情况下，链接附加到项目边界框的默认中心。

如果要将链接附加到选定项目上的特定点，单击【添加】按钮，【场景视图】中将出现一个十字光标，移动鼠标指所选图元构件的任一点，可放置链接附加点。放置成功后，【链接点】将修改为"1"。点击【确定】按钮可退出【添加链接】对话框。

注意：使用【添加链接】对话框添加的第一个链接是默认链接，是在【场景视图】中可见的唯一链接。如有必要向同一对象添加多个链接，重复前面的步骤添加所有必需的链接。

确认墙体为选中状态,继续使用【添加链接】工具,为墙体添加材料信息,如图 10-5 所示。在【添加链接】对话框中修改【名称】为"墙面材料供应单位信息",输入材料供应商网址"http://www.rzdhsc.com/gallery.php?",修改类别为【超链接】,单击连接点【添加】按钮,在墙体图元选定位置上添加新的连接点,点击确定,退出【添加链接】对话框。

注意:如果在添加链接过程中出现错误,可在【添加链接】对话框中单击【清除所有】按钮,可删除与此链接关联的所有连接点,并恢复为附加到项目边界框中心的链接。

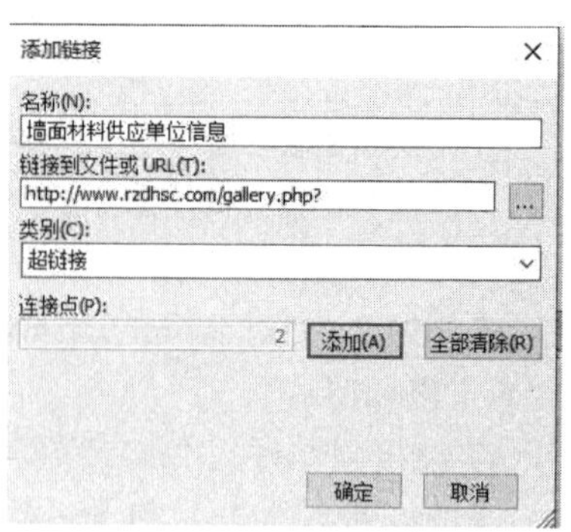

图 10-5　添加链接

2. 编辑链接

单击【常用】选项卡的【显示】面板中的【链接】工具,可在【场景视图】中打开所有添加的链接,如图 10-6 所示。单击标签或链接,将直接打开相关信息文件。

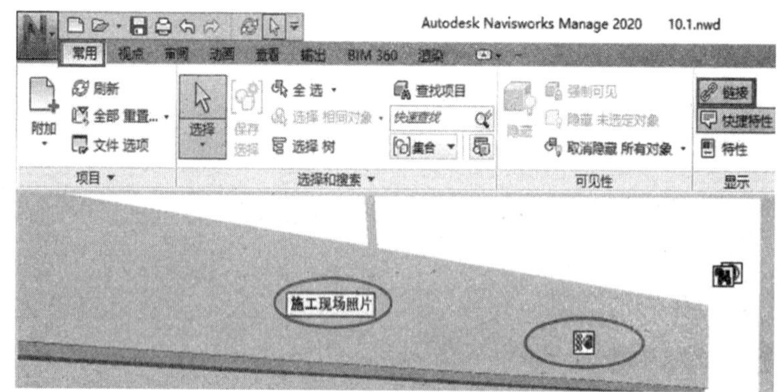

图 10-6　显示链接

要对已添加的链接进行编辑时,可在场景视图中,在已显示的链接上单击鼠标右键,单击【编辑链接】;或者选择构件图元,单击【项目工具】选项卡【链接面板】中的【编辑链接】工具,弹出【编辑链接】对话框,如图 10-7 所示。

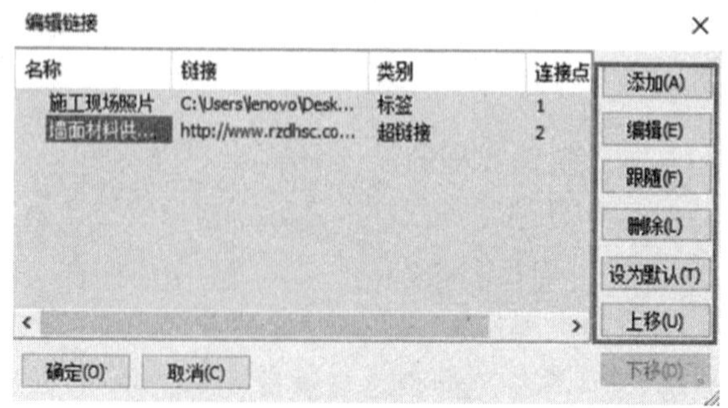

图 10-7　【编辑链接】对话框

在【编辑链接】对话框中，单击要更改的链接，可添加新链接，修改、跟随、删除已有链接，更改默认链接。

3. 重置链接

选择构件图元后，单击【常用】选项卡的【显示】面板中的【链接】工具的【重置链接】，可删除手动添加到该对象的所有链接。

注意：如要重置场景中的所有链接，单击【常用】选项卡【项目】面板【全部重置】下拉菜单中的【链接】。

视频微课/练习文件

1.2　整合图纸

整合图纸

在 Navisworks 中，可以将三维场景与 DWG/DWF 格式的二维图纸文档进行整合，实现在浏览三维场景时随时在二维图纸中对所选择图元进行定位和查看。

扫描二维码打开练习文件中“10.1.整合图纸.nwd”场景文件，点击软件右下角【图纸浏览器】，打开【图纸浏览器】窗口，如图 10－8 所示。

图纸浏览器是一个可固定的窗口，会列出当前打开的文件中的所有图纸/模型。

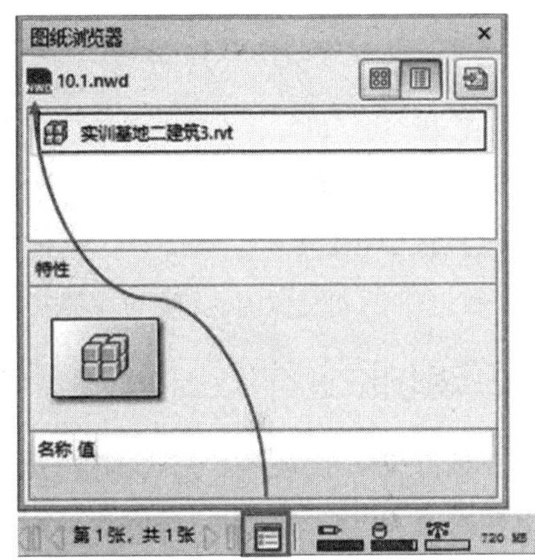

图 10－8　“图纸浏览器”窗口

1. 导入图纸

单击【项目浏览器】窗口右上角【导入图纸和模型】图标，弹出【从文件插入】对话框，修改文件类型为“所有文件”格式或“DWF”格式，从练习文件整合图纸中选择需要插入的图纸“楼层平面图.dwf”，单击【打开】按钮载入图纸文件，如图 10－9 所示。

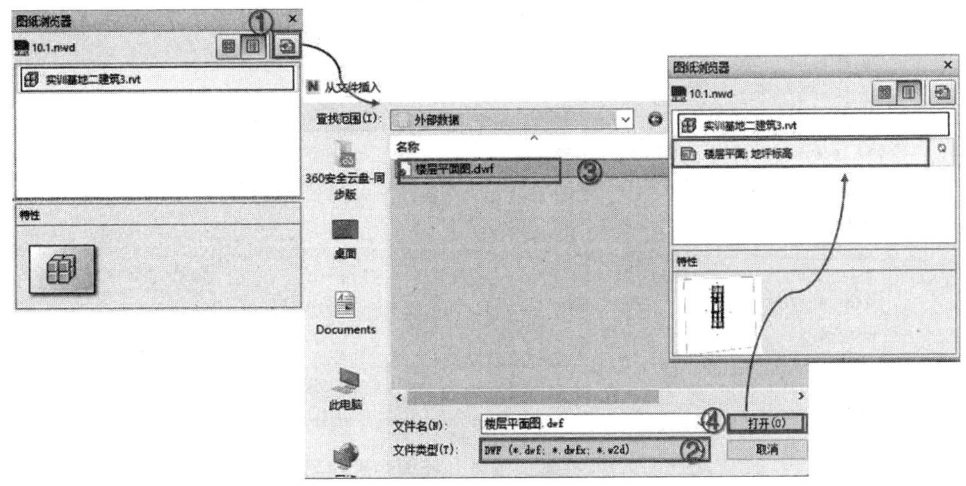

图 10－9　导入图纸

在【图纸浏览器】窗口可以对图纸/模型进行重命名、删除，可通过切换缩略图来查看图纸，单击右上角的【列表视图】按钮，以列表形式查看图纸/模型；单击【缩略视图】按钮，以缩略图形式查看图纸/模型，如图 10 - 10 所示。

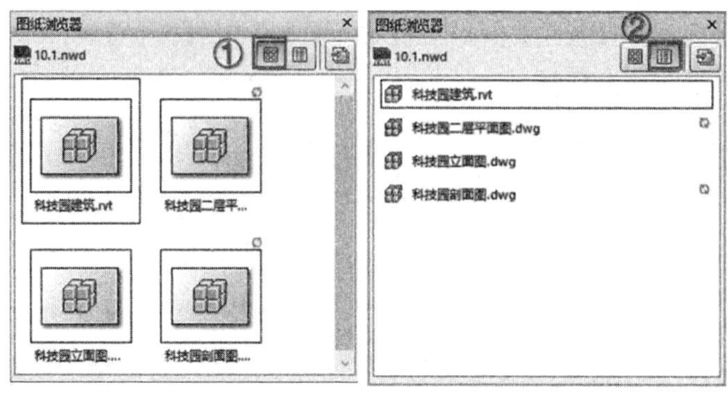

图 10 - 10　切换缩略图

注意：载入后的图纸仅显示在【图纸浏览器】窗口的图纸列表中，名称后会出现"尚未准备图纸"标识，还不能进行图纸浏览和检索。

可以在要准备的图纸单击鼠标右键，单击【准备图纸/模型】或者【准备所有图纸/模型】；也可以直接点击【尚未准备图纸】标识。所有的图纸完全导入到 Navisworks 中之后，将 DWF 数据中的每张图纸转换为单独的 NWC 格式文件后才能与当前的模型进行整合。

2. 对图纸进行定位和查找

在场景视图中选择任意部分构件图元，单击鼠标右键，在弹出的快捷菜单中选择【在其他图纸和模型中查找项目】选项，弹出【在其他图纸和模型中查找项目】对话框，如 DWF 文件尚未准备好，对话框下会提示，单击【全部备好】按钮，准备好所有图纸，如图 10 - 11 所示。

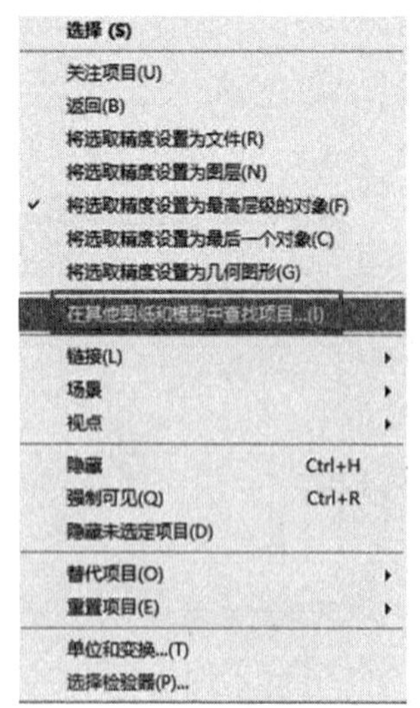

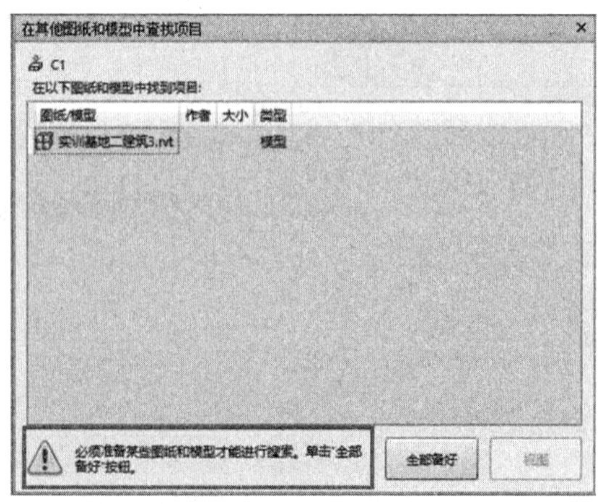

图 10 - 11　在其他图纸和模型中查找项目

【在其他图纸和模型中查找项目】窗口会显示包含所选图元的所有图纸的搜索结果，如图 10－12 所示，在列表中选择图纸，点击【视图】按钮，Navisworks 会打开图纸视图，高亮显示所选择图元位置，便于用户查看该图元的位置。

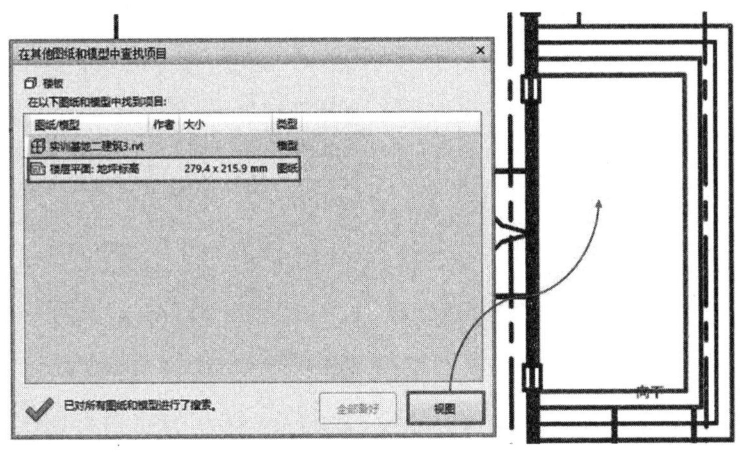

图 10－12　图元定位

要切换回三维模型场景，可以在【在其他图纸和模型中查找项目】窗口选择模型，点击【视图】按钮切换；也可以使用 Navisworks 右下角图纸切换按钮等，返回三维模型。

所有导入 Navisworks 的外部数据必须准备好后才能进行查找和定位。要实现在 Navisworks 中对平面图纸进行定位和查找，必须满足两个条件，一是导入的图纸必须是 DWG 或 DWF 格式的图纸文件；二是 DWF 图纸及 Navisworks 中的打开的场景模型必须由同一个 Revit 模型生成。只有上述两个条件均满足时，Navisworks 才能在其他图纸中查找并定位图元。

任务二　数据发布

2.1　数据发布与导出

Navisworks 可以将场景数据发布为第三方数据格式文件，如 nwd、dwf、fbx、Google Earth KML 格式数据，方便在其他软件或设备上进行数据查看。

1. 数据发布

发布最常用的数据文件是 NWD 格式，可在对 NWD 或 NWF 文件进行整合、校审后，发布为 NWD 格式。

单击【输出】选项卡下【发布】面板中的【NWD】工具，或者单击【应用程序】的【发布】，弹出【发布】对话框。在【发布】对话框中，可对即将发布的 NWD 数据文件添加标题、作者等项目注释信息，如图 10－13 所示。

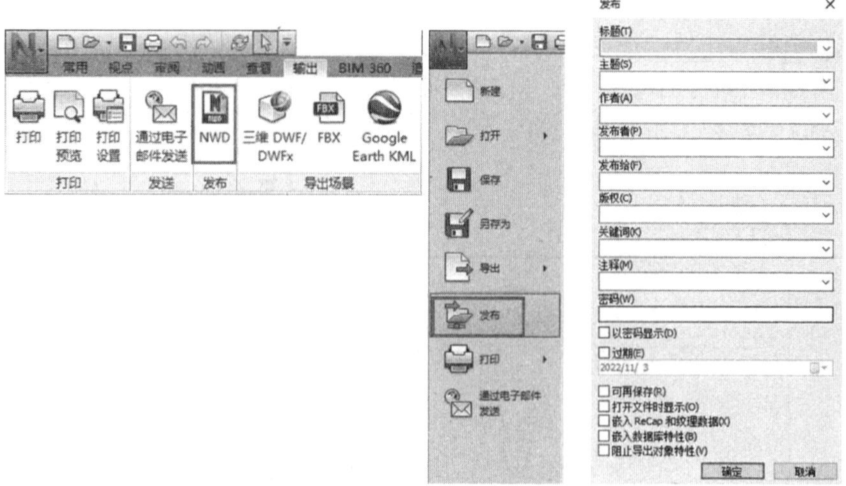

图 10 - 13　数据发布

发布 NWD 数据时，除使用密码对 nwd 数据进行加密外，还可以设置【过期】日期。当 NWD 数据过期时，即使有该 NWD 数据的密码，也无法再打开该 NWD 文件。

在发布 NWD 数据时，可以将当前场景中已设置的材质纹理、链接的数据库进行整合，便于得到完整的工程数据库。而使用该文件另存为的方式生成的 NWD 数据，将无法使用发布场景时提供的安全设置、嵌入纹理等高级特性。

说明：①【嵌入 ReCap 和纹理数据】：选中此复选框，在发布时将外部参照文件（包括纹理和 ReCap 文件）嵌入 NWD 文件。

②【嵌入数据库特性】：选中此复选框，将通过外部数据库访问的所有特性嵌入到已发布文件中。

③【阻止导出对象特性】：中此复选框，已发布文件中不包含来自原生 CAD 软件包的对象特性，可以保护知识产权。

2. 数据导出

Navisworks 中的【输出】选项卡【导出场景】面板中，支持 DWF、FBX 和 KMZ 格式文件导出，如图10 - 14所示。

图 10 - 14　数据导出

(1) 三维 DWF/DWFx

DWF 是一种安全、开放的文件格式，文件高度压缩，传递起来更加快速，可用于在免费的 Autodesk Design Review 中查看和管理 DWF 格式文件。DWFX 格式是 DWF 格式的升级版本，以 XML 格式记录 DWF 的全部数据，使更适合 Internet 网络集成与应用。Autodesk 的所有产品包括 Revit 在内，均支持导出为 DWF 数据格式文件。

三维 DWF/DWFx 支持所有的几何图形、材质及特性，不仅可以保存二维图档信息，还可以保存三维模型。由于 DWF 格式文件的定位为在 Web 中进行传递和浏览，其在 Autodesk 360 的云服务中，可以使用 Internet Explorer、Chrome 等 Web 浏览器查看三维或二维 DWF 文档。

(2) FBX

FBX格式是Autodesk开发的用于将Navisworks的文件与Maya,3D Max等动画软件之间进行数据交换的中间数据格式,3D Max、Revit、AutoCAD等均支持该数据格式的导出。

在FBX文件中,除保存三维模型外,还将保存灯光、摄影机、材质设定等信息,以便于在动画软件中制作更加复杂的渲染和动画表现。

(3) Google Earth KML

KML格式用于将模型发布至Google Earth中,在Google Earth中显示当前场景与周边已有建筑环境的关系,用于规划、展示等。

2.2　批处理应用程序

视频微课

批处理应用程序

Navisworks提供【Batch Utility】(批处理实用程序)对多个数据进行批量转换,或对不同版本的Navisworks文件进行版本转换。

单击【常用】选项卡【工具】面板中的【Batch Utility】工具,如图10-15所示。

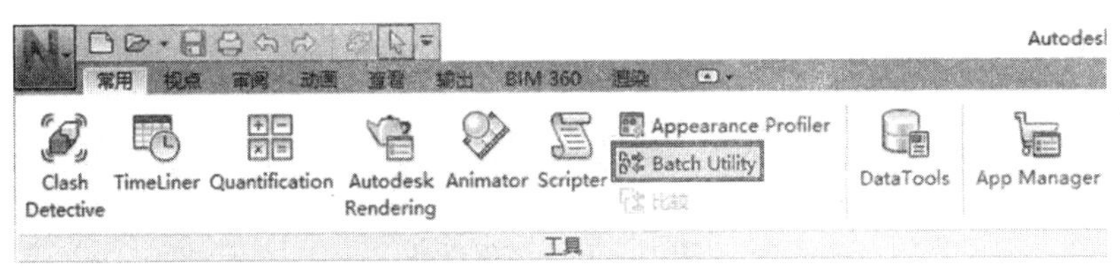

图10-15　批处理应用程序

系统将显示【Autodesk Navisworks Batch Utility】对话框,并会自动将当前模型的路径添加到该对话框的【输入】区域,如图10-16所示。

在【输入】区域左侧选定需要转换的文件夹的位置,在右侧选择该文件夹下所有要转换的数据,单击【添加文件】,添加到转换任务中。在【输出】区域指定上述添加的文件【作为单个文件】或者【作为多个文件】,单击【浏览】按钮,选择输出文件夹及格式。

不论何种文档输出方式,都可以指定输出文件的Navisworks版本。完成后单击【运行命令】按钮,Navisworks Batch Utility将自动按指定的格式转换全部指定的文件。

除了直接运行之外,还可以作为一个Windows任务自动运行,单击【Autodesk Navisworks Batch Utility】对话框下方的【调度命令】,弹出【将任务文件另存为】对话框,输入文件名称【转换模型】后,点击【保存】,弹出【调度任

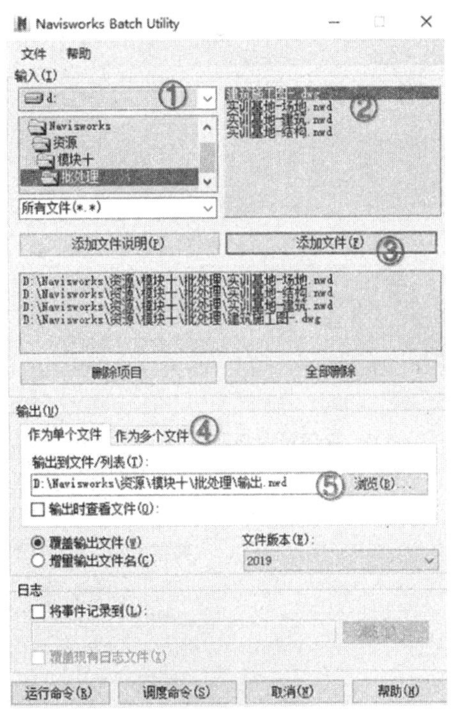

图10-16　批处理

务】对话框，输入当前电脑的用户名和密码，点击【确定】，弹出 Windows 的计划和任务对话框。

在计划和任务对话框中，切换至【计划】选项卡，单击【新建】，设置计划的类型为【一次】，设置运行该计划的日期和时间，单击【确定】按钮即可，如图 10 - 17 所示。

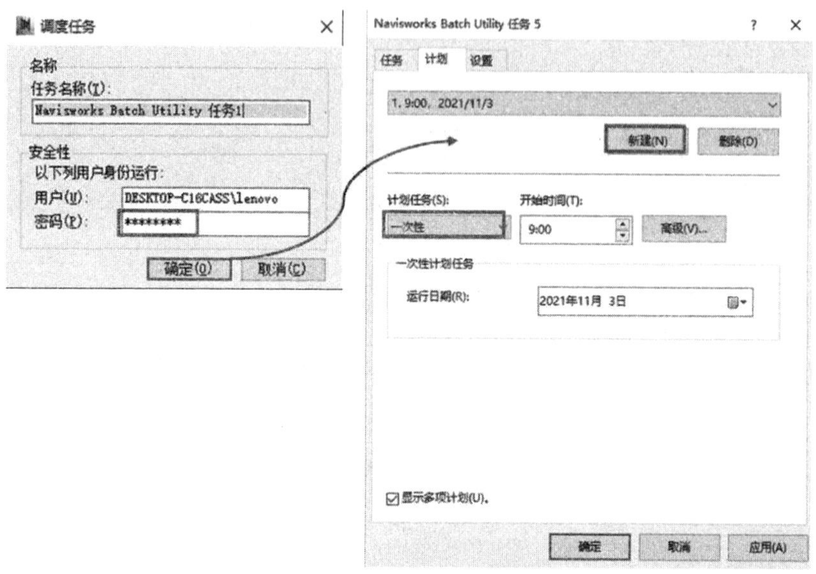

图 10 - 17　调度任务

当到指定时间时，Windows 会自动运行 Batch Utility 中指定的文件转换任务，无须人为干预。

微课资源

常用快捷键

【小结 · 思维导图】

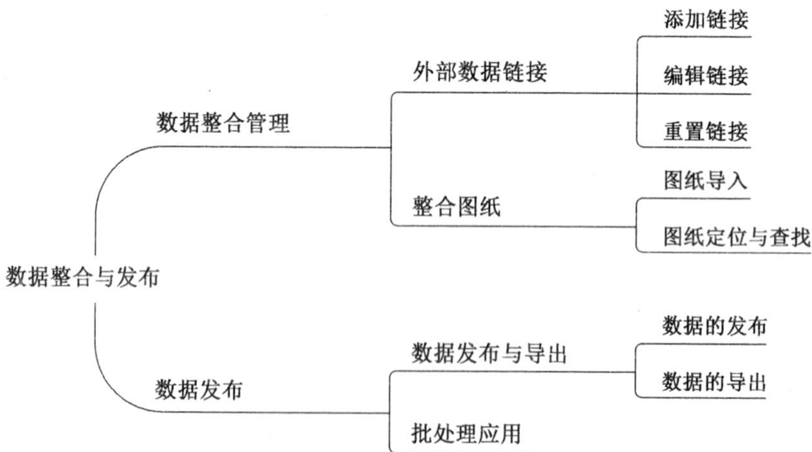

【拓展演练】

请扫码下载练习文件，并在 Navisworks 中完成以下任务：

课后习题/
练习文件

模块十/
拓展练习文件10

1. 在练习文件的模型中，任选一扇门或窗，在门窗位置添加尺寸说明，并添加门窗样式图片；

2. 整合一层平面图，并在图纸中查找台阶图元；

3. 将完成后的文件进行发布，并添加标题、作者，当前文件场景中链接数据库要进行整合；

4. 将完成后的文件导出 DWF 格式；

5. 使用批处理程序将练习文件、发布和导出的文件，作为单个文件输出。

【自我评价】

请根据对软件操作掌握程度，在自我评价量表上打分。

序号	评价指标	分值(0～10 分)
1	我能够快速且准确地找到数据链接面板	
2	我能够利用链接工具在模型上确定的位置上，添加文本、图片、网址、文本等不同类别的文件	
3	我能够对已添加的数据文件进行重新编辑、删除	
4	我能够快速并准确地打开图纸浏览器窗口	
5	我能够利用图纸浏览器窗口添加图纸或其他模型	
6	我能够在导入的图纸中定位并找到固定图元，并能够返回模型	
7	我能够对要发布的 NWD 文件添加标题、作者等项目注释信息，设置密码及保护时间，并成功发布	
8	我能够将文件导出 DWF、FBX 和 KMZ 格式，并能区分它们的不同用途	
9	我能够快速并准确地找到批处理应用程序	
10	我能够利用批处理应用程序进行单个文件和多个文件的转换工作	
总分		
备注	(采取措施)	

参考文献

[1] 刘庆. Autodesk Navisworks 应用宝典[M]. 北京：中国建筑工业出版社，2015.

[2] 王君峰. Navisworks BIM 管理应用思维课堂[M]. 北京：机械工业出版社，2019.

[3] 皮特·罗德里奇，保罗·伍迪. Autodesk Navisworks 2017 基础应用教程[M]. 郭淑婷，魏绅，译. 北京：机械工业出版社，2017.

[4] 益埃毕教育. Navisworks 2018 从入门到精通[M]. 北京：中国电力出版社，2017.